普通高等教育新工科电子信息类系列教材

电子电路仿真与设计

主 编 蔡超波

副主编 宋树祥 蒋春生 夏海英 岑明灿 罗玉玲

西安电子科技大学出版社

内 容 简 介

本书按照线上线下混合式教学方式编写，包含线上理论讲解内容与对应的线下上机实践内容，主要介绍了 Spice 电路描述语言、PSpice 仿真软件的使用及常用电子电路的设计与仿真。

本书内容大多以实例为导向，有机融合了仿真软件的使用、电路工作原理的讲解及仿真方法的介绍。通过本书理论与实践内容的学习，可以有效提高学生的电路分析能力、电路设计能力及解决复杂问题的综合能力。

本书可作为高等学校电子信息工程、通信工程、电子科学与技术等电子信息类专业的本科教材，也可作为参加全国电子设计竞赛的培训教材。

图书在版编目(CIP)数据

电子电路仿真与设计 / 蔡超波主编. —西安：西安电子科技大学出版社，2021.8(2021.11 重印)

ISBN 978-7-5606-6161-2

Ⅰ. ①电…　Ⅱ. ①蔡…　Ⅲ. ①电子电路—计算机仿真　②电子电路—电路设计　Ⅳ. ①TN702

中国版本图书馆 CIP 数据核字(2021)第 151318 号

策划编辑　明政珠
责任编辑　杨　静　宁晓蓉
出版发行　西安电子科技大学出版社(西安市太白南路 2 号)
电　　话　(029)88202421　88201467　　邮　　编　710071
网　　址　www.xduph.com　　电子邮箱　xdupfxb001@163.com
经　　销　新华书店
印刷单位　陕西日报社
版　　次　2021 年 8 月第 1 版　2021 年 11 月第 2 次印刷
开　　本　787 毫米×1092 毫米　1/16　印　张　13.25
字　　数　310 千字
定　　价　34.00 元
印　　数　501～2500 册

ISBN 978-7-5606-6161-2 / TN

XDUP 6463001-2

前　言

随着半导体技术与计算机技术的飞速发展，电路的规模与复杂性也不断提高，电子设计自动化(EDA)软件已成为电路设计必不可少的工具。基于EDA软件的电路设计与仿真也成为电子信息类专业学生的一项必备技能。本书介绍的EDA软件为PSpice，其主要用于分立式模拟电路设计与仿真。

本书主要介绍了以下三大部分内容：

(1) Spice电路描述语言，包括元件描述语句、仿真设置语句、输出语句、子电路与模型语句；

(2) PSpice软件的使用，包括电路原理图的绘制、静态工作点分析、直流扫描分析、参数扫描分析、温度分析、交流扫描分析、噪声分析、瞬态分析、傅里叶分析、蒙特卡洛分析、最坏情况分析、行为模型创建及其仿真、元件模型下载与使用、层电路设计、数字电路仿真及数/模混合电路仿真；

(3) 常用电子电路的设计与仿真，包括运算电路、波形发生电路、滤波电路等的设计与仿真。

通过本书的学习，不仅可以进一步加深读者对电路理论、模拟电路、数字电路等理论知识的理解，还可以提高其动手实践能力与分析问题的能力，进一步增强读者的竞赛能力。

本书作者为广西师范大学的一线教师，在编写本书的过程中得到了广西师范大学电子工程学院各位领导的大力支持，得到了宋树祥教授、蒋春生副研究员、夏海英教授、罗玉玲副教授、岑明灿老师的鼎力帮助。此外，感谢PSpice仿客群的张东辉、曹珂杰、贾子懿提供的资料与帮助，感谢家人的辛苦付出！

虽然作者在编写本书的过程中投入了大量的精力，但由于水平有限，书中可能仍然存在不足之处，欢迎广大同行和读者批评指正。

为了与仿真软件的显示和仿真结果保持一致，本书部分电路图中的元器件和单位形式等可能与国标不完全一致，有些字母的正斜体保持了局部统一，读者在使用中应多加留意。但是这些不一致不会影响读者学习、理解本书内容。

作　者
2021年4月15日
于广西师范大学

目　　录

第1章 概 述

电子设计自动化(Electronic Design Automation，EDA)技术是随着集成电路和计算机的飞速发展而迅速建立起来的。近年来，由于其方便性和实用性，EDA 仿真技术在电路设计中得到了比较广泛的应用。

Cadence/ORCAD PSpice(PSpice)是应用较为广泛的 EDA 软件之一，具有数字电路与模拟电路的混合仿真能力，但其主要优势还是在于模拟电路仿真。PSpice 对大型模拟电路的仿真分析达到了相当高的水平，在实际应用中，可以帮助设计者缩短设计周期，减少设计费用，优化和改进电路的设计，提高可靠性。

1. 电路仿真的作用

本书中所讲的电路仿真是指用计算机软件模拟所设计的电路及其运行状态。

在传统的电路设计方式中，要测试所设计的电路，首先需要将该电路实体搭建起来，还要配备很多仪器设备(如各种信号源、示波器、频谱仪、负载等)，以观察电路的输入信号、输出结果及电路的工作状态。这种测试方式成本高、周期长，即便如此，这种方式也很难实现对电路进行全面的测试，测试的结果亦不便进一步分析。

采用电路仿真技术对所设计的电路进行仿真测试则要快捷方便许多。在仿真软件中可以提供不同的信号源及各种仿真的测试和观察设备，可以对电路的不同部分进行细致的模拟和观察，而所有这一切所需的只是一台计算机(及少量辅助装置)而已。与传统的技术相比，其费用更低，时间更短，测试更全面，测试结果还可以保留或进行进一步的分析。充分利用电路仿真技术，还可以在电路设计的早期阶段发现设计缺陷，从而缩短设计周期，降低成本，并提高所设计电路的可靠性和安全性。

2. PSpice 软件介绍

当今市场上流行的模/数混合电路仿真工具种类较多，PSpice 是其中应用较多的软件之一。该软件的前身是 SPICE。SPICE 是由美国加州伯克利大学于 1972 年开发的，1975 年推出正式实用版本。1984 年，Microsim 公司首次推出 SPICE 的微机 DOS 版的 PSpice，PSpice 5.1 及以后的版本均可在 Windows 下运行。1998 年年初，著名的 EDA 软件开发商 ORCAD 公司与 Microsim 公司正式合并，同年 11 月推出了 ORCAD PSpice 9.0 版本。2000 年，Cadence 公司收购了 ORCAD，而后推出了 Cadence ORCAD PSpice 9.2 版本。PSpice 比较流行的版本有 Cadence ORCAD 10.5、Cadence ORCAD 15.7、Cadence ORCAD 16.6、Cadence ORCAD 17.0 等，目前最新的版本是 Cadence ORCAD 17.4，本书使用 Cadence ORCAD 17.2 进行仿真。

与 PSpice 同类的仿真软件还有 Multisim、TINA、LTSpice 等，这些软件都是以 XSPICE/SPICE 3F5 为基础进行扩充的，因此它们的仿真分析方法、仿真功能有很多相同的地方。PSpice 的主要优势有：

(1) PSpice 具有更丰富的仿真元件库，而元件库是仿真的精髓；

(2) PSpice 的行为建模工具十分强大，应用极其广泛；

(3) PSpice 支持多个 SLPS block，可实现 Matlab 与 PSpice 的无缝结合；

(4) 在同类仿真软件中 PSpice 的市场占有率最大。

3. PSpice 软件的功能模块

PSpice 软件提供了一个较完整的电路设计和仿真分析的集成环境，其主要功能模块有：

(1) ORCAD Capture：PSpice 的前端主程序模块，在该模块中可以调用与控制其他程序模块的运行，电路仿真分析的全过程均通过此模块来完成。

(2) ORCAD Capture CIS：PSpice 的前端主程序模块，除了具有 ORCAD Capture 所有功能外，还配备元件信息系统(Component Information System，CIS)。

(3) PSpice A/D：仿真分析程序模块，使用 PSpice A/D 可以进行模拟电路、数字电路和数/模混合电路仿真，并可将仿真结果以数据或曲线形式显示在屏幕上。PSpice A/D 仿真主要包含静态工作点分析、直流灵敏度分析、直流转移特性分析、直流扫描分析、交流扫描分析、噪声分析、瞬态分析、傅里叶分析、参数扫描分析、温度扫描分析、蒙特卡洛分析和最坏情况分析。

(4) Stimulus Editor：信号源编辑模块，以人机交互方式建立、修改电路仿真所需的独立信号源，包括瞬态分析中需要的脉冲、分段线性、正弦调幅、正弦调频、指数等信号源及数字电路仿真所需的时钟、脉冲等信号源。

(5) Model Editor：模型参数提取模块，用于提取 PSpice A/D 模型库中元件的数据信息，也可用于创建有源器件的 PSpice 模型及集成电路的 PSpice 宏模型。

(6) PSpice Advanced Analysis：PSpice 高级分析工具，包含 5 个高级分析功能，即用于确定电路中的关键元件的灵敏度分析、用于优化关键电路元件参数的优化(Optimizer)分析、用于电路成品率统计模型和分析可生产性的蒙特卡洛分析、用于提高电路可靠性的热电应力(Smoke)分析和用于扫描测量参数改善波形曲线轨迹的参数测绘仪(Parametric Plotter)分析。

4. PSpice 元件模型库

PSpice 提供了丰富的元件模型库，包括 20 多类共 5 万多个商品化的器件模型参数，这些参数存放在 100 多个模型库中。如果需要使用尚未包含在模型库中的元件，那么 PSpice 也提供了建立模型和提取模型参数的方法。

PSpice 中每一类元件都有相应的字母代号，元件在命名时必须以该字母开头，元件类别及相应的字母代号如表 1-1 所示。

另外，PSpice 中还有非商品化的基本元件库，常用的有：

(1) ANALOG 库：模拟电子电路无源元件，如 R、C、L。

(2) SOURCE 库：各种电压源、电流源、时钟信号源和总线信号源。

(3) SPECIAL：一些特殊元件，如电压表和电流表。

表 1-1 元件类别及字母代号

字母代号	元件类别	字母代号	元件类别
B	GaAs 场效应晶体管	N	数字输入
C	电容	O	数字输出
D	二极管	Q	双极型晶体管
E	受电压控制的电压源	R	电阻
F	受电流控制的电流源	S	电压控制开关
G	受电压控制的电流源	T	传输线
H	受电流控制的电压源	U	数字电路单元
I	独立电流源	USTIM	数字电路激励信号源
J	结型场效应晶体管 JFET	V	独立电压源
K	互感(磁芯)，传输线耦合	W	电流控制开关
L	电感	X	单元子电路调用
M	MOS 场效应晶体管 MOSFET	Z	绝缘栅双极型晶体管 IGBT

5. PSpice 电路仿真流程

PSpice 电路仿真流程如下：

(1) 绘制电路原理图。电路原理图的绘制包含电路图及元件参数设置。

(2) 设置仿真参数。仿真参数的设置包含仿真类型的选取及相应变量、参数设置。

(3) 运行仿真。

(4) 观看仿真结果。若仿真结果符合设计指标要求，则仿真结束或者运行另一类仿真；若仿真结果不满足设计指标要求，则需修改电路结构或元件参数值，再继续运行仿真，直到满足设计要求。

6. PSpice 中的数值与单位

PSpice 文件中的数值可以是整数或浮点数，但不能是分数或未知数，也可以采用单位后缀或比率后缀形式，如电阻值为 1000 Ω，其数值可以有 3 种表示方法：① 1000；② 1k，k 是单位后缀，代表 10^3；③ 1E3，E3 是比率后缀，代表 10^3。常用的单位后缀与比率后缀有：T(E12)、G(E9)、MEG(E6)、k(E3)、M(E−3)、U(E−6)、N(E−4)、P(E−12)、F(E−15)。

PSpice 中元件参数自带默认单位，如 V、A、Ω、H、F、S 等。

7. 使用 PSpice 时的注意事项

在使用 PSpice 时有以下几点需要特别注意：

(1) 新建 Project 时应选择 Analog or Mixed-signal Circuit，选择其他类型不能运行 PSpice 仿真。

(2) 调用的器件必须有 PSpice 模型。首先，调用 PSpice 软件本身提供的模型库，这些库文件存储的路径为 Capture\Library\PSpice，此路径中的所有器件都有 PSpice 模型，可以直接调用；其次，若使用自己的器件，则必须保证 *.olb、*.lib 两个文件同时存在，而且器件属性中必须包含 PSpice Template 属性。

(3) 原理图中至少必须有一个节点名称为 0，即接地，注意 GND 不是 0。

(4) 必须有激励源，原理图中的端口符号并不具有电源特性，所有的激励源都存储在 SOURCE 和 SOURCSTM 库中。

(5) 电压源不允许短路，电流源不允许开路，因此不允许仅由电压源与电感构成回路，或者仅由电流源与电容构成回路。当存在这种情况时，可以给电感串联一个小电阻，给电容并联一个大电阻。

(6) PSpice 不区分大小写，因此在表示 10^6 时的单位后缀为 MEG，M 表示 10^{-3}。

第 2 章 Spice 电路描述语言

在运行 PSpice 仿真时一般都是在软件中的图形界面下操作，仿真前需要先将电路图转换为采用 Spice 语言描述的文本格式。另外，元件厂商提供的元件模型也是采用 Spice 语言描述的，因此有必要掌握 Spice 电路描述语言。

一个标准的 Spice 电路文件由 6 个部分组成：

(1) 标题，位于文件第一行；

(2) 元件描述语句，描述元件及互连关系；

(3) 分析设置语句，也称仿真设置语句，指明要做何种仿真及对应的仿真参数；

(4) 输出语句，指明以哪种形式输出哪个变量；

(5) 结束语句，以 .end 结尾；

(6) 注释，以 * 开头。

一个简单的放大电路如图 2-1 所示，节点包括 INPUT、AMP_IN、AMP_OUT 和 0，元件包括电压源 Vin，电阻 R_SOURCE、R_AMP_INPUT 和 R_LOAD，电容 C1，以及压控电压源 E1。

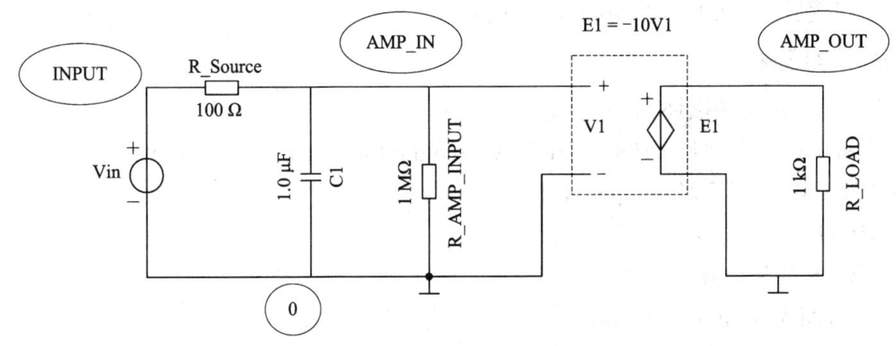

图 2-1 一个简单的放大电路

图 2-1 所示电路对应的 Spice 电路文件如下：

Small signal amplifier				标题
*This circuit simulates a small signal amplifier				注释
*				注释
Vin	Input	0	sin(0 0.1 500)	元件描述语句
R_SOURCE	Input	Amp_In	100	元件描述语句
C1	Amp_In	0	1uF	元件描述语句
R_AMP_INPUT	Amp_In	0	1meg	元件描述语句
E1	(Amp_Out 0)	(Amp_In 0)	-10	元件描述语句

```
R_LOAD        Amp_Out      0         1000          元件描述语句
*                                                  注释
.tran 1.0u 0.005                                   仿真设置语句
.plot V(AMP_OUT)                                   输出语句
.end                                               结束语句
```

2.1 Spice 元件描述语句

元件描述语句用来描述电路中各元件属性和连接状态，主要由元件名称、元件各端子对应的节点名称(编号)和元件特征参数组成。元件名称首字母必须以规定的字母开头。电路中各节点编号一般采用正整数，可以不连续，但不能为负数，也可以采用字符串，但是接地点必须规定为 0。一般元件描述语句一行最多 80 个字符，如果语句过长，一行无法完全表达，可在第二行的开始加“+”号，表示是上一行的继续，“+”号的个数不限。Spice 文件中的空格很重要，多个相连的空格与一个空格等效，“(”“)”也等效成一个空格。Spice 文件不区分大小写。Spice 文件中很多地方参数被忽略时会自动取默认值。

Spice 可以接受的元件有电源、电阻、电容、电感、互感、传输线、二极管、双极型晶体管和场效应晶体管。

2.1.1 独立电源

独立电源包括独立电压源与独立电流源。

1. 独立电压源

独立电压源的元件描述语句为

```
    Vname   N1   N2   [DC value] [AC magnitude phase] [SIN VO Va freq td df phase]
或  [PULSE V1 V2 td tr tf pw per]
或  [PWL t1 V1 t2 V2…tn Vn]
或  [EXP V1 V2 td1 t1 td2 t2]
或  [SFFM VO Va freq md fs]
```

N1 与 N2 是电压源两端所接的节点名称，N1 是正端节点名称，N2 是负端节点名称。

2. 独立电流源

独立电流源的元件描述语句为

```
    Iname   N1   N2   [DC value] [AC magnitude phase] [SIN IO Ia freq td df phase]
或  [PULSE I1 I2 td tr tf pw per]
或  [PWL t1 I1 t2 I2…tn In]
或  [EXP I1 I2 td1 t1 td2 t2]
或  [SFFM IO Ia freq md fs]
```

N1 与 N2 是电流源两端所接的节点名称，电流参考方向是 N1→N2。

独立电压源必须以 V 开头，独立电流源必须以 I 开头。每种元件都有自己的标识符，

[DC value] 设置直流源，[AC magnitude phase]设置交流源，(SIN、PULSE、PWL、EXP、SFFM)设置瞬态源，但是进行瞬态分析时只能选择一种瞬态源，如果没有设置独立源类型，默认是 DC。图 2-2 为一个独立电压源与独立电流源及其对应的 Spice 元件描述语句。

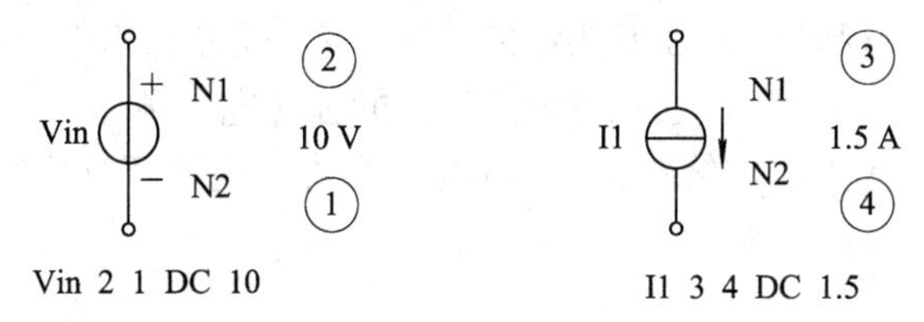

图 2-2　独立电压源与独立电流源及其对应的 Spice 元件描述语句

2.1.2　受控源

受控源包括 4 种类型：压控电压源、压控电流源、流控电压源和流控电流源。

1. 压控电压源

压控电压源的元件描述语句为

Ename　N1　N2　NC1　NC2　Value

压控电压源名称必须以字母 E 开头；N1　N2 表示受控源输出电压端口节点名称，N1 是正端，N2 是负端；NC1　NC2 表示控制电压端口节点名称，NC1 是正端，NC2 是负端；Value 为放大倍数。图 2-3 为一个压控电压源及其对应的 Spice 元件描述语句。

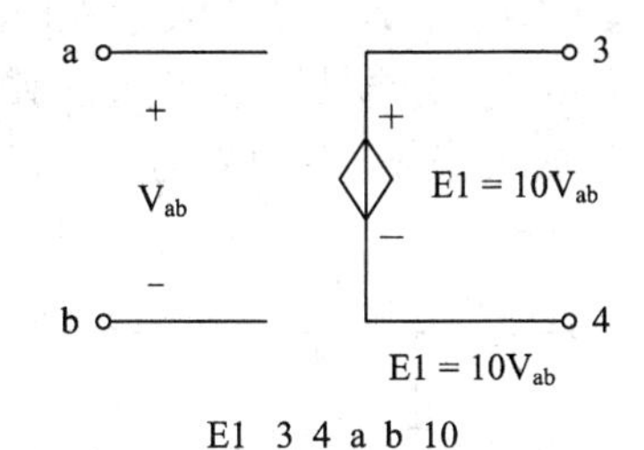

图 2-3　压控电压源及其对应的 Spice 元件描述语句

2. 压控电流源

压控电流源的元件描述语句为

Gname　N1　N2　NC1　NC2　Value

压控电流源名称必须以字母 G 开头；N1　N2 表示受控源输出电流端口节点名称，输出电流参考方向为 N1→N2；　NC1　NC2 表示控制电压端口节点名称，NC1 是正端，NC2 是负端；Value 为放大倍数。图 2-4 为一个压控电流源及其对应的 Spice 元件描述语句。

G1　4 3 a b 10

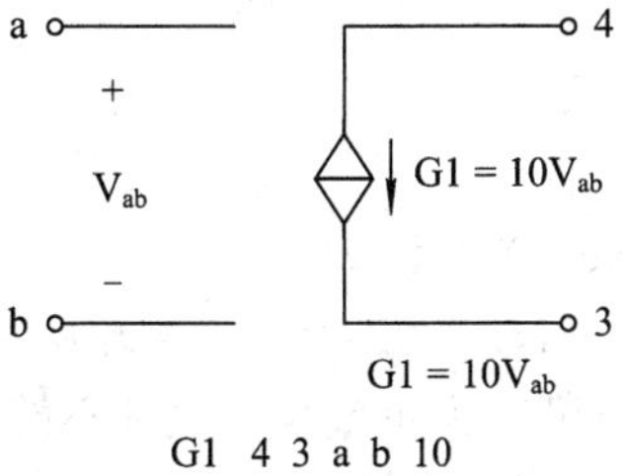

图 2-4　压控电流源及其对应的 Spice 元件描述语句

3. 流控电压源

流控电压源的元件描述语句为

Hname　N1　N2　Vcontrol　Value

流控电压源名称必须以字母 H 开头；N1　N2 表示受控源输出电压端口节点名称，N1 是正端，N2 是负端；Vcontrol 表示控制电流流过的独立电压源名称，电流参考方向与电压源参考方向相同；Value 为放大倍数。图 2-5 为一个流控电压源及其对应的 Spice 元件描述语句。

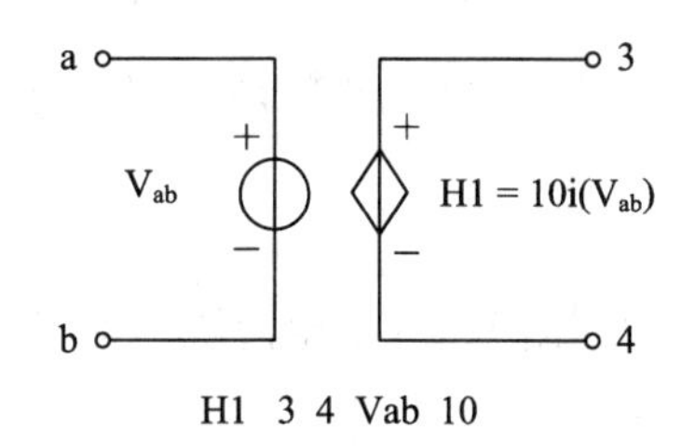

图 2-5　流控电压源及其对应的 Spice 元件描述语句

4. 流控电流源

流控电流源的元件描述语句为

Fname　N1　N2　Vcontrol　Value

流控电流源名称必须以字母 F 开头；N1　N2 表示受控源输出电流端口节点名称，输出电流参考方向为 N1→N2；Vcontrol 表示控制电流流过的独立电压源名称，电流参考方向与电压源参考方向相同；Value 为放大倍数。图 2-6 为一个流控电流源及其对应的 Spice 元件描述语句。

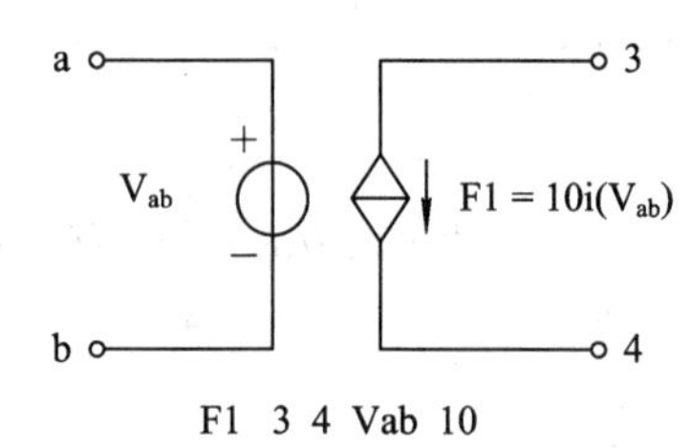

图 2-6　流控电流源及其对应的 Spice 元件描述语句

2.1.3　电阻、电容与电感

电阻、电容与电感为电路中常用的无源元件。

1. 电阻

电阻的元件描述语句为

Rname　N1　N2　Value [TC1;TC2]

电阻名称必须以字母 R 开头；N1　N2 为电阻两端所接的节点名称，N1 为正节点，N2 为负节点；Value 为电阻值，该值可以为正或负，但是不能为 0；TC1 和 TC2 为电阻的温度系数，默认值为 0，如果为非零，则电阻值为

$$电阻值 = Value\left[1 + TC1(T - T_{NOM}) + TC2(T - T_{NOM})^2\right]$$

其中：TC1 为一次温度系数；TC2 为二次温度系数；T_{NOM} 为室温，通过仿真设置窗口 option 中的 TNOM 选项设置，默认值为 27℃。

2. 电容

电容的元件描述语句为

Cname　N1　N2　Value [IC]

电容名称必须以字母 C 开头；N1　N2 为电容两端所接的节点名称，N1 为正节点，N2 为负节点；Value 为电容值；IC 可以设置电容两端的初始电压，默认值为 0，初始电压方向为 N1→N2。

3. 电感

电感的元件描述语句为

Lname　N1　N2　Value [IC]

电感名称必须以字母 L 开头；N1　N2 为电感两端所接的节点名称；Value 为电感值；IC 可以设置流过电感的初始电流，默认值为 0，初始电流方向为 N1→N2。

图 2-7 为一个电容与电感及其对应的 Spice 元件描述语句，要特别注意初始电压与初始电流方向。

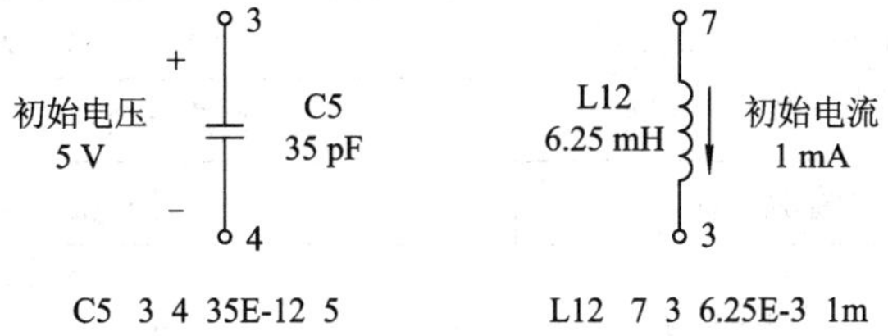

3
+
初始电压
5 V
C5
35 pF
−
4

C5　3　4　35E-12　5

7
L12
6.25 mH
初始电流
1 mA
3

L12　7　3　6.25E-3　1m

图 2-7　电容与电感及其对应的 Spice 元件描述语句

2.2　Spice 仿真设置语句

2.2.1　Spice 仿真分析功能

Spice 能够实现多种分析(仿真)功能，可以分为基本分析和高级分析两大类，如表 2-1 所示，高级分析需要结合基本分析一起使用。每一项分析的具体功能如下：

(1) 静态工作点分析为计算电路在输入信号为 0，仅由直流电源作用产生的响应，这项分析在所有的仿真分析中都会自动进行。

(2) 直流转移特性分析为计算直流小信号增益、输入阻抗和输出阻抗。

(3) 直流灵敏度分析为计算输出变量相对于每个电路元件或模型参数的灵敏度。

(4) 直流扫描分析为计算当电源、某个模型参数或者温度的值在一定范围内变化时电路的静态电压和电流。

(5) 交流扫描分析为在一定的频率范围内计算电路对一个或多个源的小信号的频率响

应(偏置点附近线性化)，计算结果包括电压和电流的幅度与相位信息。

(6) 噪声分析为计算电路内部的每一个噪声发生器对输出产生的噪声贡献及等效输入噪声。要进行噪声分析，必须先进行交流扫描分析。

(7) 瞬态分析为时域分析，用于计算电路对时变源的响应特性。

(8) 傅里叶分析为对瞬态分析的结果做傅里叶变换，计算出直流和各次谐波分量。要进行傅里叶分析，必须先进行瞬态分析。

(9) 参数扫描分析为对第二变量进行参数扫描，可设置的变量有全局参数、模型参数、元件的值、直流源和温度。

(10) 温度分析只能取某一个或者几个特定的温度点仿真。

(11) 蒙特卡洛分析为每次运行按规定的容限与分布情况随机改变电路元件参数值，然后对此状态下的电路进行仿真分析，取样越多越能满足分布概率。

(12) 最坏情况分析每次运行只改变一个元件参数值，Spice 根据每次仿真数据计算出该元件相对于输出变量的灵敏度，当每个元件的灵敏度都确定时，Spice 运行最后一次仿真分析，求出电路的最坏情况。

表 2-1 Spice 仿真分析功能列表

<table>
<tr><th colspan="2">Spice 仿真分析种类</th><th>功 能</th></tr>
<tr><td rowspan="8">基本分析</td><td rowspan="3">静态工作点分析</td><td>静态工作点分析(.OP)</td></tr>
<tr><td>直流转移特性分析(.TF)</td></tr>
<tr><td>直流灵敏度分析(.SENS)</td></tr>
<tr><td>直流扫描分析</td><td>直流扫描分析(.DC)</td></tr>
<tr><td rowspan="2">交流分析</td><td>交流扫描分析(.AC)</td></tr>
<tr><td>噪声分析(.NOISE)</td></tr>
<tr><td rowspan="2">瞬态分析</td><td>瞬态分析(.TRAN)</td></tr>
<tr><td>傅里叶分析 (.FOUR)</td></tr>
<tr><td rowspan="4">高级分析</td><td rowspan="2">参数扫描分析</td><td>参数扫描分析(.STEP)</td></tr>
<tr><td>温度分析(.TEMP)</td></tr>
<tr><td rowspan="2">统计分析</td><td>蒙特卡洛分析(.MS)</td></tr>
<tr><td>最坏情况分析(.WCASE)</td></tr>
</table>

Spice 进行仿真分析时，一次只能进行一种类型的基本特性分析，同时可以设定相应的高级选项分析。

2.2.2 Spice 仿真分析语句

下面介绍每一种仿真对应的 Spice 语句。

1. 静态工作点分析

静态工作点分析的仿真设置语句为

.OP

仿真结束后输出如下数值：

(1) 电路中各节点电压值；

(2) 电路中电压源的电流及其功耗；

(3) 电路中二极管、三极管和场效应管的参数。

2. 直流转移特性分析

直流转移特性分析的仿真设置语句为

.TF　output_variable　input_source

通过对电路在静态工作点附近进行线性化处理，分析计算电路的小信号增益、直流输入电阻和直流输出电阻。其中：output_variable 为输出变量，可以为电压或者电流信号，如果输出变量为电流信号，则该电流信号必须通过电压源进行提取；input_source 为输入源的名称，该源必须为独立电压源或者独立电流源。仿真结束后输出如下结果：

(1) output_variable/ input_source 输出变量对输入源的增益；

(2) 从输入源端口看进去的输入电阻；

(3) 从输出变量端口看进去的输出电阻。

3. 直流灵敏度分析

直流灵敏度分析的仿真设置语句为

.SENS　output_variable

该语句用来计算输出变量相对于每个电路元件或模型参数的灵敏度，输出结果包括元件名称、元件值、绝对灵敏度和相对灵敏度。绝对灵敏度为元件参数值变化一个单位时，输出变量的变化量；相对灵敏度为元件参数变化 1%时，输出变量的变化量。其中：output_variable 为输出变量，可以为电压或者电流信号。如果输出变量为电流信号，则该电流信号必须通过电压源进行提取。

4. 直流扫描分析

直流扫描分析的仿真设置语句为

.DC　source_name　start_value　stop_value　increment_value

该语句用来对电路进行直流扫描。其中：source_name 为独立电压源或者独立电流源的名称；start_value 为独立源的起始值；stop_value 为独立源的结束值；increment_value 为步进值，做线性扫描。

直流扫描分析也可以同时对第二独立源进行二次扫描，相应的仿真设置语句为

.DC　S1　S1_start　S1_stop　S1_inc　S2　S2_start　S2_stop　S2_inc

其中：S1 为第一扫描源的名称，S2 为第二扫描源的名称。S1 为内循环，对于 S2 的每个值 S1 都要循环一次。

5. 交流扫描分析

交流扫描分析的仿真设置语句为

.AC　freq_variable　np　freq_start　freq_stop

该语句用来对电路进行交流分析。其中：freq_variable 为三种频率扫描方式之一，分别

为 DEC(10 倍频)、OCT(8 倍频)、LIN(线性)；np 为扫描点数量，DEC_np 为每 10 倍频扫描点数，OCT_np 为每 8 倍频扫描点数，LIN _np 为从起始频率到结束频率的总扫描点数；freq_start 为起始频率，不能为 0，freq_stop 为结束频率。

6. 噪声分析

噪声分析的仿真设置语句为

. NOISE output_variable input_source interval

该语句用来对电路进行噪声分析，但噪声分析必须与交流扫描分析同时运行。其中：output_variable 为输出变量，可以为电压或者电流信号，如果输出变量为电流信号，则该电流信号必须通过电压源进行提取；input_source 为输入源的名称，该源必须为独立电压源或者独立电流源；interval 为在交流扫描分析基础上取出的频率点间隔。

7. 瞬态分析

瞬态分析的仿真设置语句为

. TRAN t_step t_stop [t_start] [t_max]

该语句用来对电路进行瞬态分析。其中：t_step 为打印或绘图增量；t_stop 为瞬态分析的结束时间，瞬态分析从零时刻开始计算；t_start 为打印输出仿真结果的开始时刻，默认为 0；t_max 为仿真分析的最大步长，默认值为(t_stop- t_start)/50 和 t_step 的最小值，当需要计算的步长小于 t_step 时，t_max 非常重要，其可以单独设置。

8. 傅里叶分析

傅里叶分析的仿真设置语句为

. FOUR fundamental_frequency number_of_harmonics output_variable

该语句用来对电路输出的最后一个周期波形进行谐波分析，输出直流分量及各次谐波幅值和总的谐波失真系数，傅里叶分析必须与瞬态分析同时运行。其中，fundamental_frequency 为基波频率，number_of_harmonics 为谐波次数，output_variable 为输出变量，可以为电压或者电流信号，如果输出变量为电流信号，则该电流信号必须通过电压源进行提取。

9. 参数扫描分析

参数扫描分析的仿真设置语句为

. STEP sweep_type sweep_name start_value stop_value incnp

或

. STEP sweep_name list[values]

该语句用来对电路元件、信号源或温度的参数值进行扫描分析。其中：sweep_type 为扫描类型，有 DEC、OCT、LIN 三种；sweep_name 为扫描变量名称，为模型参数、温度、全局参数、独立电压源或独立电流源；start_value 为起始值，stop_value 为结束值，incnp 为扫描点数；list[values]为扫描某些特定值。

当对全局参数进行扫描时，需要先定义全局变量，对应的 Spice 语句为

. PARAM parameter_name=value

或

. PARAM parameter_name={mathematical_expression}

其中：parameter_name 为全局参数名称；value 为参数值；mathematical_expression 为表达式，如果参数由表达式定义，那么必须使用{}。

10. 温度分析

温度分析的仿真设置语句为

. TEMP temp1 temp2 temp3 … tempn

该语句用来对电路进行温度分析。其中，temp1 temp2 temp3 为仿真时的环境温度。当然也可以用直流扫描进行温度分析，对应的 Spice 语句为

.DC temp start_value stop_value increment_value

其中：start_value 为起始温度；stop_value 为结束温度；increment_value 为步进值。

11. 蒙特卡洛分析

蒙特卡洛分析的仿真设置语句为

. MC number_runs analysis output_variable [options]

该语句用来对电路进行蒙特卡洛分析。其中：number_runs 为仿真运行次数，即取样个数；analysis 为分析类型，有 DC、AC、TRAN 三种；output_variable 为指定输出变量；Options 为蒙特卡洛分析的附加选项，用于设置保存数据方式，有 NONE、ALL、FIRST[value]、EVERY[value]、RUN[list]五种。

12. 最坏情况分析

最坏情况分析的仿真设置语句为

. WCASE analysis output_variable function [options]

该语句用来对电路进行最坏情况分析。其中：analysis 为分析类型，有 DC、AC、TRAN 三种；output_variable 为指定输出变量；function 为指定求值函数，有 YMAX、MAX、MIN、RISE_EDGE[value]、FALL_EDGE[value]五种；options 为蒙特卡洛分析的附加选项，用于设置变化的方向，有 HI、LOW 两种。

2.3 Spice 输出语句

Spice 输出语句有两种，一种为打印语句，另一种为绘图语句。

1. 打印语句

打印语句对应的 Spice 语句为

. PRINT analysis_type output_variable

该语句以表格形式输出数据。其中：analysis_type 为仿真分析类型，有 DC、AC、TRAN、NOISE、FOUR 五种，但每次只能选择一种仿真分析类型；output_variable 为指定输出变量，如果输出变量超过 8 个，则需增加一条. PRINT 语句。

2. 绘图语句

绘图语句对应的 Spice 语句为

```
. PLOT   analysis_type   output_variable
```

该语句以绘图形式输出数据。其中：analysis_type 为仿真分析类型，有 DC、AC、TRAN、NOISE、FOUR 五种，但每次只能选择一种仿真分析类型；output_variable 为指定输出变量，如果输出变量超过 8 个，则需增加一条 . PLOT 语句。

2.4 子电路与模型语句

2.4.1 子电路(.SUBCKT、.ENDS)

在一个整体电路中，如果多次用到某一个电路模块，则可以把该模块电路定义为一个子电路，该子电路可以被重复使用，其 Spice 语句为

```
. SUBCKT   subcircuit_name   node1   node2   ...
Element statements
...
.ENDS   subcircuit_name
```

子电路的定义以 .SUBCKT 开头，以 .ENDS 结尾；subcircuit_name 为定义的子电路名称；node1 node2 为定义的子电路向外引出的节点；Element statements 为定义的子电路内部电路的元件描述语句。

子电路调用的 Spice 语句为

```
Xname   node1   node2   ...   subcircuit_name
```

Xname 为调用后的子电路模块名称，子电路的字母代号为 X；node1 node2 … 为调用后的子电路连接节点，子电路定义节点与调用后的子电路节点一定要完全匹配；subcircuit_name 为定义的子电路名称。子电路可以进行嵌套，即子电路之间可以互相调用，但是嵌套不能循环，即如果子电路 A 调用子电路 B，则子电路 B 不允许再调用子电路 A。

2.4.2 模型语句(.MODEL)

前边讲过的电阻、电容和电感元件的参数都比较简单，在 Spice 文件中编写这些元件时只需每次输入参数即可，但是有些元件的参数有很多，如二极管、三极管、场效应管，对于某种型号的二极管，如果每用到一次都输入参数则是不现实的。模型语句将具体的参数填到某种器件模型的模板中，形成一个具体的器件，使用时只需调用这个器件就可以了，其对应的 Spice 语句为

```
. MODEL   model_name   model_type   [parameter_name= value]
```

其中：model_name 为特定模型类型的名称，必须以字母开头，为避免混淆，开头字母最好为元件类型代号；model_type 为元件模型类型；parameter_name 为相应模型的参数名称，元件类型、相应的模型类型及常用名称如表 2-2 所示。

表 2-2　元件模型类型

元件类型	模型类型	常用名称
电阻	RES	RXXX
电容	CAP	CXXX
电感	IND	LXXX
二极管	D	DXXX
NPN 晶体管	NPN	QXXX
PNP 晶体管	PNP	QXXX
横向 PNP 晶体管	LPNP	QXXX
N 沟道结型场效应晶体管	NJF	JXXX
P 沟道结型场效应晶体管	PJF	JXXX
N 沟道 MOSFET	NMOS	MXXX
P 沟道 MOSFET	PMOS	MXXX
N 沟道砷化镓 MOSFET	GASFET	BXXX
非线性磁芯	CORE	KXXX
电压控制开关	VSWITCH	SXXX
电流控制开关	ISWITCH	WXXX

下面介绍常用元件的模型调用与模型定义语句。

1. 电阻

电阻的模型调用语句为

```
Rname    node1    node2    model_name    R_value
```

电阻的模型定义语句为

```
.MODEL    model_name    RES    [parameter_name= value]
```

电阻的模型参数及其默认值如表 2-3 所示。

表 2-3　电阻模型参数

模型参数	含义描述	默认值
R	电阻因子	1
TC1	线性温度系数	0
TC2	二次温度系数	0

根据模型参数计算的电阻值为

$$R_{name}(T)=R\_value*R\left[1+TC1(T-T_{NOM})+TC2(T-T_{NOM})^2\right]$$

其中：T 为电路的工作温度；T_{NOM} 为室温，通过仿真设置窗口 option 中的 TNOM 选项设置，默认值为 27℃。在 Rbreak 电阻的 Spice 模型中可以直接加上“TC1=”“TC2=”。同理，电感 Lbreak 和电容 Cbreak 可以设置对应的参数。

2. 电容

电容的模型调用语句为

Cname node+ node- model_name C_value [IC=initial_value]

电容的模型定义语句为

.MODEL model_name CAP [parameter_name= value]

电容的模型参数及其默认值如表 2-4 所示。

表 2-4 电容模型参数

模型参数	含义描述	默认值
C	电容因子	1
TC1	线性温度系数	0
TC2	二次温度系数	0
VC1	线性电压系数	0
VC2	二次电压系数	0

根据模型参数计算的电容值为

$$C_{name}(T,V)=C\_value*C\left[1+VC1*V+VC2*V^2\right]\left[1+TC1\left(T-T_{NOM}\right)+TC2\left(T-T_{NOM}\right)^2\right]$$

其中：V 为电容两端电压；T 为电路的工作温度；T_{NOM} 为室温，通过仿真设置窗口 option 中的 TNOM 选项设置，默认值为 27℃。

3. 电感

电感的模型调用语句为

Lname node+ node- model_name L_value [IC=initial_value]

电感的模型定义语句为

.MODEL model_name IND [parameter_name= value]

电感的模型参数及其默认值如表 2-5 所示。

表 2-5 电感模型参数

模型参数	含义描述	默认值
L	电感因子	1
TC1	线性温度系数	0
TC2	二次温度系数	0
IL1	线性电流系数	0
IL2	二次电流系数	0

根据模型参数计算的电感值为

$$L_{name}(T,I)=L\_value*L\left[1+IL1*I+IL2*I^2\right]\left[1+TC1\left(T-T_{NOM}\right)+TC2\left(T-T_{NOM}\right)^2\right]$$

其中：I 为流过电感的电流；T 为电路的工作温度；T_{NOM} 为室温，通过仿真设置窗口 option 中的 TNOM 选项设置，默认值为 27℃。

4. 二极管

二极管的模型调用语句为

Dname anode cathode model_name [area_value]

二极管的模型定义语句为

.MODEL model_name D [parameter_name= value]

其中：anode 表示阳极节点；cathode 表示阴极节点；area_value 表示二极管的并联数量。二极管的模型参数及其默认值如表 2-6 所示。

表 2-6 二极管模型参数

模型参数	含义描述	默认值
IS	反向饱和电流	1E-14
N	注入系数	1
ISR	复合电流	0
NR	ISR 的发射系数	2
IKF	大注入效应膝点电流	∞
BV	反向击穿电压	∞
IBV	反向击穿电流	1E-10
NBV	反向击穿因数	1
IBVL	低压反向击穿电流	0
NBVL	低压反向击穿因数	1
RS	寄生电阻	0
TT	渡越时间	0
CJO	零偏 PN 结电容	
VJ	PN 结电势	1
M	PN 结梯度系数	0.5
FC	正偏耗尽电容系数	0.5
EG	禁带宽度	1.11
XTI	IS 温度	3
TIKF	IKF 线性温度系数	0
TBV1	BV 线性温度系数	0
TBV2	BV 二次温度系数	0
TRS1	RS 线性温度系数	0
TRS2	RS 二次温度系数	0
KF	闪烁噪声系数	0
AF	闪烁噪声指数	1

5. 三极管

三极管的模型调用语句为

Qname C B E model_name [area_value]

三极管的模型定义语句为

.MODEL model_name transistor_type [parameter_name= value]

其中：C 表示集电极节点；B 表示基极节点；E 表示发射极节点；area_value 表示三极管的并联数量。三极管的模型参数及其默认值如表 2-7 所示。

表 2-7 三极管模型参数

模型参数	含义描述	默认值
IS	PN 结反向饱和电流	1E-16
BF	理想正向电流放大倍数	100
NF	正向电流注入系数	1
VAF	正向欧拉电压	∞
IKF	正向大注入效应膝点电流	∞
ISE	基极-发射极泄露饱和电流	0
NE	基极-发射极泄露注入系数	1.5
BR	理想最大反向放大系数	1
NR	反向电流注入系数	1
VAR	反向欧拉电压	∞
IKR	反向大注入效应膝点电流	∞
ISC	基极-集电极泄露饱和电流	0
NC	基极-集电极泄露注入系数	2
RB	零偏最大基极电阻	0
RBM	大电流时最小基极电阻	RB
IRB	基极电阻下降到最小值的 1/2 时的电流	∞
RE	发射极电阻	0
RC	集电极电阻	0
CJE	基极-发射极零偏 PN 结电容	0
VJE	基极-发射极内建电势	0.75
MJE	基极-发射极梯度因子	0.33
CJC	基极-集电极零偏 PN 结电容	0
VJC	基极-集电极内建电势	0.75
MJC	基极-集电极梯度因子	0.33
XCJC	PN 结耗尽电容连接到基极的百分比	1

续表

模型参数	含义描述	默认值
CJS	集电极-衬底零偏 PN 结电容	0
VJS	集电极-衬底内建电势	0.75
MJS	集电极-衬底梯度因子	0
FC	正偏压耗尽电容系数	0.5
TF	正向渡越时间	0
XTF	TF 随偏置的改变系数	0
VTF	TF 随 Vbc 的改变参数	∞
ITF	TF 随 Ic 的改变参数	0
PTF	在 1/(2πTF)处的超前相移	0
TR	理想反向传输时间	0
EG	禁带宽度	1.11
XTB	正、反放大倍数温度系数	0
XTI	饱和电流温度指数	3
KF	闪烁噪声系数	0
AF	闪烁噪声指数	1

6. 场效应晶体管

场效应晶体管的模型调用语句为

Mname　D　G　S　B　model_name　[device_parameters]

场效应晶体管的模型定义语句为

.MODEL　model_name　transistor_type　[parameter_name= value]

其中：D 表示漏极节点；G 表示栅极节点；S 表示源极节点；B 表示衬底节点；device_parameters 表示场效应晶体管的模型参数，主要包括 L、W。场效应晶体管的模型参数及其默认值如表 2-8 所示。

表 2-8　场效应晶体管模型参数

模型参数	含义描述	默认值
LEVEL	模型类型(1、2、3、4、5)	1
L	沟道长度	
W	沟道宽度	
LD	扩散区长度	0
WD	扩散区宽度	0
VTO	无体效应阈值电压	0
KP	跨导	2E-5
GAMMA	阈值电压参数	0

续表一

模型参数	含义描述	默认值
PHI	表面势	0.6
LAMBDA	沟道长度调制系数	0
RD	漏极欧姆电阻	0
RS	源极欧姆电阻	0
RG	栅极欧姆电阻	0
RB	衬底欧姆电阻	0
RDS	漏-源并联电阻	∞
RSH	漏-源扩散区薄层电阻	0
IS	衬底 PN 结饱和电流	1E-14
JS	衬底 PN 结饱和电流密度	0
PB	衬底 PN 结电动势	0.8
CBD	衬底-漏极零偏 PN 结电容	0
CBS	衬底-源极零偏 PN 结电容	0
CJ	衬底 PN 结零偏单位面积电容	0
CJSW	衬底 PN 结零偏单位长度电容	0
MJ	衬底 PN 结梯度系数	0.5
MJSW	衬底 PN 结侧壁梯度系数	0.33
FC	衬底 PN 结正向电容系数	0.5
CGSO	栅极-源极单位沟道覆盖电容	0
CGDO	栅极-漏极单位沟道覆盖电容	0
CGBO	栅极-衬底单位沟道覆盖电容	0
NSUB	衬底掺杂浓度	0
NFS	快速表面态密度	0
TOX	氧化层厚度	∞
TPG	栅极材料类型	1
XJ	金属结深度	0
UO	载流子迁移率	600
UCRIT	迁移率衰减临界场	1E4
UEXP	迁移率衰减指数	0
UTRA	迁移率衰减横向场系数	
VMAX	最大漂移速度	0
NEFF	沟道电荷系数	1

续表二

模型参数	含义描述	默认值
XQC	漏极沟道电荷分配系数	1
DELTA	门限宽度效应	0
THETA	迁移率调制系数	0
ETA	静态反馈系数	0
KAPPA	饱和场因子	0.2
KF	闪烁噪声系数	0
AF	闪烁噪声指数	1

2.5 函数定义语句(.FUNC)

函数定义语句用来定义函数，其语句为

.FUNC function_name(arg) {body}

其中：function_name 为定义的函数名称，不能与软件内置函数重名；arg 为函数自变量，最多定义 10 个自变量，可以无自变量，但必须有括号；body 为函数主体，必须写在{ }内。

第 3 章 电路原理图绘制

3.1 启动 PSpice

先启动 Capture CIS 进入原理图绘制界面，软件打开路径为：开始→所有程序→Cadence Release17.2-2016→orCAD Lite Products→Capture CIS Lite。Lite 表示精简版或学习版，启动 Capture CIS 后的界面如图 3-1 所示。

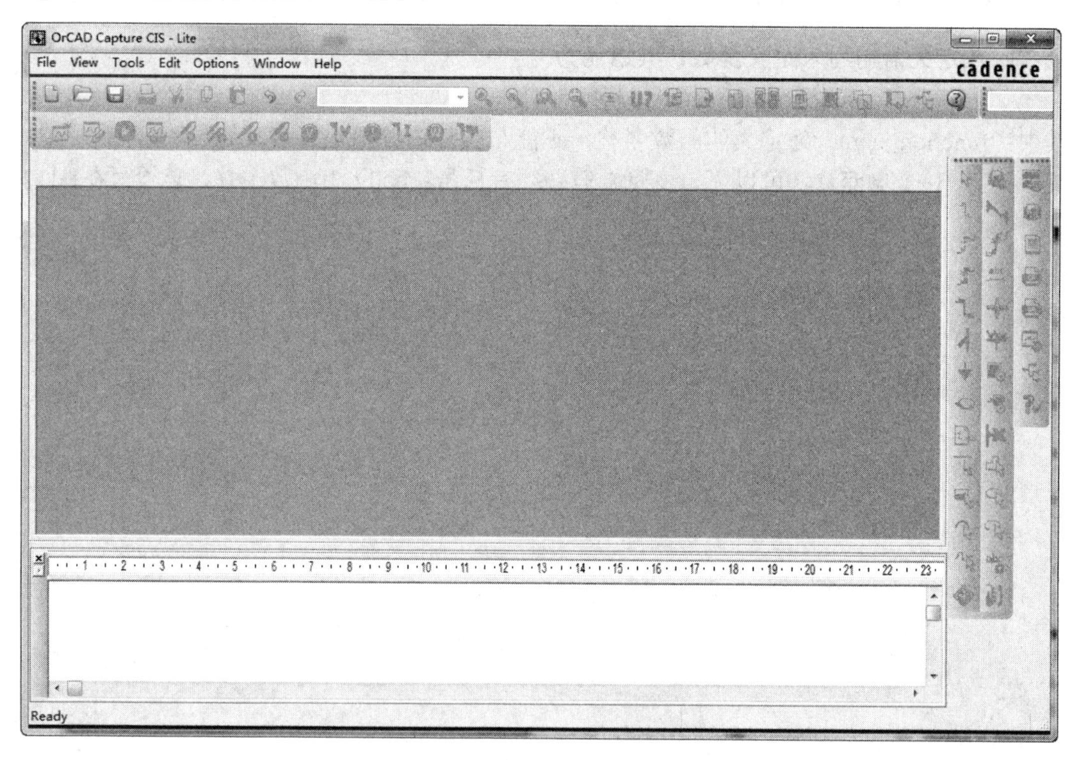

图 3-1 Capture CIS 操作界面

3.2 创建项目文件

在 F 盘或者 G 盘下以自己的学号为名新建一个文件夹，以后所有的项目文件都保存在以学号命名的这个文件夹下，然后在这个文件夹下新建 01 schematic diagram creation 文件夹，本章的电路保存在该文件夹下。

选择菜单 File→New→Project 新建一个项目，操作如图 3-2 所示，完成后出现图 3-3 所示的创建新项目对话框。

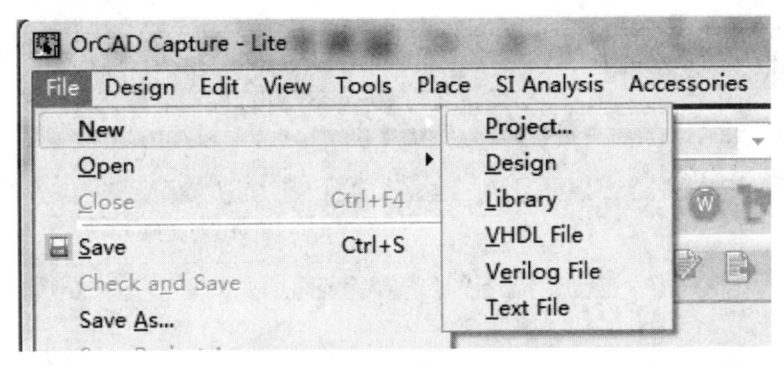

图 3-2　创建新项目菜单

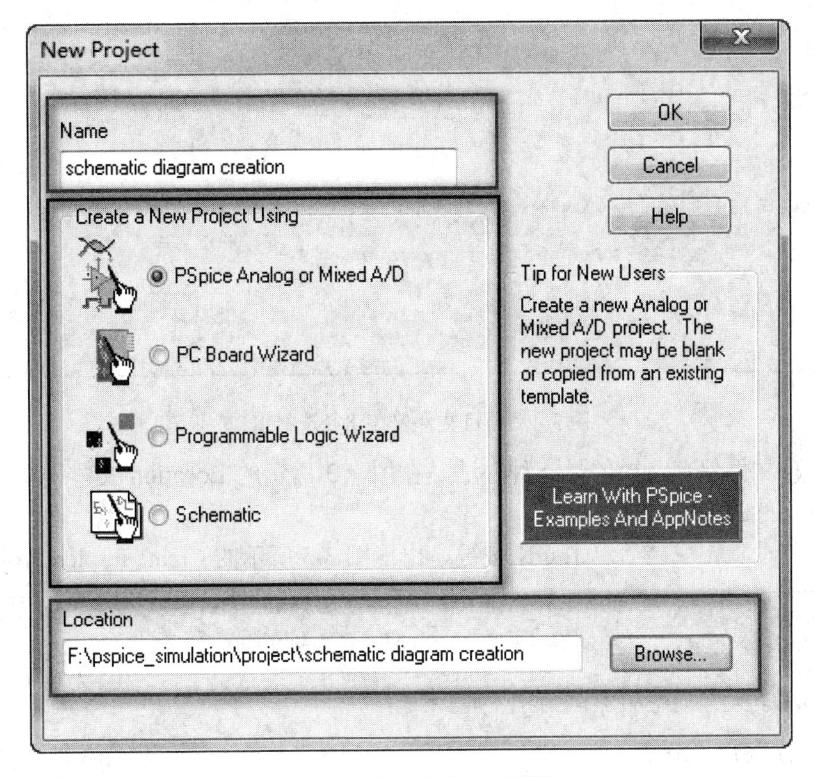

图 3-3　创建新项目对话框

在 Name 文本框中输入项目名称，并从 Create a New Project Using 中选择一种作为本项目类型，每一项代表的类型如下：

(1) PSpice Analog or Mixed A/D：用于数/模混合仿真(本书中都选择此项)。

(2) PC Board Wizard：用于印刷版图设计。

(3) Programmable Logic Wizard：用于可编程器件设计。

(4) Schematic：用于原理图绘制。

单击 Location 文本框右侧的 Browse…按键，出现图 3-4 所示的 Select Folder 文件夹选择窗口，选择项目文件保存路径(选择以个人学号命名的文件夹下的 01 schematic diagram creation 文件夹为保存路径)，完成后单击选择文件夹按键。

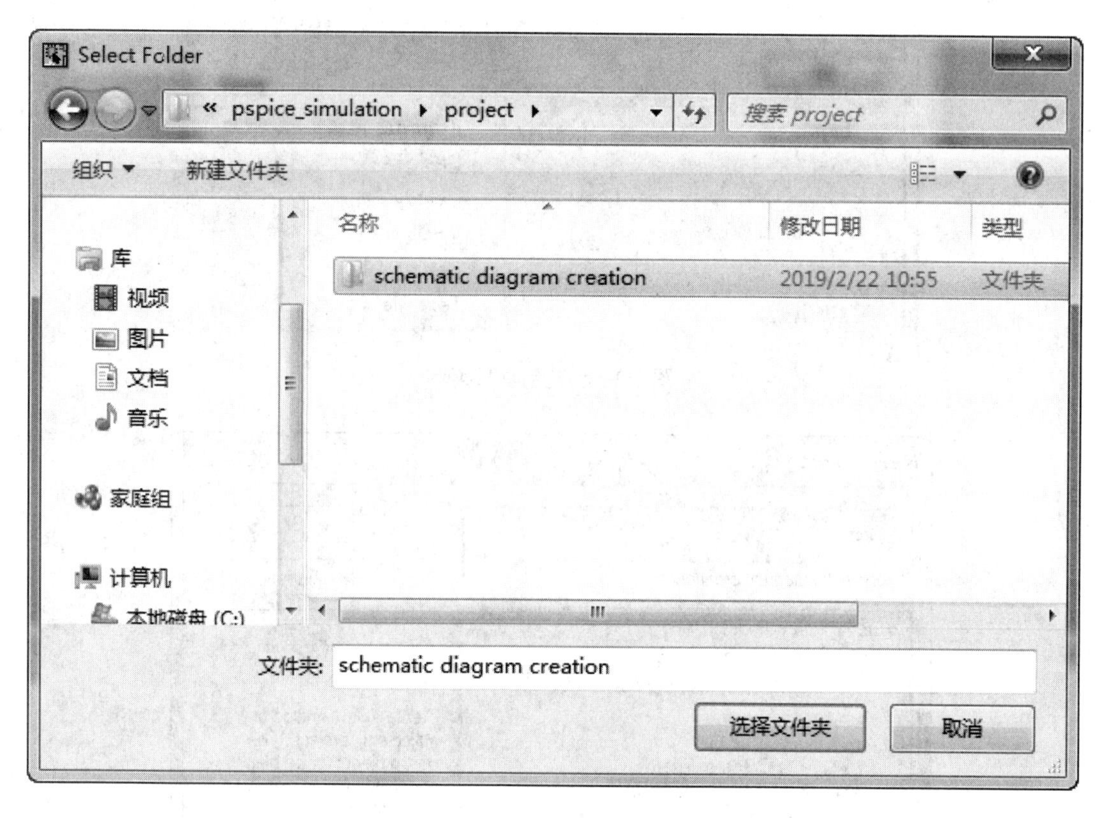

图 3-4 项目文件保存路径选择窗口

创建项目文件保存路径的另一种办法是在图 3-3 所示的 Location 文本框中直接输入需要保存项目文件的文件夹地址。

上面这些设置完成之后单击 OK 按键，出现图 3-5 所示的 Create PSpice Project 窗口。

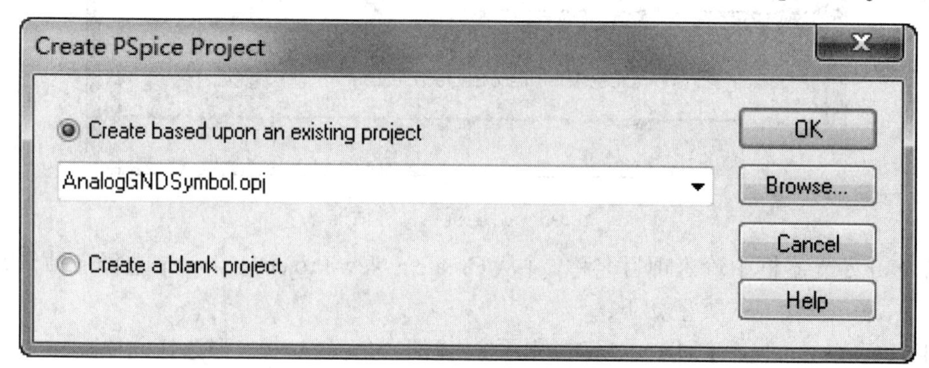

图 3-5 创建 PSpice 仿真项目窗口

图 3-5 中，Create based upon an existing project 为在已有的仿真项目基础上创建新的项目；Create a blank project 为创建一个空白项目。两者区别在于选择 Create based upon an existing project 创建项目时，程序自动将已有项目所带的电路及元件库加入到新的项目中，

选择 Create a blank project 创建项目时，新建的项目中没有任何可用的元件库，需自行添加。本书中新建项目均选择 Create a blank project，再单击 OK 按键，即出现图 3-6 所示的电路原理图绘制与仿真界面。

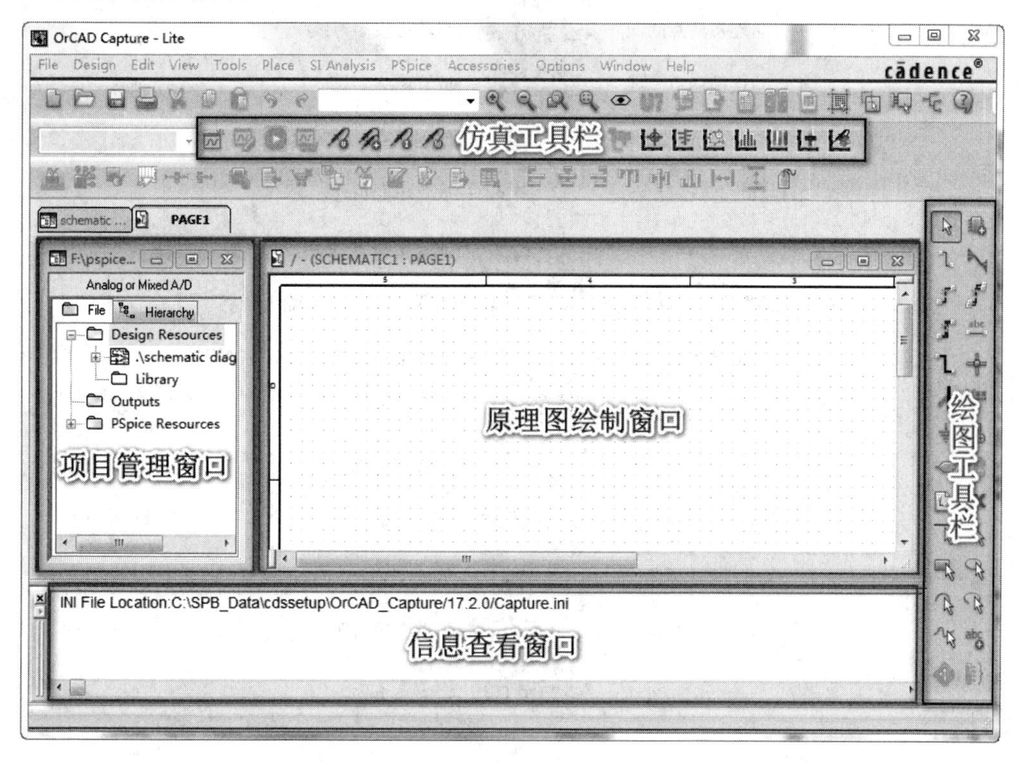

图 3-6　电路原理图绘制与仿真界面

项目管理窗口用于管理并显示各种数据信息，与此项目相关的文件都可以在项目管理窗口中显示并打开，窗口的标题栏同时显示了该工程的类型。例如，本例中为“Analog or Mixed A/D”，新建工程时选择哪种类型，项目管理窗口就显示相应的类型。原理图绘制窗口用于电路原理图的绘制，该窗口顶部包含常用的仿真工具栏，仿真工具栏各按键的具体功能如图 3-7 所示。原理图绘制窗口右侧为绘图工具栏，绘图工具栏各按键的具体功能如图 3-8 所示。信息查看窗口用于查看操作过程中的提示或者出错信息。

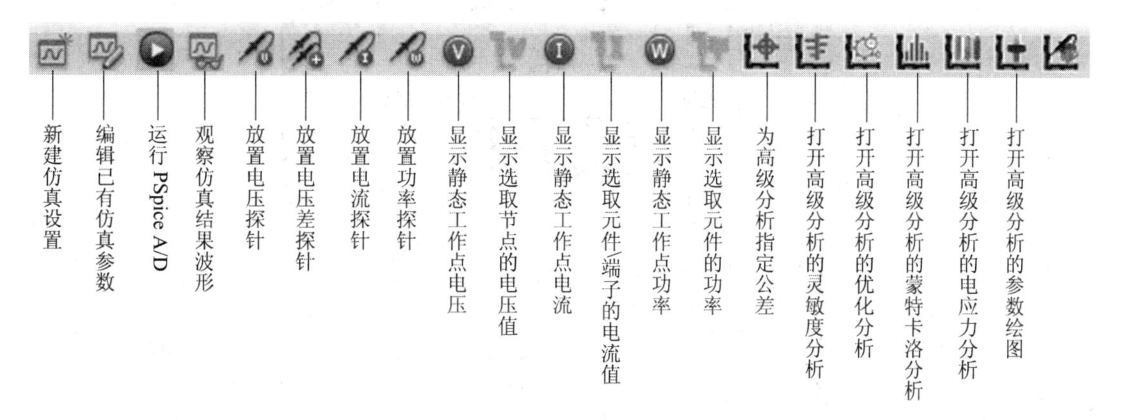

图 3-7　仿真工具栏各按键功能

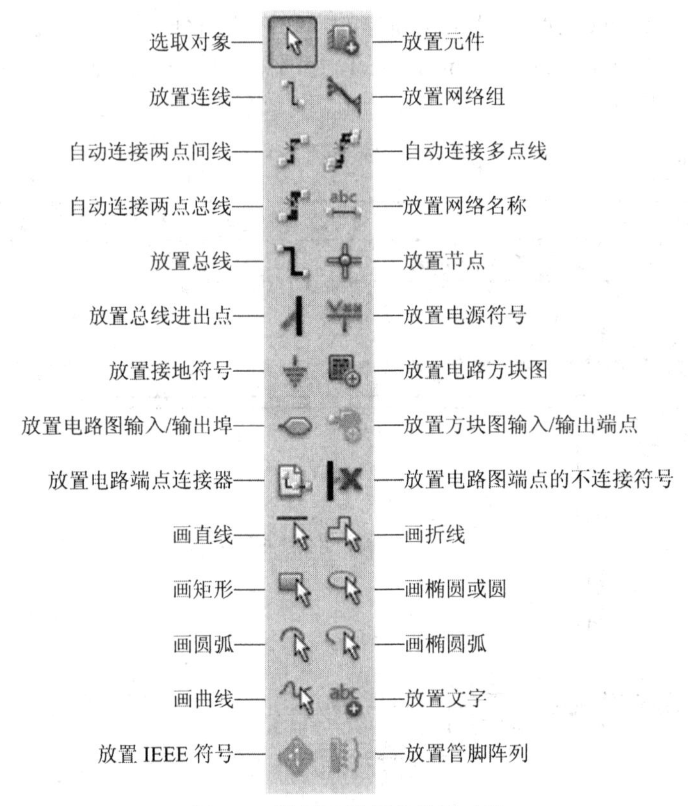

图 3-8　绘图工具栏各按键功能

3.3　修改原理图信息

建议将项目管理窗口中的 SCHEMATIC1 改成工程名称，或者与电路功能相关的名称，其位置如图 3-9 所示。

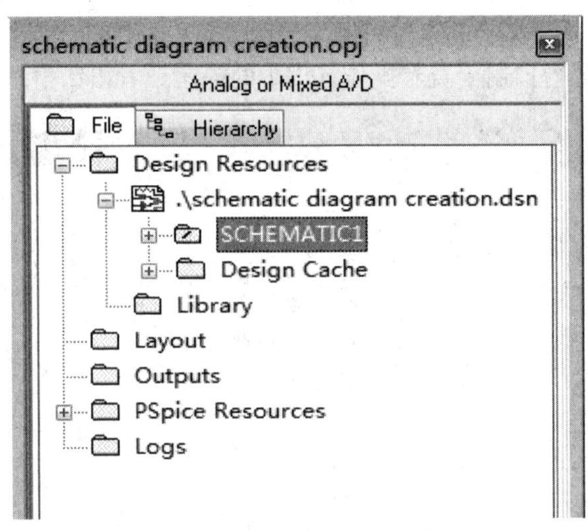

图 3-9　项目管理窗口中的 SCHEMATIC1

若所画的原理图较大，则可以修改原理图页面(Page)大小，选择菜单 Options→Schmatic Page Properties，出现图 3-10 所示的 Schematic Page Properties 窗口，单击“Page Size”，在 Units 中选择 Millimeters，再选择 A4、A3、A2 或者 A1。

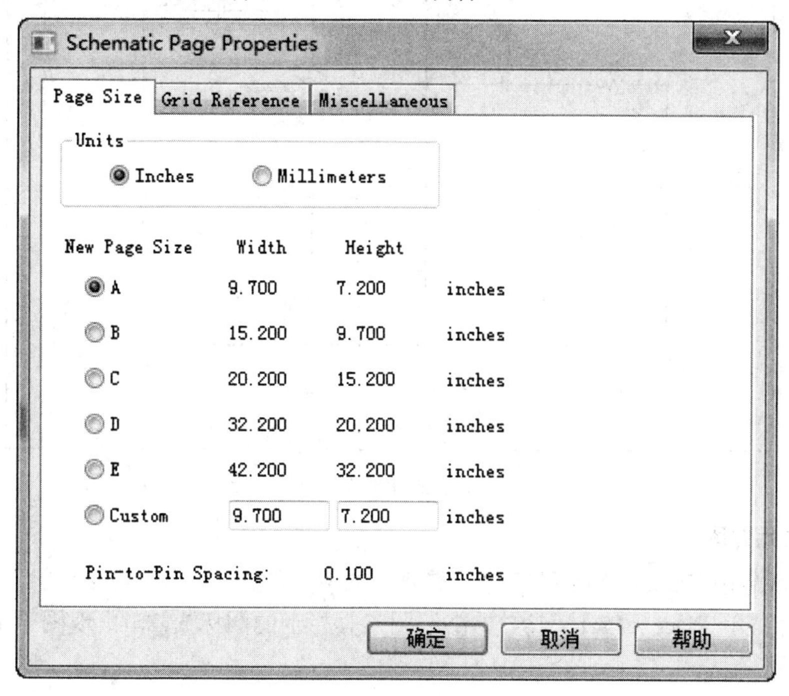

图 3-10　原理图页面属性设置界面

在原理图绘制页面的右下角有原理图信息设置表格，如图 3-11 所示。可以设置标题<Title>，版本号<Doc>，修改日期<RevCode>，可以将 Title 修改为与 Page 功能相同的名称，字体及颜色可以自己设置。

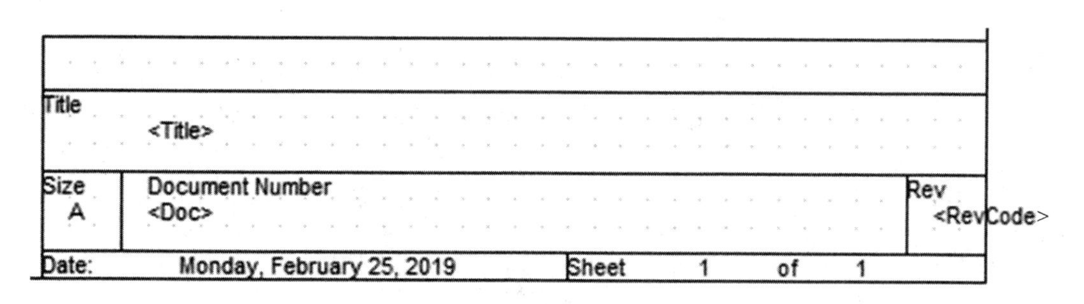

图 3-11　原理图信息设置表格

3.4　绘制电路原理图

电路原理图的绘制主要包括三部分：① 将电子元件放置在绘图工作区；② 设置电子元件参数；③ 通过导线把电子元件连接成电路。以图 3-12 所示电路演示电路原理图的具体绘制过程。

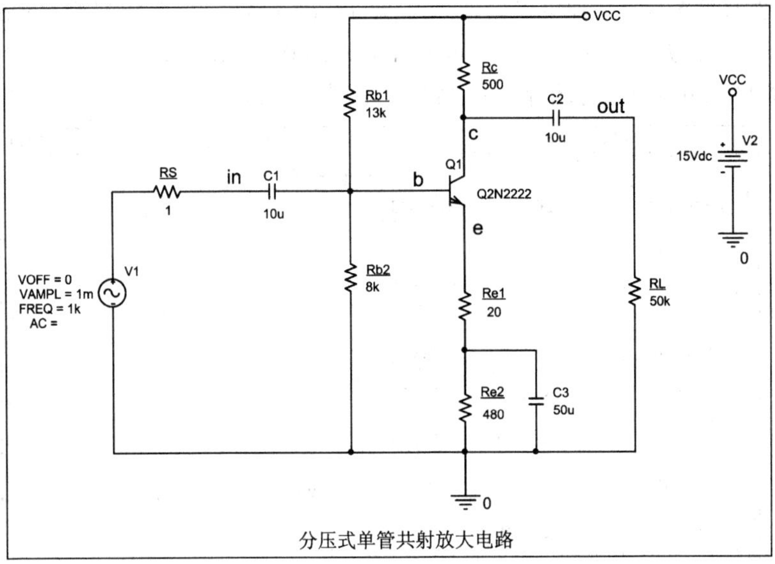

分压式单管共射放大电路

图 3-12　分压式单管共射放大电路

1. 加载元件库

当第一次启用 Capture CIS 程序时，需要先加载元件库，步骤如下：

(1) 选择菜单 Place→Part，或者单击绘图工具栏上的图标，出现图 3-13 所示的选取元件对话框。

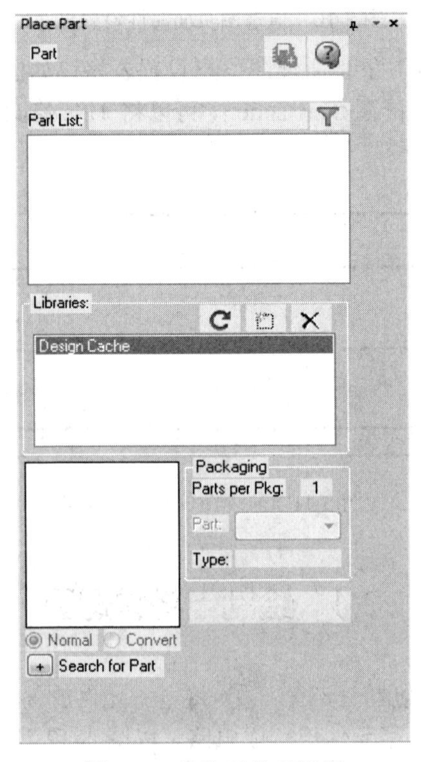

图 3-13　选取元件对话框

(2) 单击图3-13中的图标 (Add Library)可添加元件库，出现图3-14所示的元件库浏览对话框，选择需要添加的元件库，然后单击打开按键，也可以按Ctrl + A键选择全部库，再单击打开按键，选取元件对话框内容如图3-15所示，蓝色代表选中。若要删除已添加的元件库，则可先选中要删除的元件库，然后单击图标 ✕ (Remove Library)即可删除。

图3-14　元件库浏览对话框

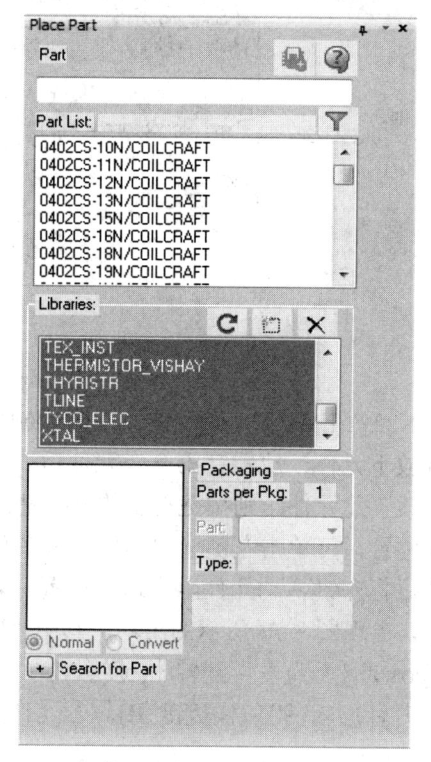

图3-15　加载了元件库之后的元件选取对话框

2. 放置元件

首先在元件选取对话框的 Libraries 框中按 Ctrl + A 键选中所有元件库，然后在 Part 栏中输入元件型号。例如，本电路图中三极管型号为“Q2N2222”，输入相应型号，出现图 3-16 所示的对话框，软件自动选出型号为“Q2N2222”的器件，/ 后为相应的元件库名称。此例中 Q2N2222 在 BIPOLAR、EVAL 等多个库中都存在。单击 Part List 栏中的元件型号，在最下方会显示该元件的电路符号及是否存在 PSpice 模型 和版图 ，必须保证 PSpice 模型存在才能进行电路仿真。

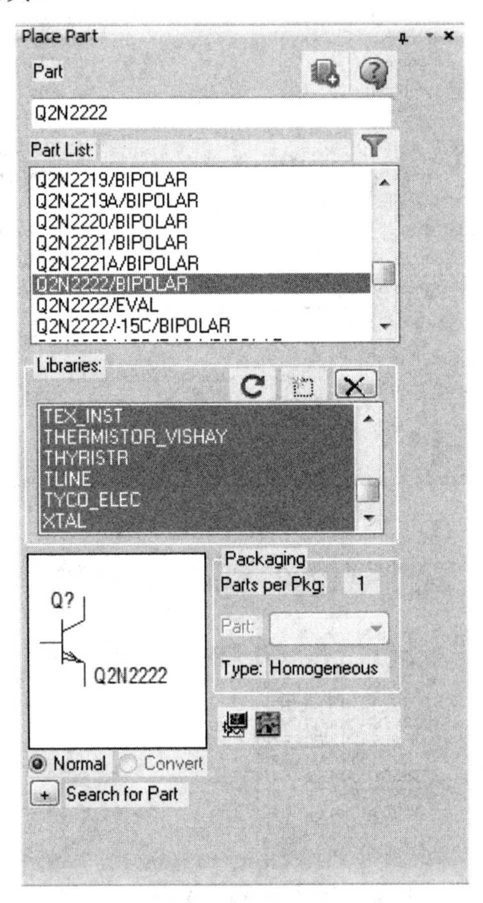

图 3-16　元件搜索

双击 Part List 栏中“Q2N2222/EVAL”，此时在原理图绘制界面有元件跟随鼠标移动，在合适的位置单击鼠标左键放下元件，放置完第一个元件后，元件继续跟随鼠标移动，可放置第二个元件。若要退出放置此元件，则按键盘上的 Esc 键即可退出。

若想移动放置好的元件位置，可单击左键选中元件，或者使用 Ctrl 键选择多个元件；也可以框选元件，然后按住鼠标左键拖动元件至合适的位置。若想改变元件的方位，可先选中元件，然后按鼠标右键，出现图 3-17 所示的菜单。其中“Mirror Horizontally”为水平翻转(快捷键 H)，“Mirror Vertically”为垂直翻转(快捷键 V)，“Mirror Both”为同时进行水平垂直翻转，“Rotate”为逆时针旋转 90° (快捷键 R)。若元件名称与元件未对齐时，可以按 R 键旋转 4 次。

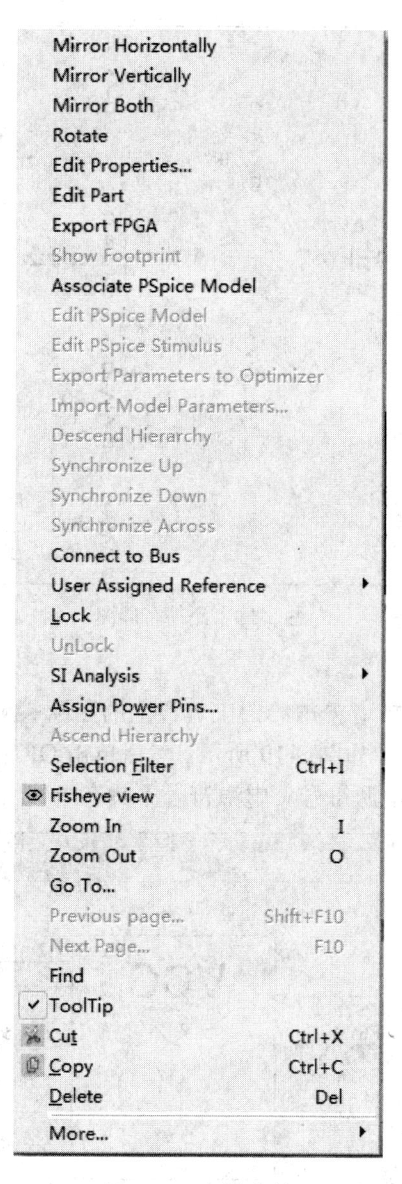

图 3-17　右键菜单

按照此方法依次添加其他元件。元件型号及相应的库名称如表 3-1 所示，将所有元件放置在原理图绘制窗口的合适位置，最终布局如图 3-18 所示。

表 3-1　元件型号及库名称

元件型号	所在库
Q2N2222	EVAL
R	Analog
C	Analog
VDC	SOURCE
VSIN	SOURCE

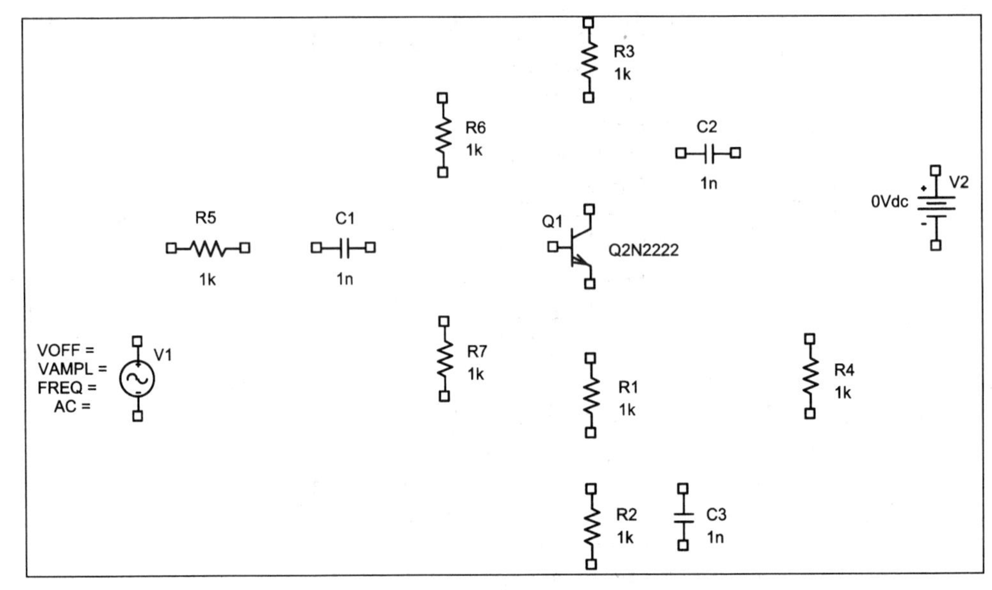

图 3-18　元件布局图

3. 放置电源和接地符号

选择菜单 Place→Power 或者单击绘图工具栏上的图标 ，便可打开选取电源符号的对话框，选择 VCC/CAPSYM，如图 3-19 所示。然后单击 OK 按键或者双击 VCC/CAPSYM 即可在原理图绘制窗口放置电源符号。电源符号不具有电气特性。

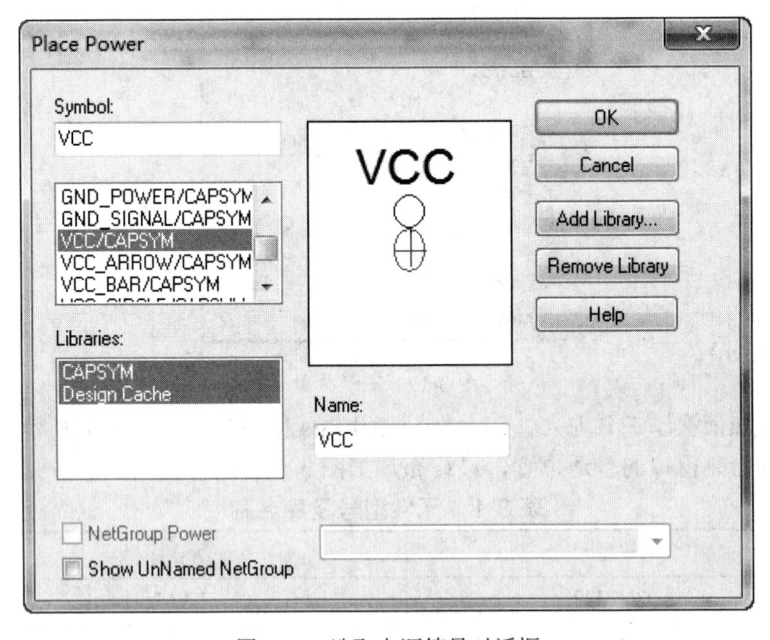

图 3-19　选取电源符号对话框

选择菜单 Place→Ground 或者单击绘图工具栏上的图标 ，便可打开选取接地符号的对话框，选择 0/CAPSYM，如图 3-20 所示。然后单击 OK 按键或者双击 0/CAPSYM 即可在原理图绘制窗口放置接地符号。接地符号必须以 0 命名。

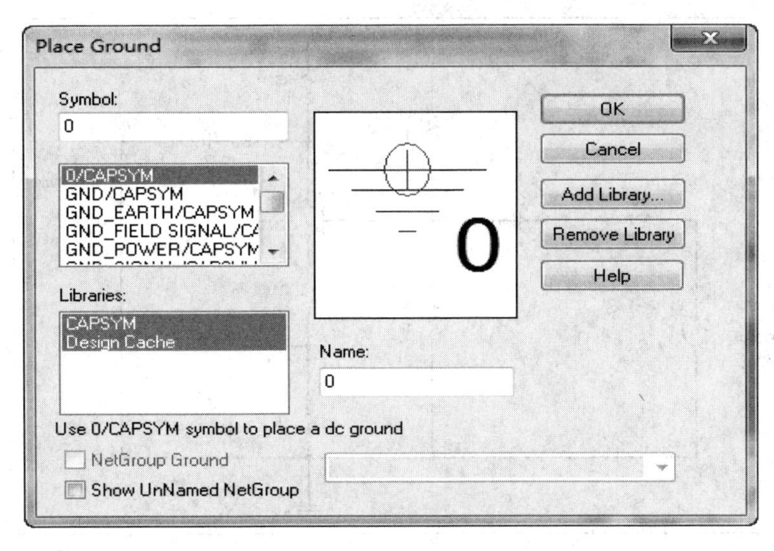

图 3-20　选取接地符号对话框

符号通过 Place→Power 或 Place→Ground 来放置，元件通过 Place→Part 来放置。放置完电源和接地符号的电路布局如图 3-21 所示。

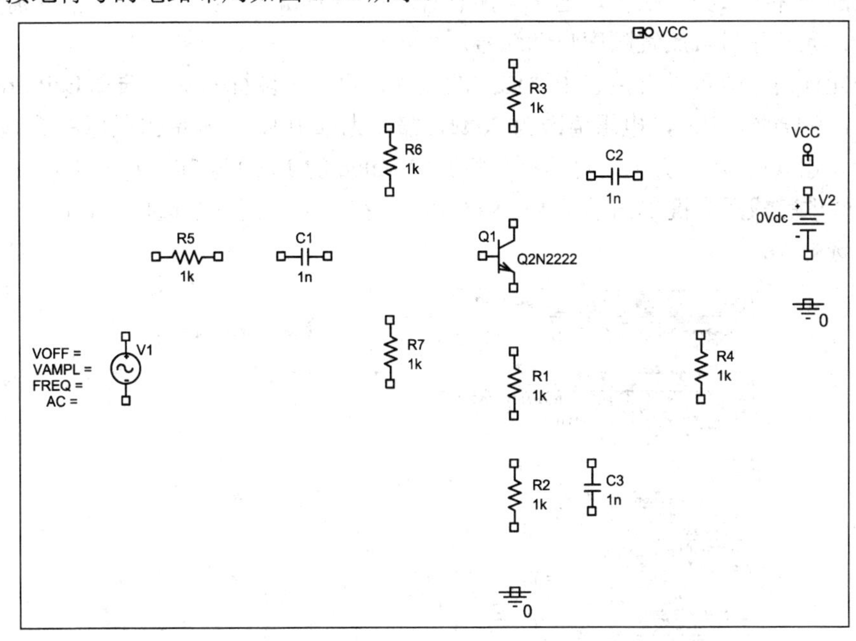

图 3-21　电路布局图

4. 连接线路和放置节点

选择菜单 Place→Wire 或者单击绘图工具栏上的图标 ，光标变成十字形，将光标移动至元件的引角，单击鼠标左键即开始连线，移动光标可画出一条线。当到达另一个引角时，再单击鼠标左键，便可完成一段走线，依照此方法连接电路。当需要放置节点时，选择菜单栏 Place Junctione 或者单击绘图工具栏上的图标 ，一个节点跟随鼠标移动，单击左键放置节点。连接完成后的电路如图 3-22 所示。

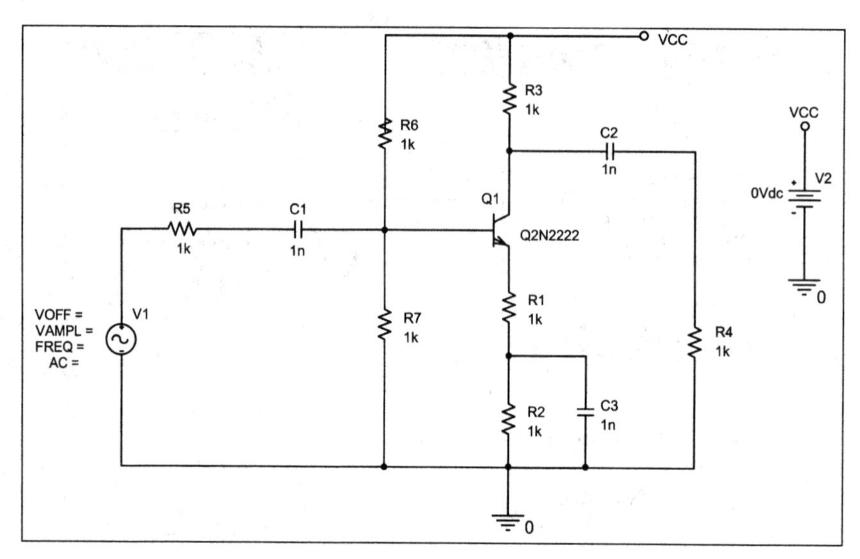

图 3-22　连接完成后的电路

5. 修改元件参数与元件序号

放置的元件参数为默认值，通常与所设计电路中的元件参数值不同，因此需要修改元件参数值，元件序号按放置顺序自动编号。

单个元件的修改可以直接选中要修改的元件，再单击鼠标右键，选择 Edit Properties。例如将 R1 序号改为 Re1，电阻值改为 20 Ω，需要先选中 R1，再单击鼠标右键，选择 Edit Properties，出现图 3-23 所示的对话框。将其中 Value 的 1k 改为 20，将 Reference 的 R1 改为 Re1，修改完成后右键单击顶部的 SCHEMATI..*，在弹出的菜单中选择 Close，再在弹出的对话框中选择 Yes。

schematic ..* | PAGE1* | SCHEMATI..*

New Property... | Apply | Display... | Delete Property | Pivot | Filter by: < Current properties >

	A
	SCHEMATIC1 : PAGE1
Color	Default
Designator	
DIST	FLAT
Graphic	R.Normal
ID	
Implementation	
Implementation Path	
Implementation Type	<none>
Location X-Coordinate	330
Location Y-Coordinate	260
MAX_TEMP	RTMAX
Name	INS102
Part Reference	R1
PCB Footprint	AXRC05
POWER	RMAX
Power Pins Visible	
Primitive	DEFAULT
PSpiceTemplate	R^@REFDES %1 %2 ?TOLE
Reference	R1
SLOPE	RSMAX
Source Library	C:\CADENCE\SPB_17.2
Source Package	R
Source Part	R.Normal
TC1	0
TC2	0
TOLERANCE	
Value	1k
VOLTAGE	RVMAX

\Parts / Schematic Nets / Flat Ne

图 3-23　R1 的 Edit Properties 对话框

另一种方法是通过直接双击电路图上元件的序号和参数值进行修改。例如将 R2 序号改为 Re2，电阻值改为 480 Ω。双击电路图中电阻 R2 的名称 R2，出现图 3-24 所示的对话框，将 Value 中的 R2 改为 Re2，再单击 OK 按键。回到原理图窗口双击 1k，出现图 3-25 所示的对话框，将 Value 中的 1k 改为 480，再单击 OK 按键。修改完成后的 R1 与 R2 如图 3-26 所示。

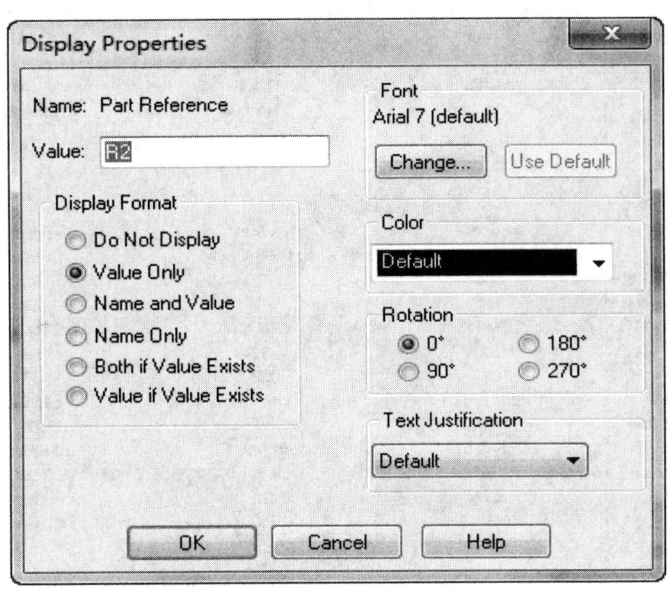

图 3-24　元件序号编辑窗口

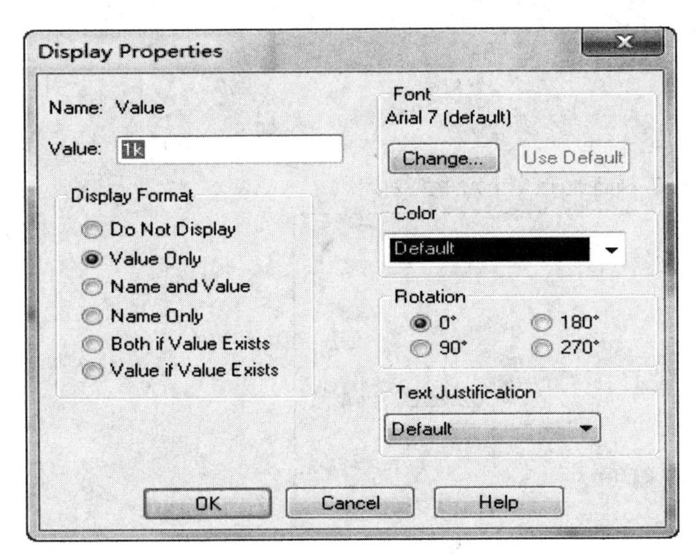

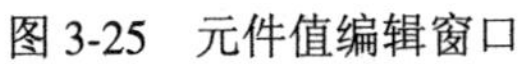

图 3-25　元件值编辑窗口

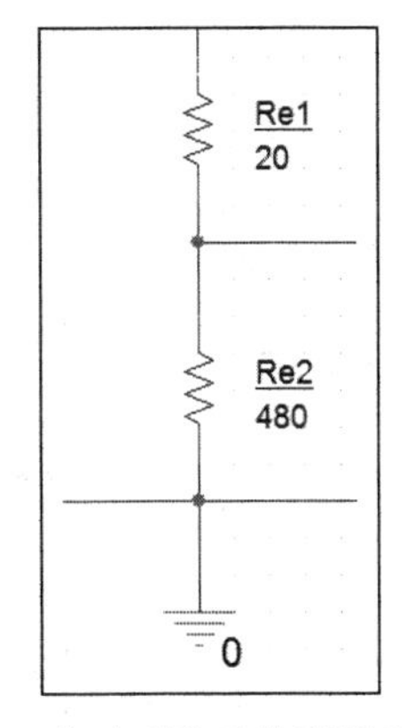

图 3-26　修改后的元件序号和元件参数值

也可以同时修改多个元件的参数。例如，要同时修改 C1、C2、C3 的值，可先选中 C1、C2、C3，再单击鼠标右键，选择 Edit Properties，出现图 3-27 所示的对话框，将 Value 中的值分别改为 10 μ、10 μ、50 μ，再保存关闭，修改完成后如图 3-28 所示。

schematic ..* | PAGE1* | SCHEMATI..*

New Property... | Apply | Display... | Delete Property | Pivot | Filter by: < Current properties >

	A	B	C
	SCHEMATIC1 : PAGE1	SCHEMATIC1 : PAGE1	SCHEMATIC1 : PAGE1
Color	Default	Default	Default
CURRENT	CIMAX	CIMAX	CIMAX
Designator			
DIST	FLAT	FLAT	FLAT
Graphic	C.Normal	C.Normal	C.Normal
IC			
ID			
Implementation			
Implementation Path			
Implementation Type	<none>	<none>	<none>
KNEE	CBMAX	CBMAX	CBMAX
Location X-Coordinate	200	400	380
Location Y-Coordinate	180	130	330
MAX_TEMP	CTMAX	CTMAX	CTMAX
Name	INS232	INS248	INS264
Part Reference	C1	C2	C3
PCB Footprint	cap196	cap196	cap196
Power Pins Visible			
Primitive	DEFAULT	DEFAULT	DEFAULT
PSpiceTemplate	C^@REFDES %1 %2 ?TOLE	C^@REFDES %1 %2 ?TOLE	C^@REFDES %1 %2 ?TOLE
Reference	C1	C2	C3
SLOPE	CSMAX	CSMAX	CSMAX
Source Library	C:\CADENCE\SPB_17.2	C:\CADENCE\SPB_17.2	C:\CADENCE\SPB_17.2
Source Package	C	C	C
Source Part	C.Normal	C.Normal	C.Normal
TC1	0	0	0
TC2	0	0	0
TOLERANCE			
Value	1n	1n	1n
VC1	0	0	0
VC2	0	0	0
VOLTAGE	CMAX	CMAX	CMAX

图 3-27　同时修改多个元件参数

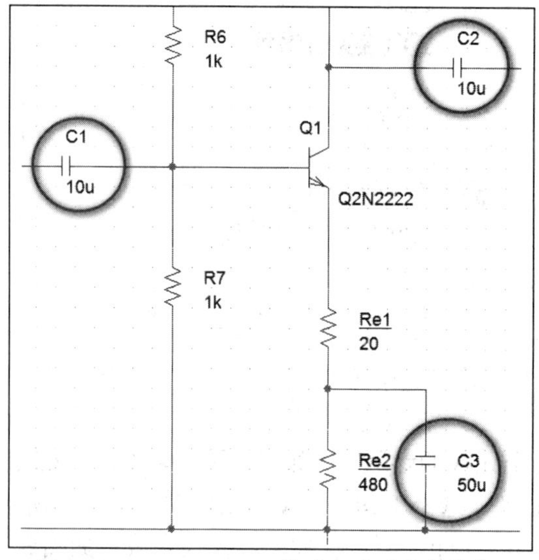

图 3-28　C1、C2、C3 修改完成后的参数值

按照上述介绍的元件参数修改方法，按设计要求修改电路中的元件参数或元件序号，最终修改完成后的电路如图 3-29 所示。

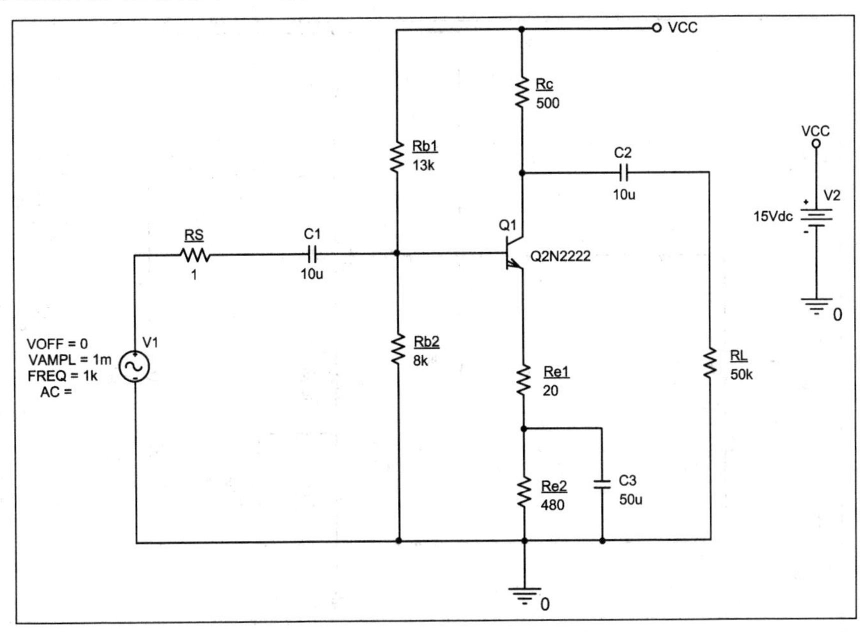

图 3-29 最终修改完成后的电路参数

6. 设置节点名称

当需要给节点设置名称时，可选择菜单 Place→Net Alias 或者单击绘图工具栏上的图标 abc，出现图 3-30 所示的设置网络节点名称的对话框。在 Alias 栏中输入节点名称，Color 栏中可以选择颜色，单击 Font 栏中的 Change 按键可以设置字体的大小与型号。电路连接完成之后软件会给各节点自动分配一个名称 N****。由于不太方便后期查看数据，因此对于特殊节点需要另外设置节点名称。

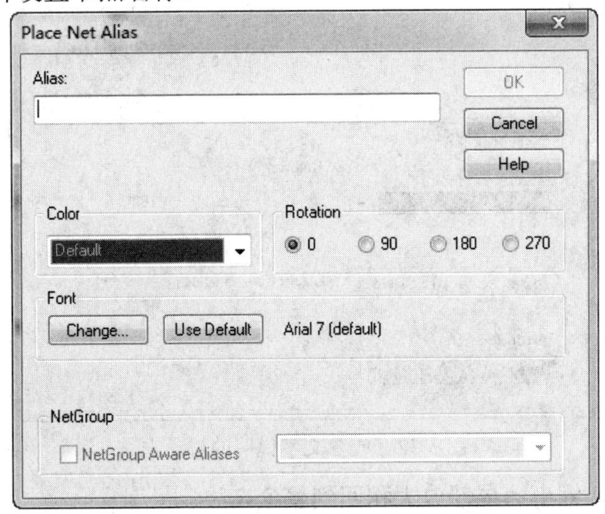

图 3-30 设置网络节点名称的对话框

节点名称设置完成后单击 OK 按键，此时有一个方框跟随鼠标移动，将鼠标移动到对应的节点位置或与节点相连的导线，然后单击左键，节点名称就添加在导线上了。添加节点名称后的电路如图 3-31 所示。

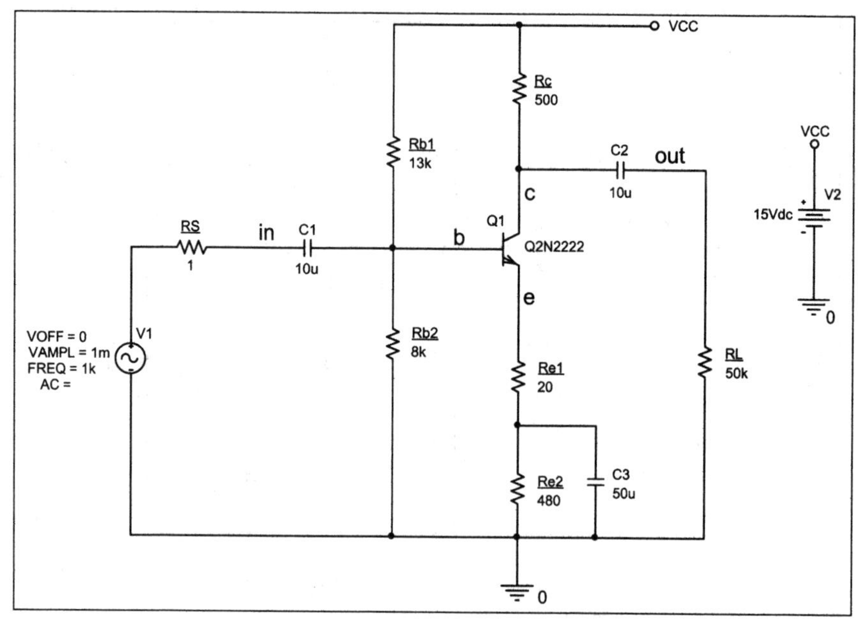

图 3-31　添加节点名称后的电路图

7. 放置文字说明

当需要放置文字说明时，可选择菜单 Place→Text 或者单击绘图工具栏上的图标，出现图 3-32 所示的放置文字说明的对话框。在对话框中输入“分压式单管共射放大电路”，字体的型号、大小、颜色都可以设置。最终电路如图 3-12 所示。

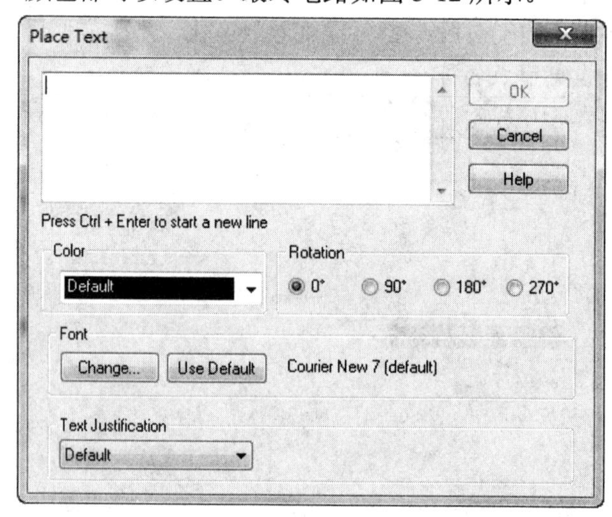

图 3-32　放置文字说明的对话框

8. 保存、放大、缩小、局部放大和回到整个电路

单击图标可以保存项目，单击图标或者按 Ctrl 键的同时向上滚动鼠标可以放大电路图，单击图标或者按 Ctrl 键的同时向下滚动鼠标可以缩小电路图，单击图标可

以局部放大，单击图标 [icon] 可以显示整个电路图。

9. 绘制电路原理图的快捷键

绘制电路原理图的快捷键需要在英文输入法下使用，常用的快捷键如表 3-2 所示。

表 3-2　常用的快捷键及对应功能

快 捷 键	功　能	快 捷 键	功　能
I	放大	E	放置总线端口
O	缩小	Y	画多边形
C	以光标位置为显示中心	T	放置 TEXT
W	画线	PageUp	上移一个窗口
P	快速放置元件	Ctrl + PageUp	左移一个窗口
R	元件旋转 90°	PageDn	下移一个窗口
N	放置网络标号	Ctrl + PageDn	右移一个窗口
J	放置节点	Ctrl + F	查找元件
F	放置电源	Ctrl + E	编辑元件属性
H	元件符号左右翻转	Ctrl + C	复制
V	元件符号上下翻转	Ctrl + V	粘贴
G	放置地	Ctrl + Z	撤销操作
B	放置总线		

10. 其他注意事项

绘制电路原理图的其他注意事项如下：

(1) 电路中一定要有一个以 0 命名的接地点。

(2) 电压源、电流源通过 Place Part 进行放置，使用时不要与 Place Power 中的电源符号混淆。电源符号只是提供一个节点名称，并无电气特性。

(3) 若新建工程时项目类型选择错误，可先选中项目管理窗口的 Design Resources，然后单击右键，在弹出的菜单中选择 Change Project Type 进行项目类型修改，如图 3-33 所示。

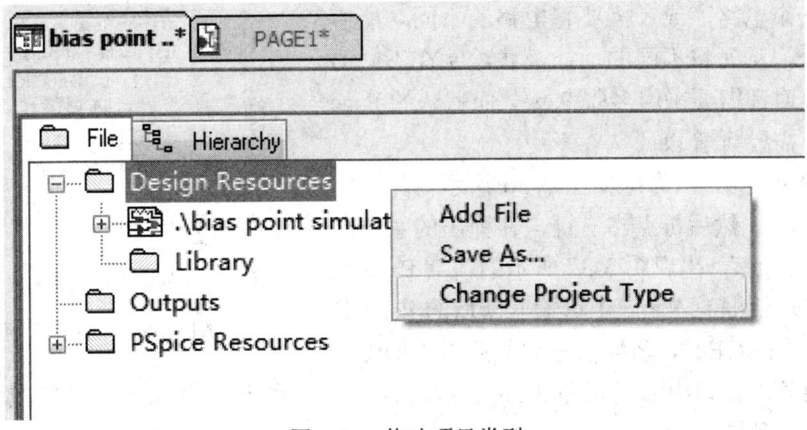

图 3-33　修改项目类型

(4) 放置通用器件还有另一种方法：在 Place→PSpice Component 下的菜单中选择，如图 3-34 所示。

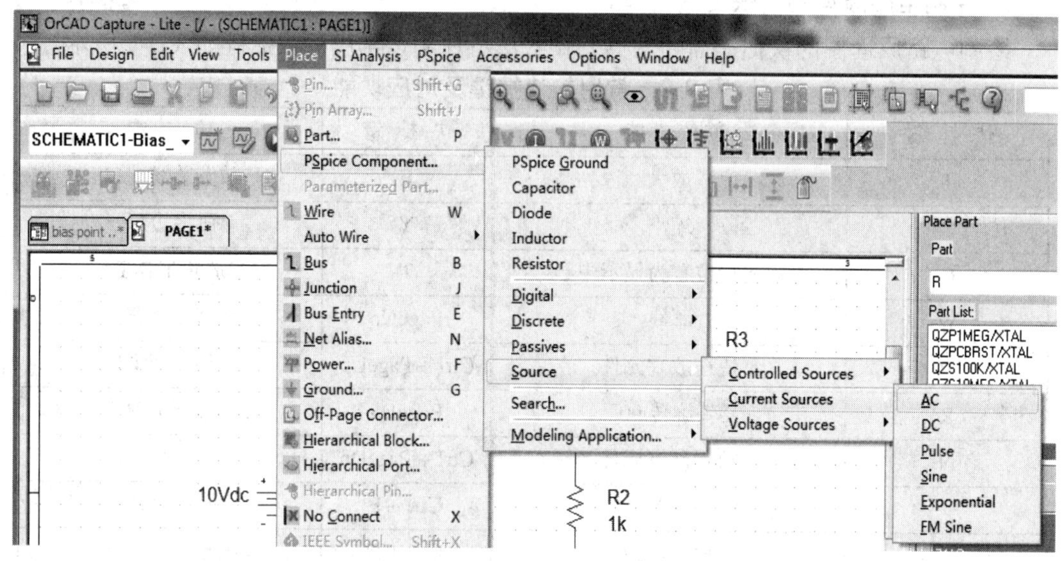

图 3-34　另一种放置通用器件的方法

3.5　新增 Page 与 Schematic

在同一个项目下，有时需要多张 Page 来绘制同一个电路，这时需要新增 Page；有时则可能需要绘制多个类似功能的电路或者同一功能但不同性能指标的电路，这时需要新增 Schematic。

1. 新增 Page

如图 3-35 所示，新建的项目下默认只有一张 Page，名字为“PAGE1”。当电路规模很大而一张 Page 无法全部绘制完所有的电路时，需要采用多张 Page 来绘制同一个电路，或者需要将电路的不同功能模块进行区分，从而将不同的功能模块绘制在不同的 Page 中。这时都需要采用多张 Page，而默认的 Page 只有一张，需要新增 Page。

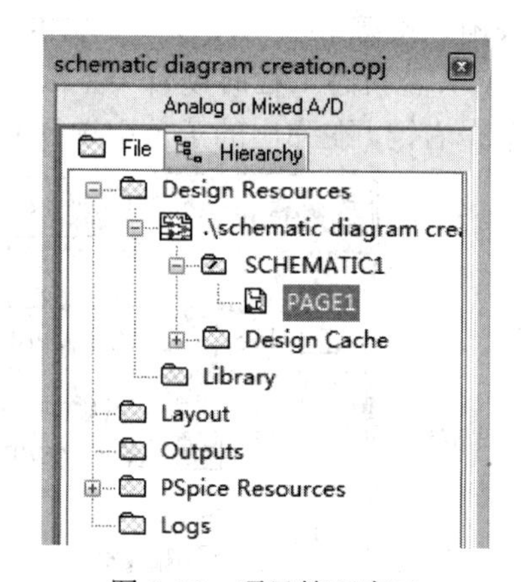

图 3-35　项目管理窗口

新增 Page 的方法为：如图 3-36 所示，先选中 SCHEMATIC1，然后再点击右键，在弹出的菜单中选择“New Page”，出现图 3-37 所示的新增 Page 的对话框，在对话框的 Name 中可输入新增的 Page 名称，默认为“PAGE2”，名称修改完成后点击 OK 按键，在项目管理窗口中会出现图 3-38 所示的界面，然后双击 PAGE2 就可以在“PAGE2”中绘制电路原理图。

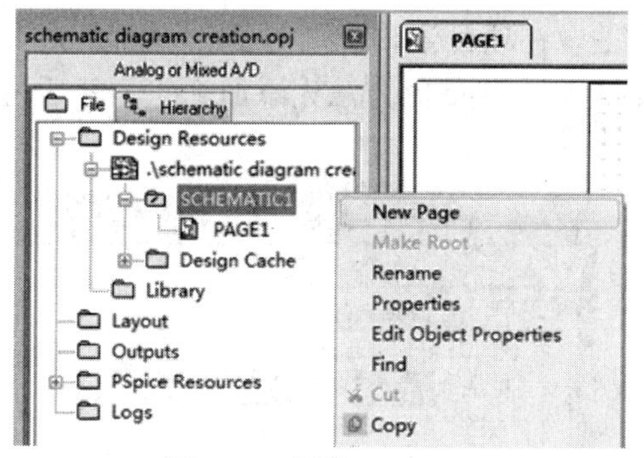

图 3-36　新增 New Page

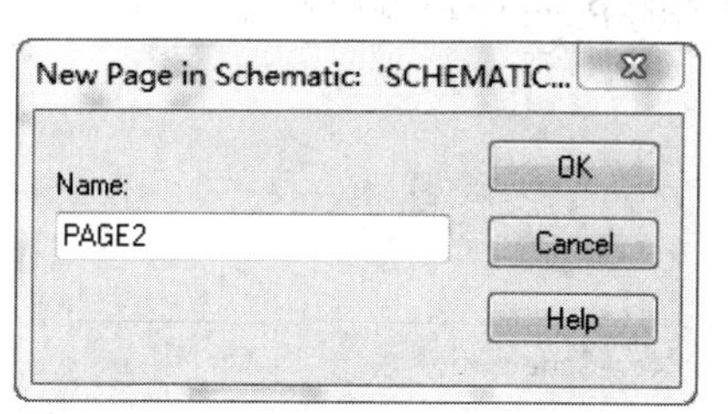

图 3-37　新增 Page 对话框

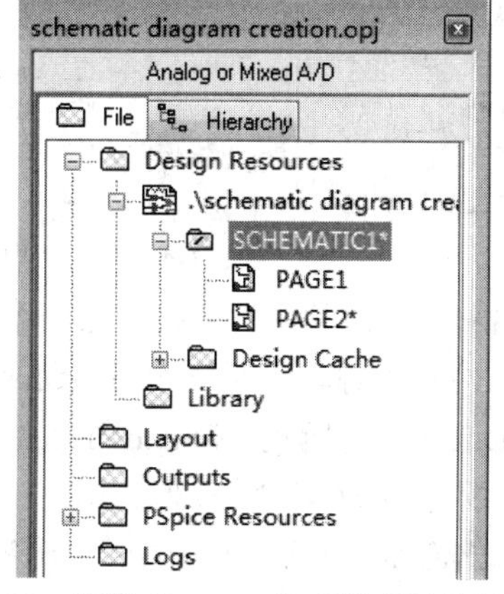

图 3-38　新增“PAGE2”后的项目管理窗口

2. 新增 Schematic

如图 3-35 所示，新建的项目下默认只有一个电路 SCHEMATIC1。当在此项目下需要绘制多个类似功能的电路或者同一功能但不同性能指标的电路时，会有不同的电路结构或者有相似结构但电路的元件参数不同，此时需要采用多个 Schematic 来对这些不同的电路进行管理。

新增 Schematic 的方法为：如图 3-39 所示，先选中.\schematic diagram creation.dsn，然后再点击右键，在弹出的菜单中选择“New Schematic...”，出现如图 3-40 所示的新增

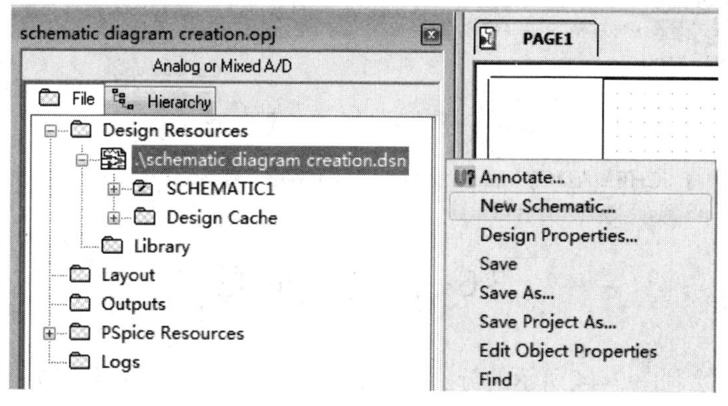

图 3-39　新增 New Schematic

Schematic 的对话框，在对话框的 Name 中可输入新增的 Schematic 名称，默认为

“SCHEMATIC2”，名称修改完成后点击 OK 按键，在项目管理窗口中会出现如图 3-41 所示的界面，点击 SCHEMATIC2 就可以在其下按照新增 Page 的方法先添加 Page，然后再在新增的 Page 中绘制电路原理图。

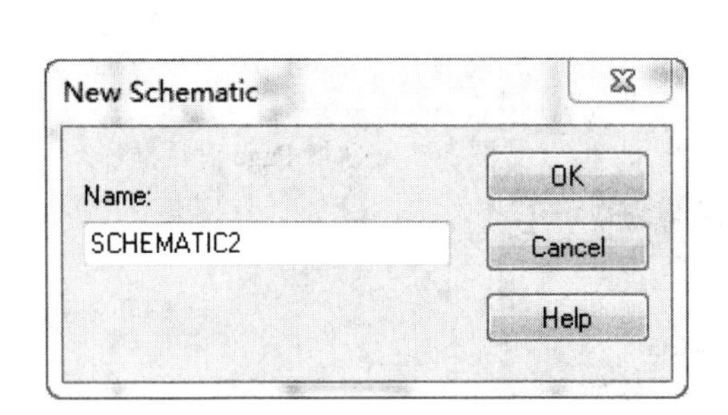

图 3-40 新增 Page 对话框

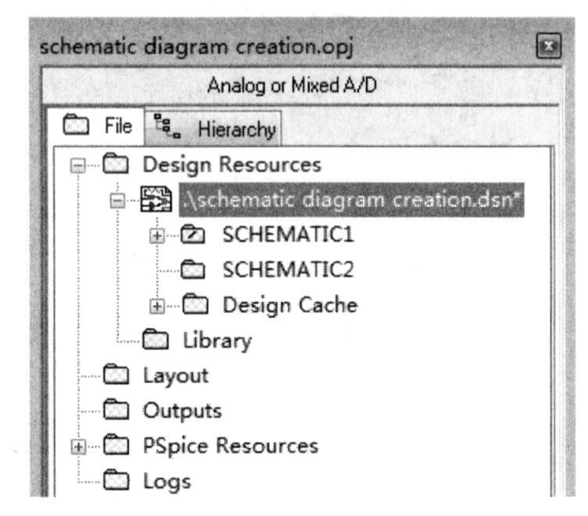

图 3-41 新增“SCHEMATIC2”后的项目管理窗口

在后续的章节中如果需要将多个不同的电路放在同一个项目下，可以在此项目管理窗口中新建多个 Schematic，但如果需要对其中某一个 Schematic 进行电路仿真或者修改模型参数，则需要将这个 Schematic 放到所有 Schematic 的最顶端。如本例中需要仿真 SCHEMATIC2 中的电路，则需要先将 SCHEMATIC2 置顶，其操作步骤如图 3-42 所示，先选中 SCHEMATIC2，然后再点击右键，在弹出的菜单中选择“Make Root”,再在弹出的对话框中点击“Save Design”，在项目管理窗口中会出现如图 3-43 所示的界面，SCHEMATIC2 被放置在最顶端，此时可以对 SCHEMATIC2 中的电路进行仿真与编辑。

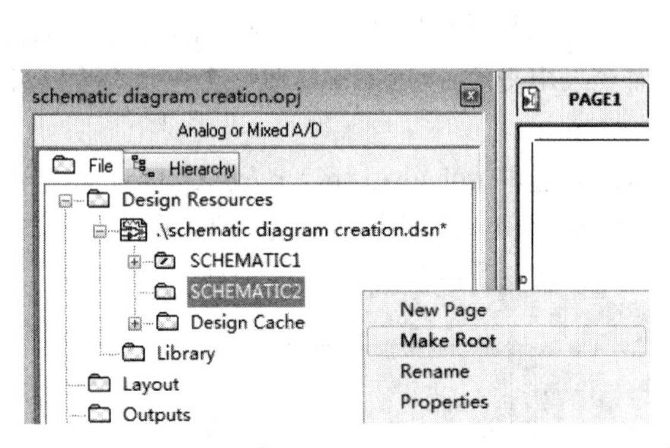

图 3-42 将 SCHEMATIC2 Make Root

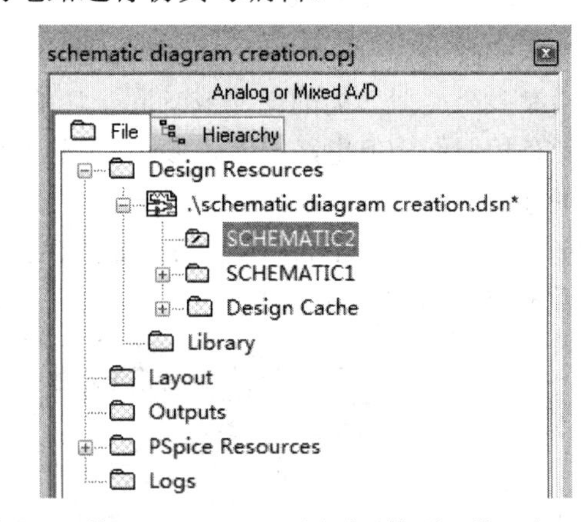

图 3-43 将 SCHEMATIC2 置顶后的项目管理窗口

3.6 上机练习

【练习一】 绘制图 3-44 所示的分压式单管共射放大电路，电路中的元件与符号所在的库如表 3-3 所示。

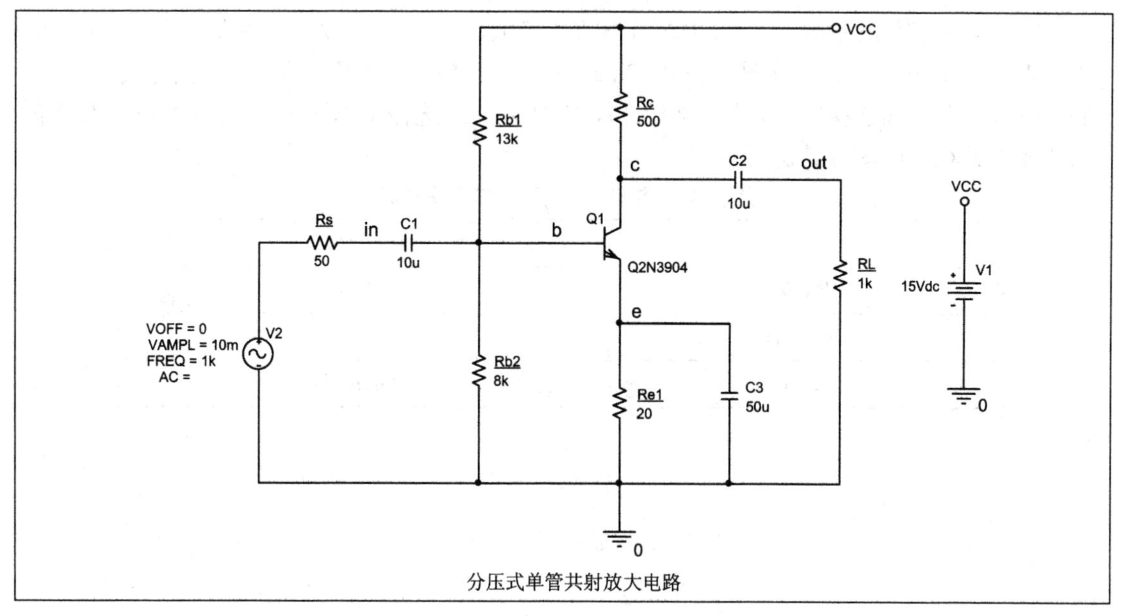

图 3-44　分压式单管共射放大电路

表 3-3　练习一的元件与符号列表

元件/符号	所在库
Q2N3904	EVAL
R	Analog
C	Analog
VDC	SOURCE
VSIN	SOURCE
0	CAPSYM/SOURCE
VCC	CAPSYM

【练习二】 绘制图 3-45 所示的分频电路，电路中的元件与符号所在的库如表 3-4 所示。

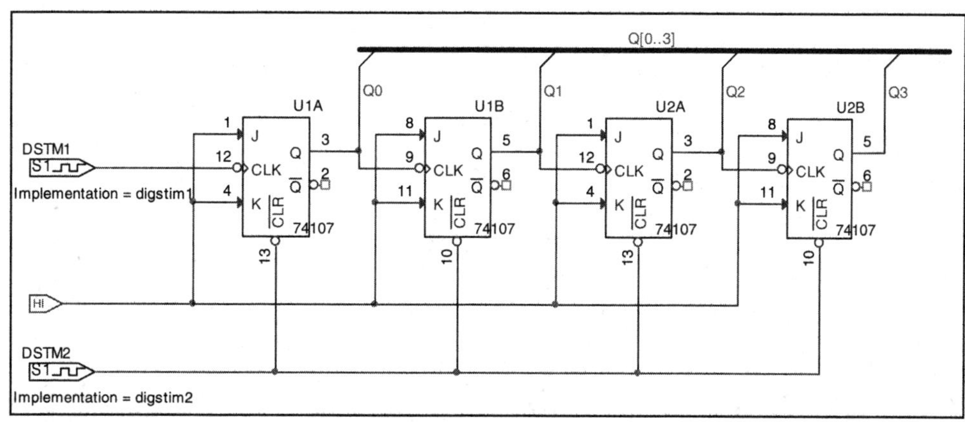

图 3-45　分频电路

图中采用了总线形式，4 位线的名称分别为 Q0、Q1、Q2、Q3，则对应总线命名为 Q[0-3]，也可以使用 Q[0..3]，总线可选择菜单 Place→Bus 或者单击绘图工具栏上的图标进行绘制，位线与总线的连接需要使用总线入口，总线入口可选择菜单 Place→Bus Entry 或者单击绘图工具栏上的图标进行放置。

表 3-4 练习二的元件与符号列表

元件/符号	所在库
74107	7400
Digstim1	SOURCSTM
$D_HI	SOURCE

第 4 章　静态工作点分析

静态工作点是当输入信号为零，仅由直流电源作用产生的响应。通过静态工作点分析可以计算出电路中各节点的电压和流过元件端子的电流。静态工作点的仿真结果会作为其他仿真的起始值，以便对电路进行更准确的分析。例如，在进行瞬态分析、交流分析时，PSpice 会先进行静态工作点分析。但在某些没有稳定工作点的电路中，需要关闭静态工作点仿真，如振荡电路。对电路进行静态工作点仿真计算时，所有电容开路，所有电感短路。但若电容有初始电压、电感有初始电流时，则进行静态工作点计算时，电容相当于一个电压源，其两端电压为初始电压，电感相当于一个电流源，流过其电流为初始电流。仿真结束时，输出文件包含以下数据：模拟和数字节点电压值、电压源电流和功率值、半导体器件的小信号参数。

PSpice 的静态工作点分析可以对电路进行以下仿真：① 电路的静态工作点分析；② 电路的直流灵敏度分析；③ 电路的直流传输特性分析。下面以具体电路为例来说明如何进行上述仿真。

4.1　静态工作点分析(.OP)

1. 绘制电路图

在以自己学号命名的文件夹下，新建文件夹 02 bias point simulation，新建工程并保存在该文件夹下，工程命名为 bias point simulation，绘制图 4-1 所示的电路。

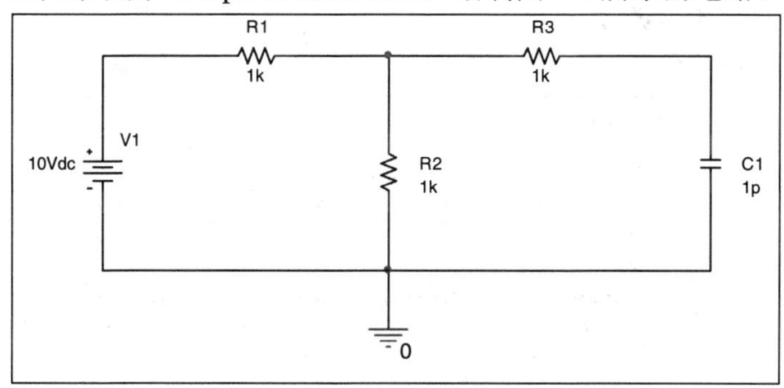

图 4-1　静态工作点分析电路

2. 仿真设置

选择菜单 PSpice→New Simulation Profile，或者单击仿真工具栏上的图标，出现图 4-2 所示的新建仿真文件对话框。

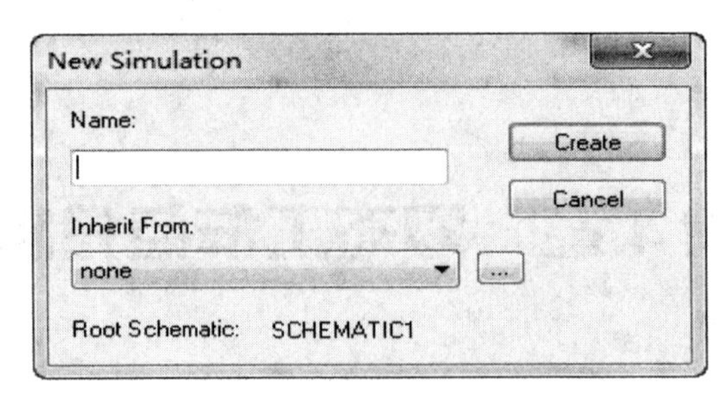

图 4-2　新建仿真文件对话框

在新建仿真文件对话框 Name 栏中输入仿真文件名称(如 DC、AC)，仿真文件名称里不能有空格，此处仿真文件命名 Bias_point，然后单击 Create 按键，出现图 4-3 所示的分析设置页面。

Simulation Settings - Bias_point
General
Analysis
Configuration Files
Options
Data Collection
Probe Window
Analysis Type:
Time Domain (Transient)
Options:
General Settings
Monte Carlo/Worst Case
Parametric Sweep
Temperature (Sweep)
Save Bias Point
Load Bias Point
Save Check Point
Restart Simulation
Run To Time : 1000ns seconds (TSTOP)
Start saving data after : 0 seconds
Transient options:
Maximum Step Size seconds
Skip initial transient bias point calculation (SKIPBP)
Run in resume mode
Output File Options...
OK Cancel Apply Reset Help

图 4-3　分析设置页面

此对话框默认选中 Analysis 参数设置页面，当然通过左侧界面可以选择其他 5 个参数设置页面，有 General(一般参数设置)、Configuration Files(仿真配置文件)、Options(参数选项设置)、Data Collection(数据保存选项设置)、Probe Window(波形显示方式设置)。

General 参数设置页面如图 4-4 所示，此页面设置输入文件来源，输出文件名称及位置，一般采用默认设置，无需改动。

Simulation Settings - bias_point
General
Analysis
Configuration Files
Options
Data Collection
Probe Window
Simulation Profile: Bias_point
Input
Project Name (.OPJ) E:\pspice_prj\project\04bias point simulation\bias point simulation.opj
Schematic filename (.DSN) E:\pspice_prj\project\04bias point simulation\bias point simulation.dsn
Schematic name: RC
Output
Output filename: E:\pspice_prj\project\04bias point simulation\bias point simulation-PSpiceFiles\RC\Bias_
Waveform data filename E:\pspice_prj\project\04bias point simulation\bias point simulation-PSpiceFiles\RC\Bias_
Notes:
OK Cancel Apply Reset Help

图 4-4　一般参数设置页面

Configuration Files 参数设置页面如图 4-5 所示，一般采用默认设置，无需改动。但当使用的不是软件自带模型时，需要在 Library 加入自定义或下载的模型(.lib 文件)，然后 Add as Global(加载到所有)或 Add to Design(加载到本项目)。

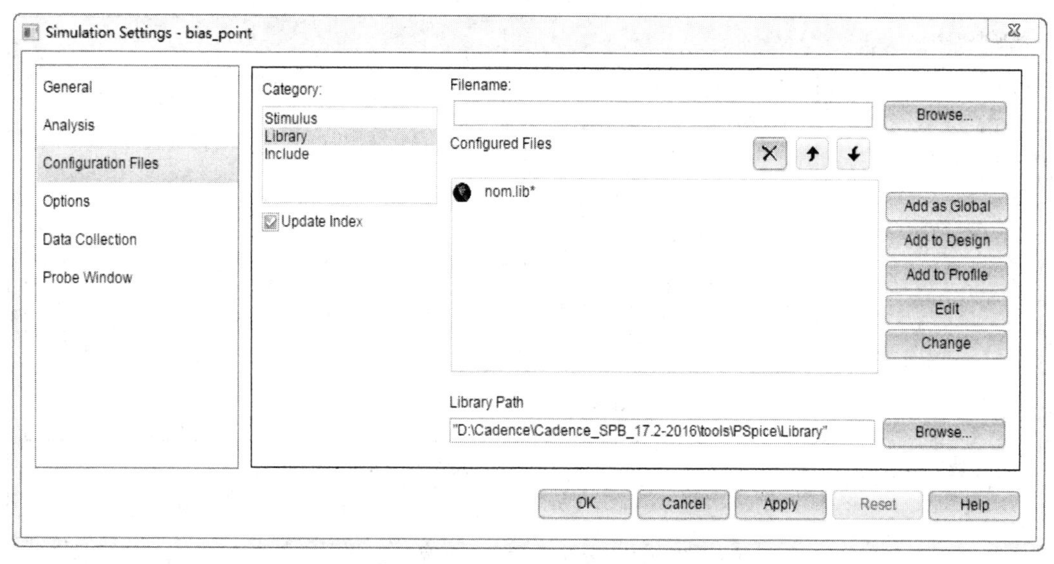

图 4-5　仿真配置文件设置页面

Options 参数设置页面如图 4-6 所示，其中 Analog Simulation 为模拟仿真参数设置，Analog Advanced 为高级模拟仿真参数设置，Gate Level Simulation 为数字仿真参数设置。为了提高收敛性，可以将 ITL2(DC and bias best guess iteration limit)修改为 200，将 ITL4(Transient time point iteration limit)修改为 100。

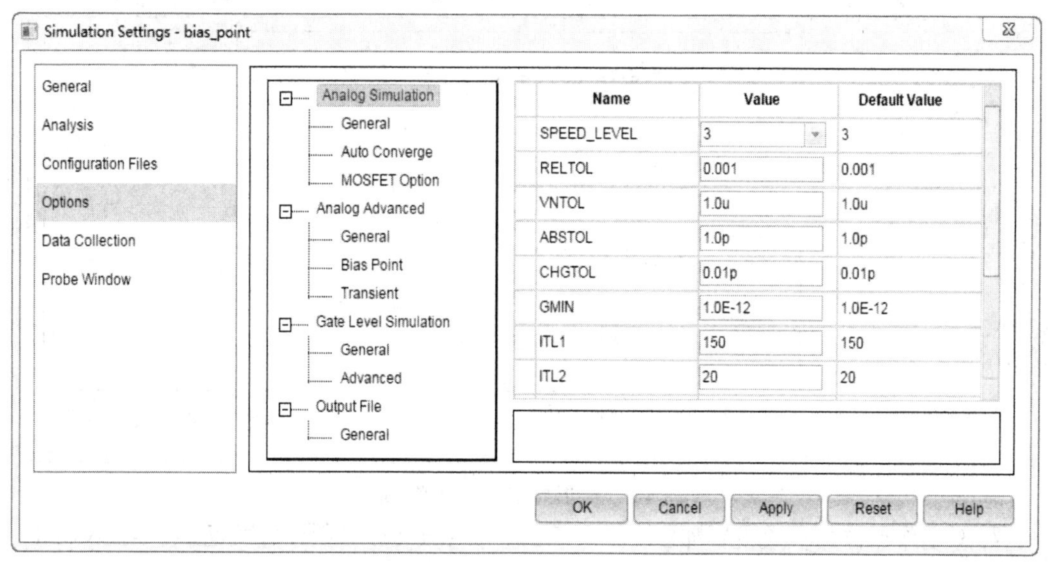

图 4-6　仿真参数选项设置页面

Data Collection 参数设置页面如图 4-7 所示。Data Collection Options 中可以设置保存数据的类型与方式，数据类型有 Voltages(电压)、Current(电流)、Power(功率)、Digtal(数字信

号)、Noise(噪声)。每一种数据类型都可以设置数据保存方式，保存方式有 All(全部保存)、All but Internal Subcircuits(除内部子电路外全部保存)、At Marks Only(仅保存放置探针点)、None(全部不保存)。小规模电路一般采用默认设置，无需改动。

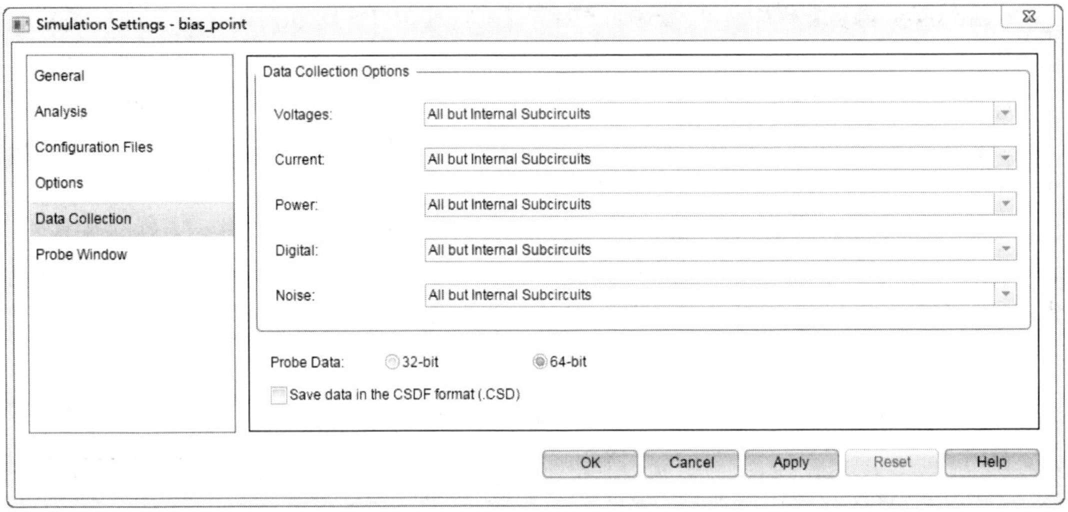

图 4-7 数据保存选项设置页面

Probe Window 参数设置页面如图 4-8 所示。为了打开工程就显示波形，可以选中 Display Probe window when profile is opened。为了仿真结束后再显示波形，可以在 Display Probe window 中选择 after simulation has been completed。为了重新运行仿真时输出之前选中变量的波形，可以在 Show 中选择 Last Plot。

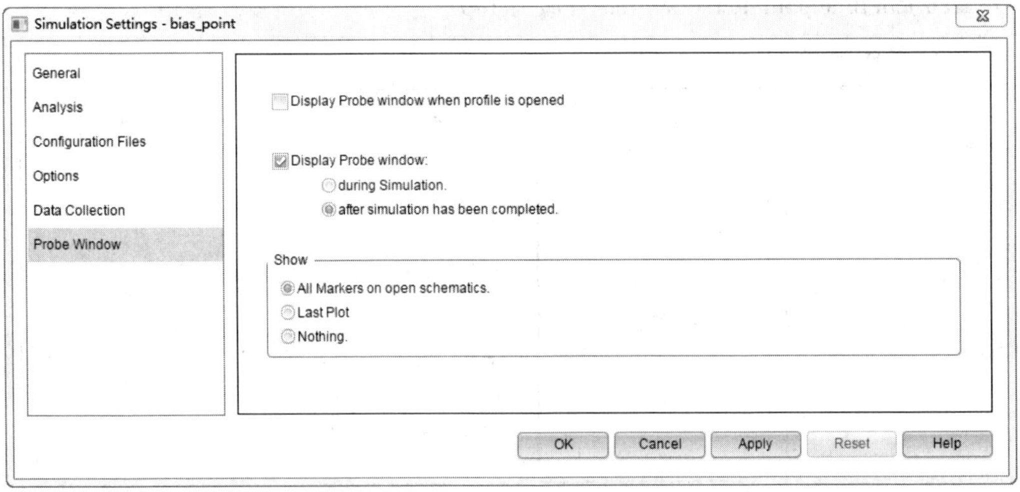

图 4-8 波形显示方式设置页面

静态工作点仿真参数设置如图 4-9 所示。选择 Analysis 参数设置页面，在 Analysis Type 下拉列表中选择 Bias Point，在 Options 中选择 General Settings(默认选中)，在 Output File Options 栏中选中 Include detailed bias point information for nonlinear controlled sources and semiconductors(.OP)，在输出文件中会包含非线性受控源和半导体晶体管在静态工作点处的小信号参数，由于本次仿真的电路没有半导体器件，此项也可以不选中。

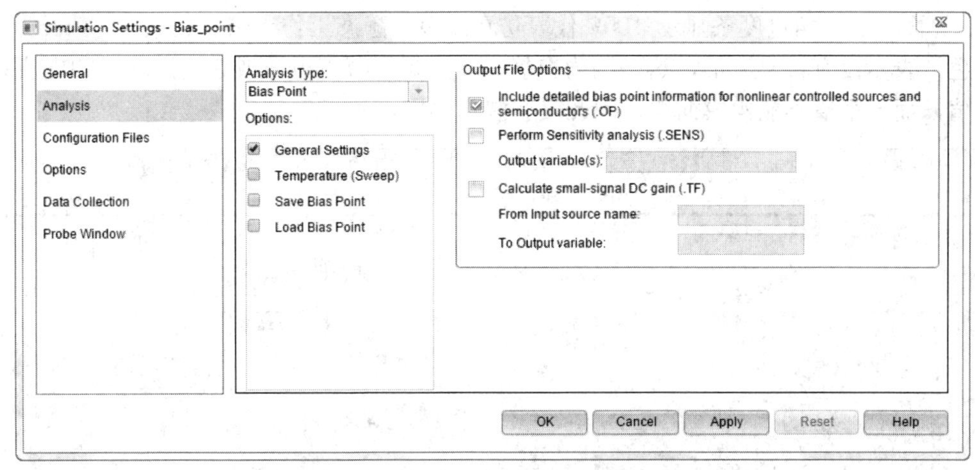

图 4-9　静态工作点仿真参数设置

静态工作点仿真参数设置完成之后单击 OK 按键，在项目管理窗口中会出现以 Bias_point 命名的仿真文件，文件位置如图 4-10 所示，位于 PSpice Resources/Simulation Profiles 下，其他仿真文件也放在此位置。

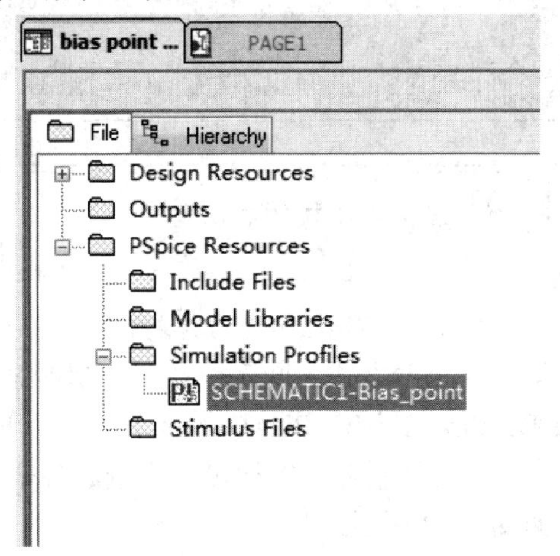

图 4-10　项目管理窗口中仿真文件路径

当需要对已设置的仿真文件参数进行修改时，可以选择菜单 PSpice/Edit Simulation Profiles，或者单击仿真工具栏上的图标，便会再次出现图 4-9 所示的静态工作点分析参数设置页面。注意：当有多个仿真文件时，若要对其中某一个仿真文件进行参数修改或者运行仿真，需确保项目管理窗口中 PSpice Resources/Simulation Profiles 下的仿真文件 SCHEMATIC1-Bias_point 处于选中状态(红色)，若为绿色则表示未选中，可以先单击这个文件，再单击右键，选择 Make Active 即可将此仿真文件选中。

3. 运行仿真

选择菜单 PSpice→Run，或者单击仿真工具栏上的图标，PSpice 即通过 PSpice A/D 对电路进行仿真分析。

4. 查看仿真结果

当静态工作点仿真结束时会出现图 4-11 所示的界面，此界面为波形显示界面，也称为

Probe 界面，右下角进度条显示 100%代表仿真结束。静态工作点仿真结束后，Probe 界面为灰色，表示没有输出波形，这是因为在静态下，每个节点电压或者流过端子的电流只有一个值，而一个值不能构成曲线，因此没有输出波形。

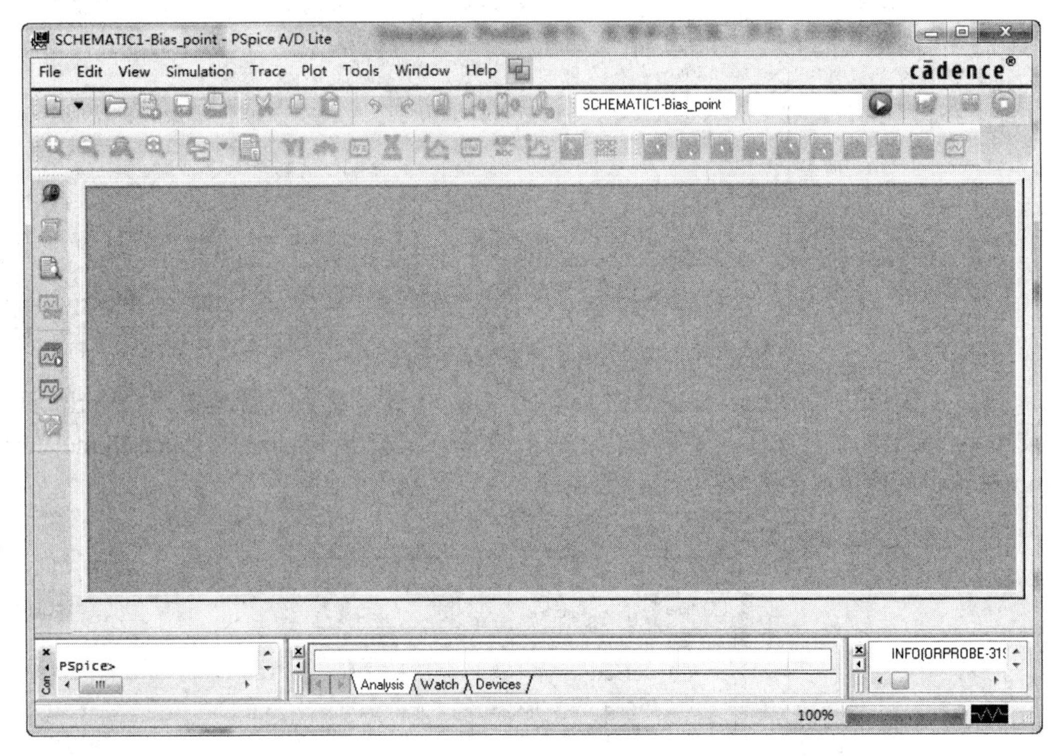

图 4-11　静态工作点仿真结束界面

静态工作点仿真结果第一种查看方式：回到原理图绘制界面，选择菜单 PSpice→Bias Point→Enable Bias Voltage Display、Enable Bias Current Display、Enable Bias Power Display，或者单击仿真工具栏上的图标 V 、 I 、 W 即可依次查看各个节点电压、各元件端子电流和各元件消耗的功率，如图 4-12 所示。

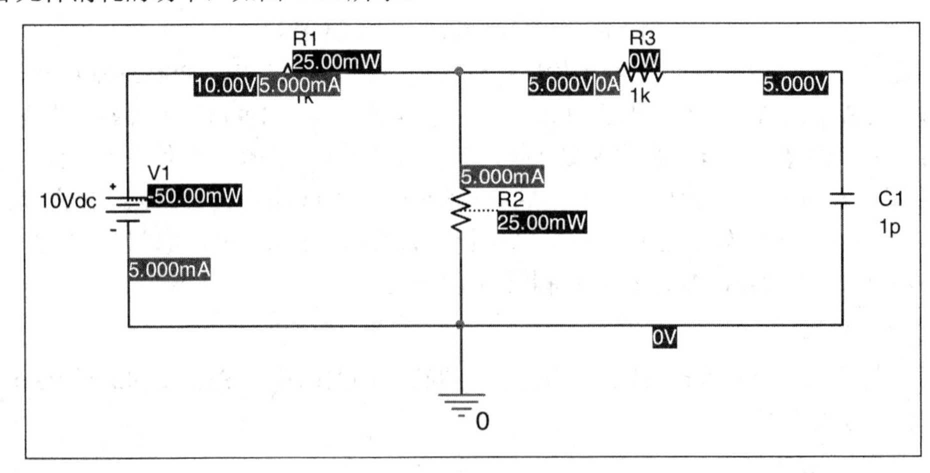

图 4-12　原理图绘制界面查看静态工作点仿真结果

静态工作点仿真结果第二种查看方式：在 Probe 界面选择菜单 View→Output File 或者

单击左侧图标，出现图 4-13 所示的界面，静态工作点仿真输出文档内容介绍如图 4-14 所示。

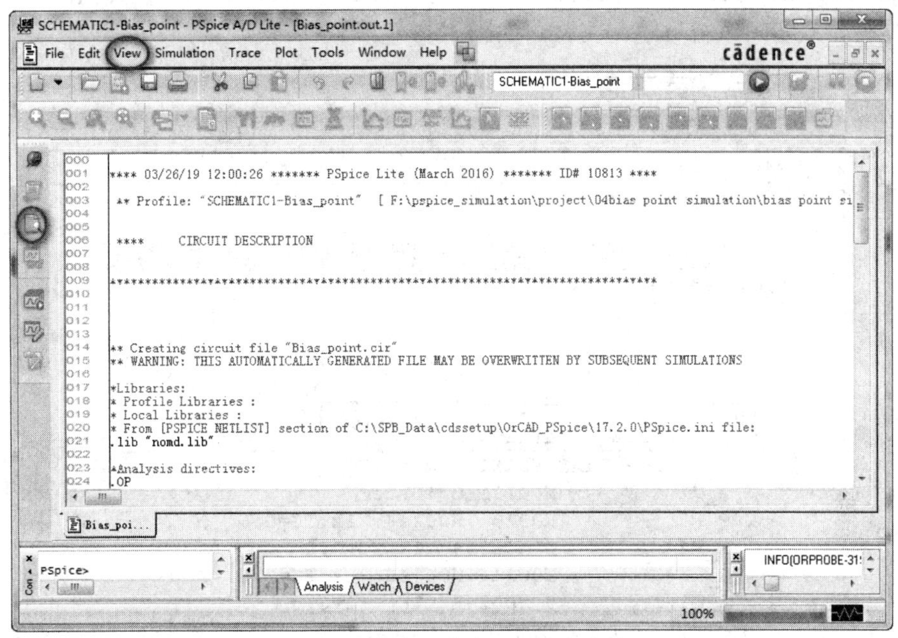

图 4-13 静态工作点分析输出文档

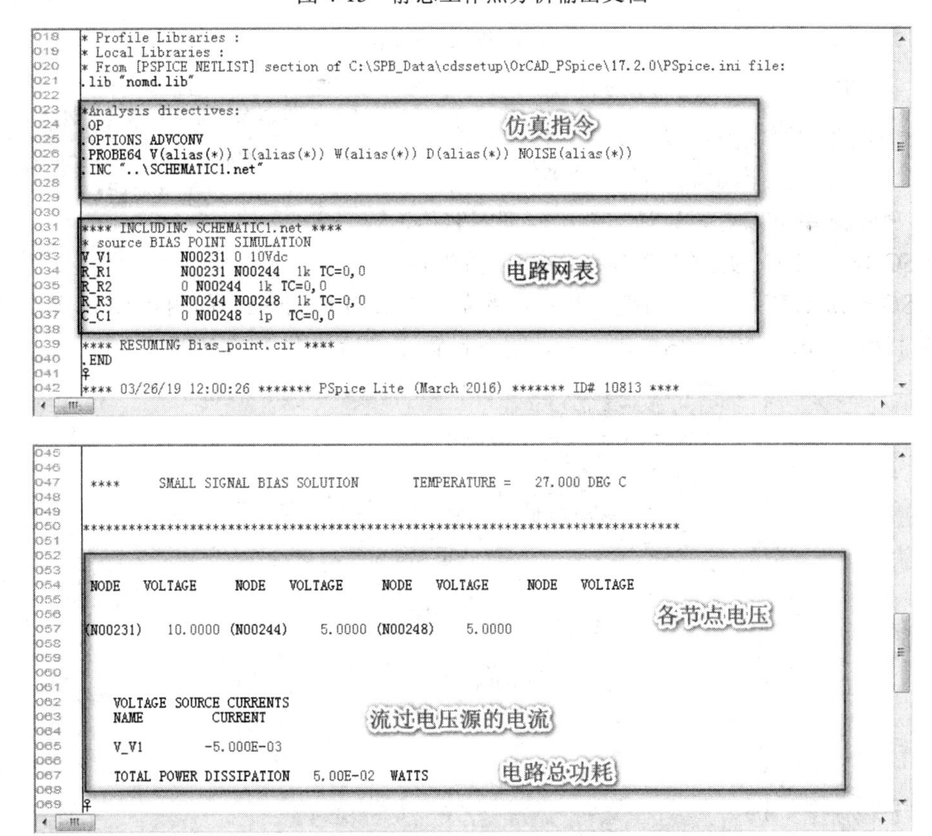

图 4-14 静态工作点仿真输出文档内容

5. 电路网表查看

当运行 PSpice 仿真后，软件会自动生成整个电路的网表，网表文件位置如图 4-15 所示，为 .net 文件，双击可以打开这个文件，如图 4-16 所示。

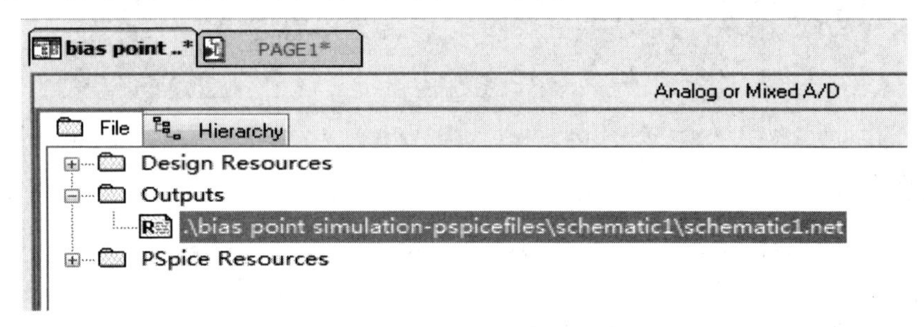

图 4-15 电路网表文件位置

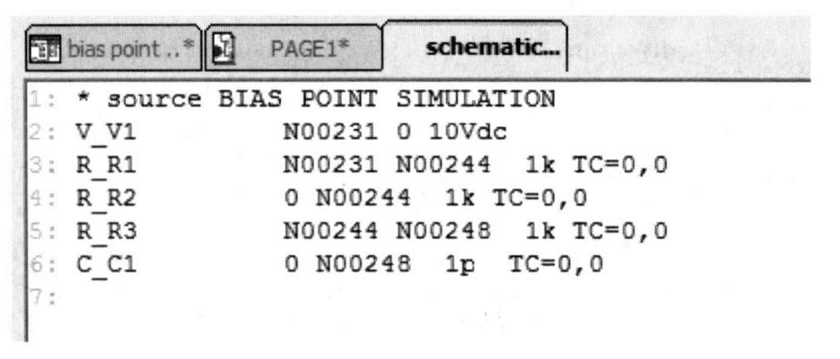

图 4-16 网表文件内容

6. 注意事项

(1) 未保存的原理图会以 * 标识，相应的设计文件和文件夹也会以 * 标识，如图 4-17 所示。

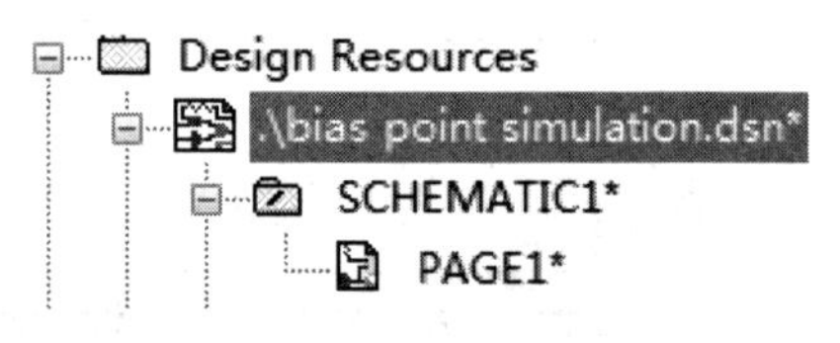

图 4-17 未保存的原理图

(2) PSpice 中可以更改设计文件、原理图名称，例如将 SCHEMATIC1 更改为 RC，将 PAGE1 改为 rc。先选中 SCHEMATIC1，单击右键，在弹出的菜单中选中 Rename，如图 4-18 所示，然后在弹出的对话框中输入 RC，再单击 OK 按键，设置完成后如图 4-19 所示。

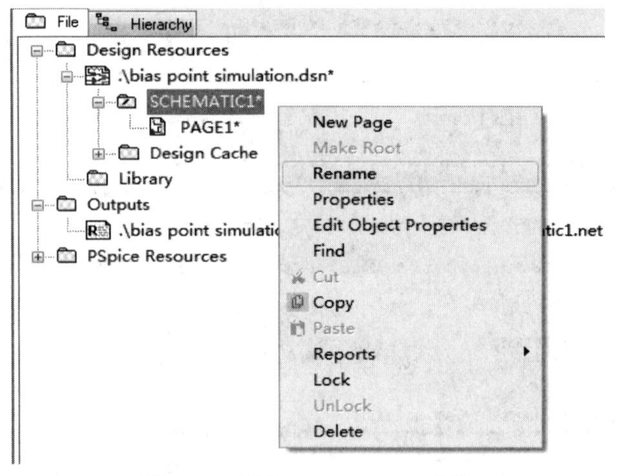

图 4-18 更改 SCHEMATIC 名称

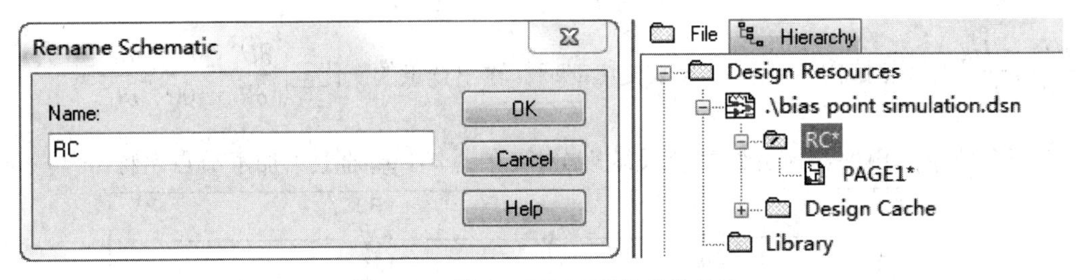

图 4-19　将 SCHEMATIC1 改为 RC

选中 PAGE1，单击右键，在弹出的菜单中选中 Rename，如图 4-20 所示，然后在弹出的对话框中输入 rc，再单击 OK 按键，设置完成后如图 4-21 所示。

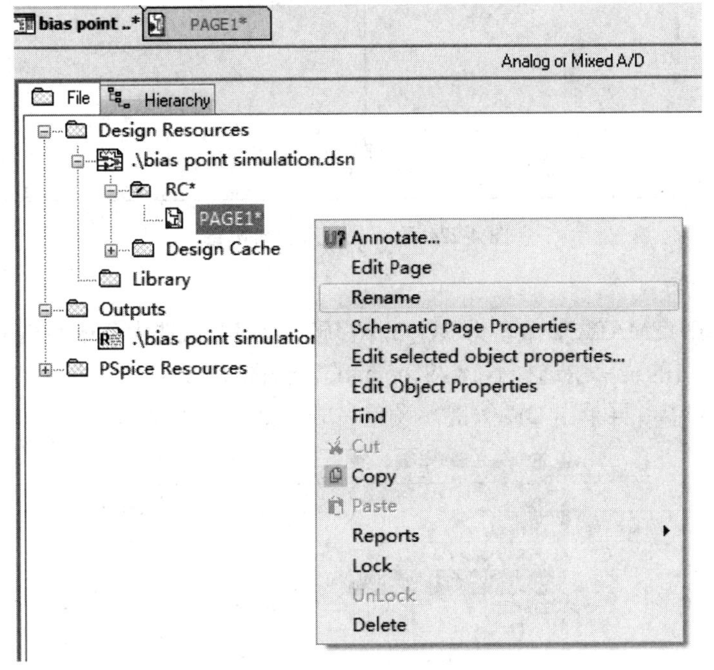

图 4-20　更改 PAGE1 名称

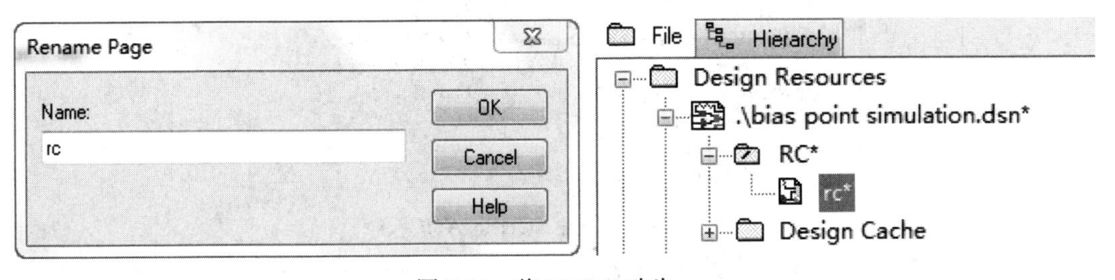

图 4-21　将 PAGE1 改为 rc

4.2　直流灵敏度分析(.SENS)

直流灵敏度分析是计算输出变量相对于每个电路元件或模型参数的灵敏度，输出结果包括绝对灵敏度和相对灵敏度。绝对灵敏度为元件参数值变化一个单位时，输出变量的变化量

$\left(\dfrac{\partial U_x}{\partial R_i}, \dfrac{\partial U_x}{\partial V_{S1}}\right)$；相对灵敏度为元件参数变化1%时，输出变量的变化量$\left(\dfrac{\partial U_x}{\partial R_i}\left(\dfrac{R_i}{100}\right), \dfrac{\partial U_x}{\partial U_{S1}}\left(\dfrac{U_{S1}}{100}\right)\right)$。

以图4-22所示的电路为例介绍直流灵敏度分析(在图4-1基础上添加了节点名称in与out)。

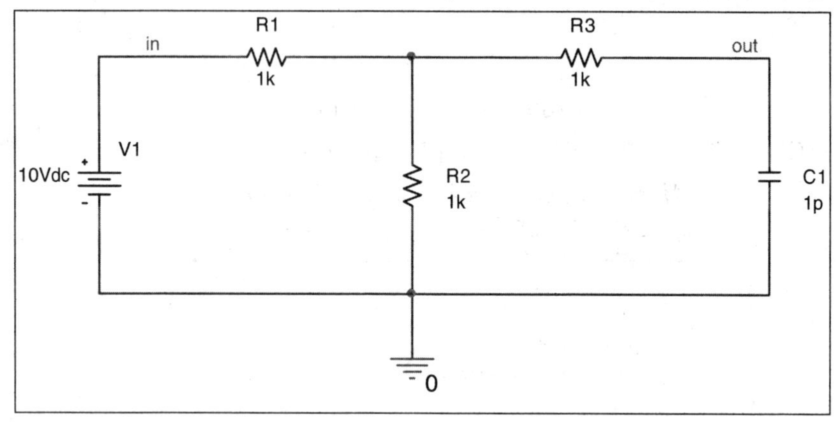

图4-22　直流灵敏度分析电路

1. 绘制电路图

新建一个SCHEMATIC，命名为RC_2，在项目管理窗口选中.\bias point simulation.dsn，单击右键，在弹出的菜单中选择New Schematic，如图4-23所示，然后在弹出的对话框中将Name改为RC_2，再单击OK按键，设置完成后如图4-24所示。

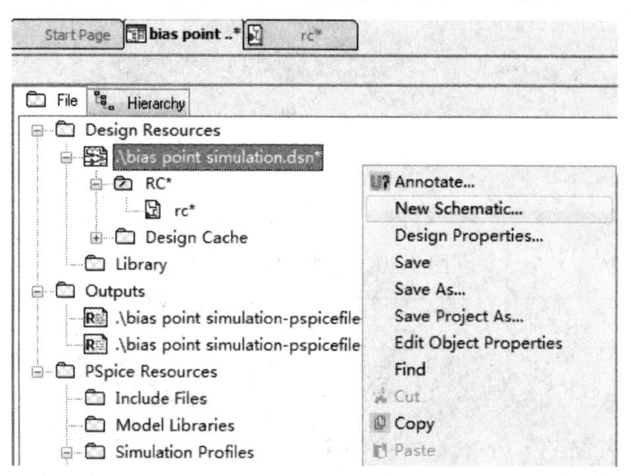

图4-23　新建SCHEMATIC

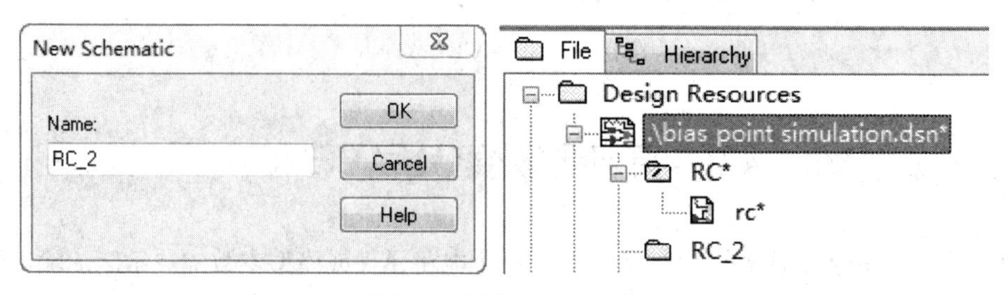

图4-24　添加RC_2文件

选中 RC_2，单击右键，在弹出的菜单中选择 New Page，就会在 RC_2 下添加一张原理图 PAGE1，如图 4-25 所示。

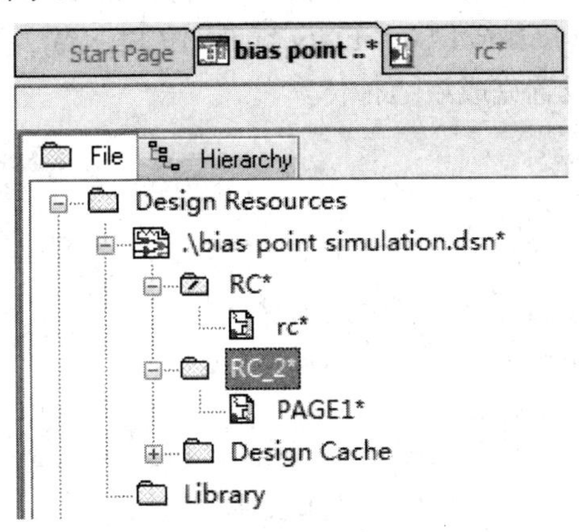

图 4-25　在 RC_2 下添加 PAGE1

选中 RC_2，单击右键，在弹出的菜单中选择 Make Root，如图 4-26 所示，然后在弹出的对话框中选择 Save Design，RC_2 就会移到最顶端，如图 4-27 所示，PSpice 只会选择最顶部的电路文件(SCHEMATIC)进行仿真。

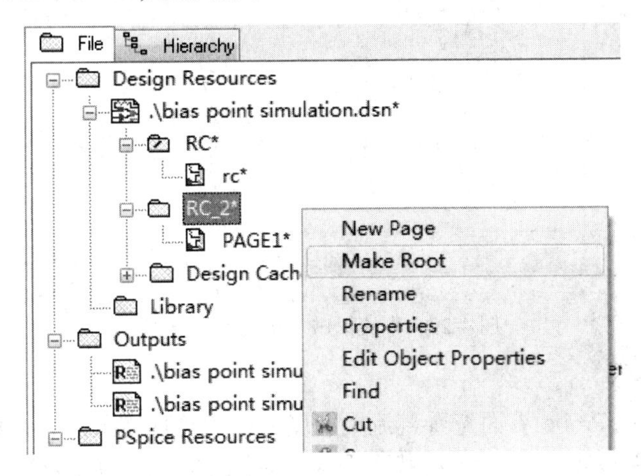

图 4-26　将 RC_2 移动到顶部

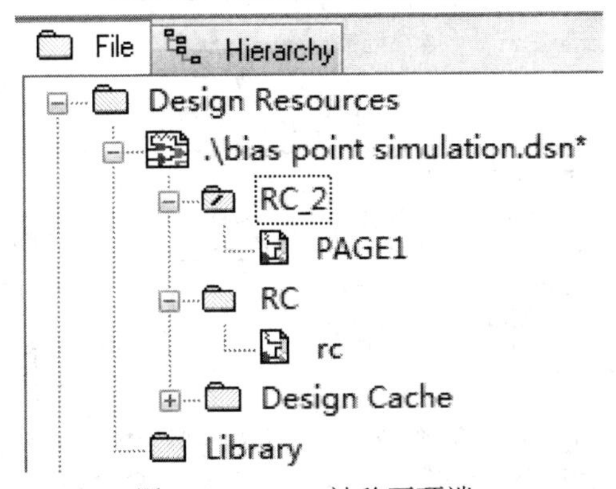

图 4-27　RC_2 被移至顶端

双击 PAGE1，然后绘制图 4-22 所示电路。

2. 仿真设置

新建仿真，命名为 SENS，如图 4-28 所示，并将直流灵敏度仿真参数设置窗口设置为图 4-29 所示的内容，选择 Perform Sensitivity analysis(.SENS)，在 Output variable(s)文本框中输入 v(out)，仿真参数设置完成后运行仿真。

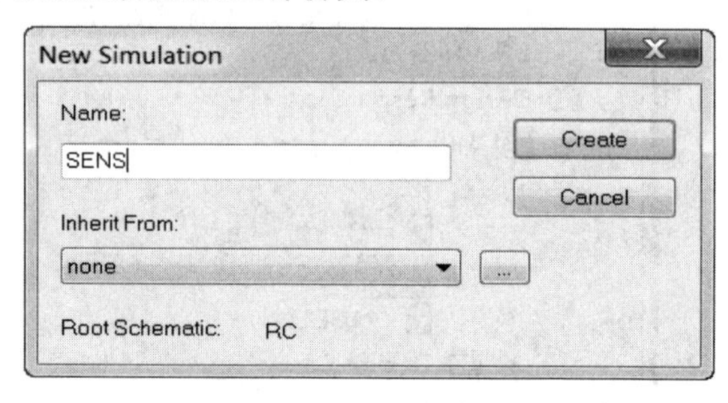

图 4-28 仿真文件名称设置

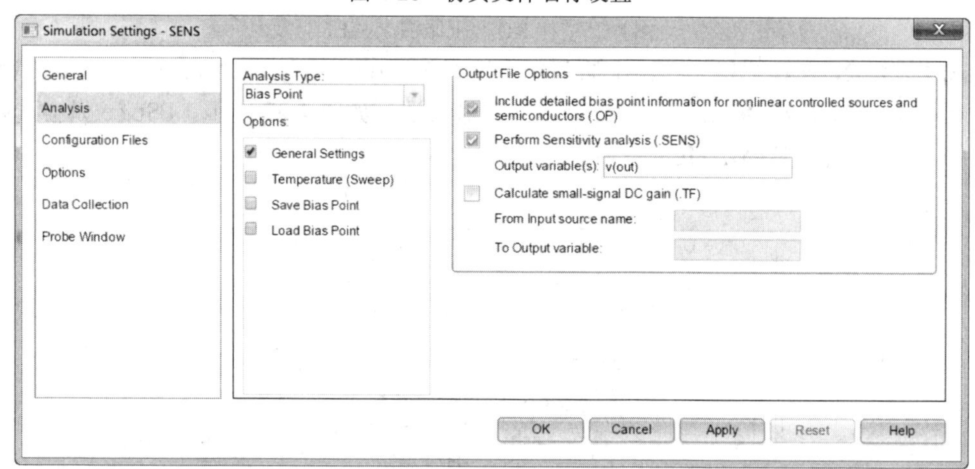

图 4-29 直流灵敏度仿真参数设置

3. 查看仿真结果

仿真结束后，从 Probe 界面查看直流灵敏度分析的仿真结果，选择菜单 View→Output File 或者单击左侧图标，然后下拉找到图 4-30 所示的直流灵敏度分析仿真结果。

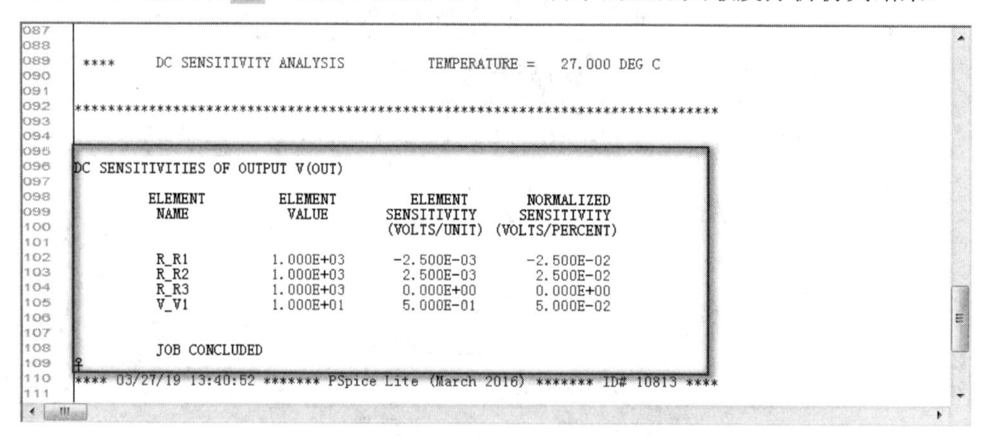

```
087
088
089  ****     DC SENSITIVITY ANALYSIS          TEMPERATURE =   27.000 DEG C
090
091
092  ******************************************************************************
093
094
095
096  DC SENSITIVITIES OF OUTPUT V(OUT)
097
098          ELEMENT         ELEMENT          ELEMENT          NORMALIZED
099           NAME            VALUE         SENSITIVITY       SENSITIVITY
100                                         (VOLTS/UNIT)    (VOLTS/PERCENT)
101
102          R_R1           1.000E+03       -2.500E-03        -2.500E-02
103          R_R2           1.000E+03        2.500E-03         2.500E-02
104          R_R3           1.000E+03        0.000E+00         0.000E+00
105          V_V1           1.000E+01        5.000E-01         5.000E-02
106
107
108          JOB CONCLUDED
109
110  **** 03/27/19 13:40:52 ******* PSpice Lite (March 2016) ******* ID# 10813 ****
111
```

图 4-30 直流灵敏度分析仿真结果

输出结果由四列数据组成，分别为元件名称、元件值、元件灵敏度(绝对灵敏度)、归一化灵敏度(相对灵敏度)。其中相对灵敏度比绝对灵敏度更重要，因为元件精度都是按%来描述，通过相对灵敏度的大小可以找出电路中哪些元件对输出精度影响大。

4.3　直流传输特性分析(.TF)

直流传输特性分析是通过对电路在静态工作点附近进行线性化处理，分析计算电路的直流小信号增益、直流输入电阻和直流输出电阻。以图 4-22 所示的电路为例介绍直流传输特性分析。

1. 仿真设置

新建仿真，命名为 TF，如图 4-31 所示，并将直流传输特性仿真参数设置窗口设置为图 4-32 所示的内容，选择 Calculate small-signal DC gain(.TF)，在 From Input source name 文本框中输入 v1，在 To Output variable 文本框中输入 v(out)，仿真参数设置完成后运行仿真。

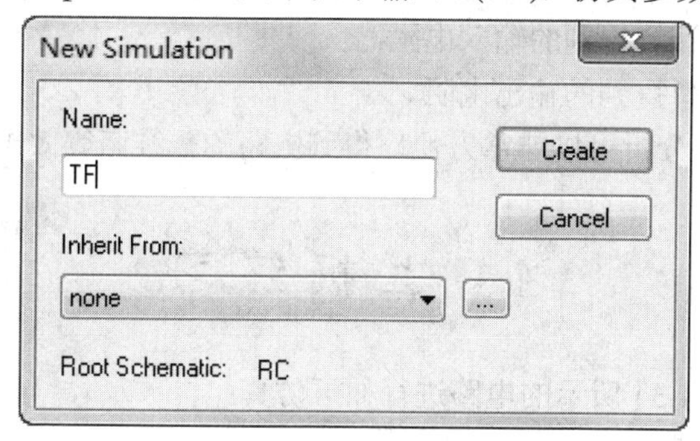

图 4-31　仿真文件名称设置

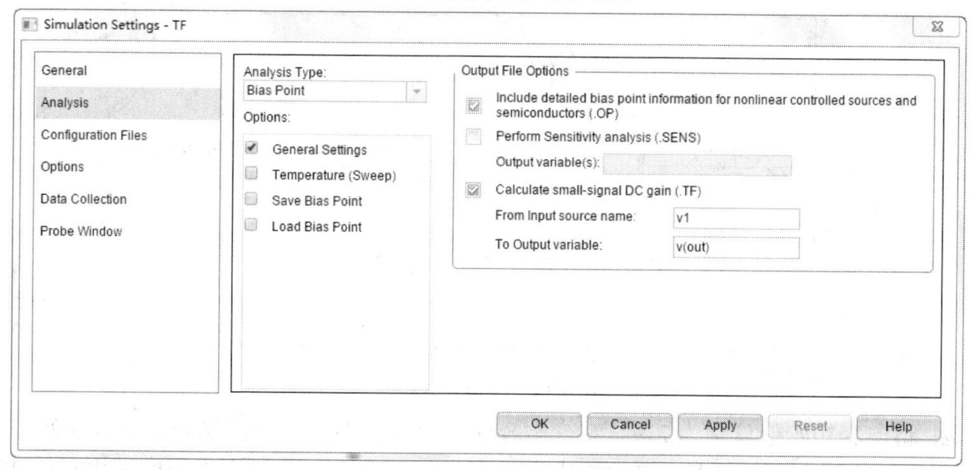

图 4-32　直流传输特性仿真参数设置

2. 查看仿真结果

仿真结束后，从 Probe 界面查看直流传输特性分析的仿真结果，选择菜单 View→Output File 或者单击左侧图标，然后下拉找到图 4-33 所示的直流传输特性分析仿真结果。

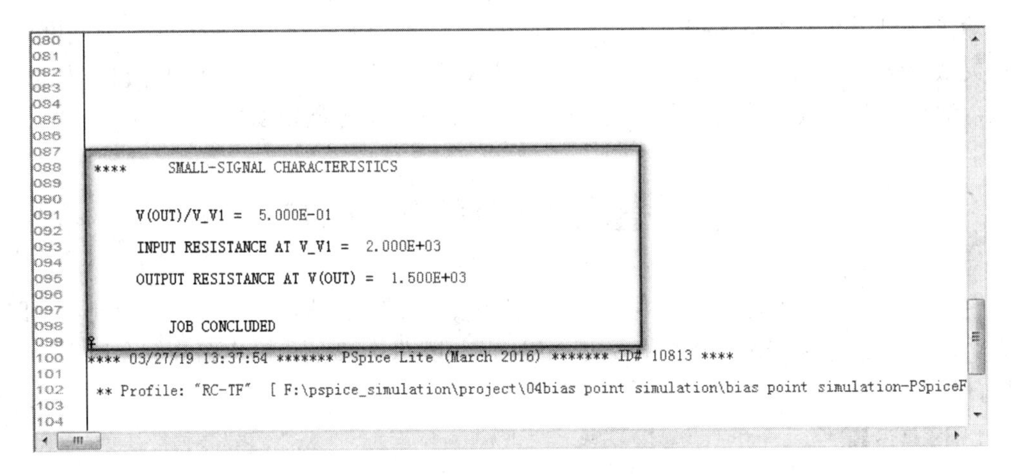

图 4-33 直流传输特性分析仿真结果

输出结果包含 3 个信息：

(1) Output variable/Input source 输出变量对输入源的增益；

(2) 从输入源端口计算得到的输入电阻；

(3) 从输出变量端口得到的输出电阻。

利用直流传输特性分析可以非常方便地得到电路的戴维南等效电路。

4.4 上机练习

【练习一】 对图 4-34 所示的电路进行如下仿真：

(1) 对电路进行静态工作点仿真；

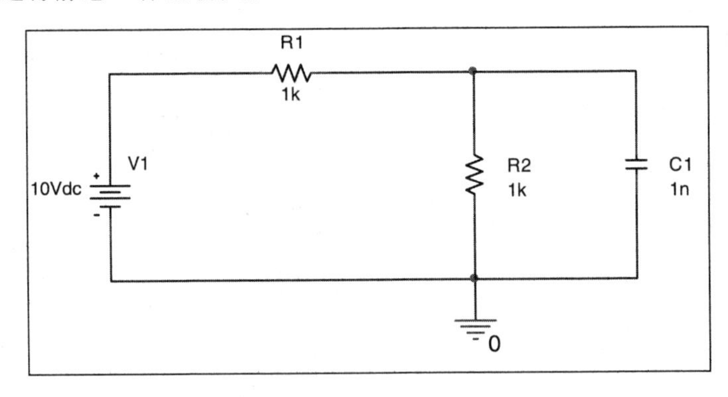

图 4-34 练习一电路图

(2) 将电容初始值设置为 2 V，观察电容初始值对静态工作点的影响。电容初始值的设置可以双击 C1，然后将属性窗口“IC”对应的值设置为 2。若需要在电路图中显示 IC 及对应的值，可以先选中这一栏，然后点击右键，在弹出的菜单中选择 Display，再在弹出的对话框中点击 Yes 按键，然后弹出图 4-35 所示的对话框，在 Display Format 中选择 Name and Value，设置完成后点击 OK 按键，在原理图中电容 C1 处会显示 IC=2。

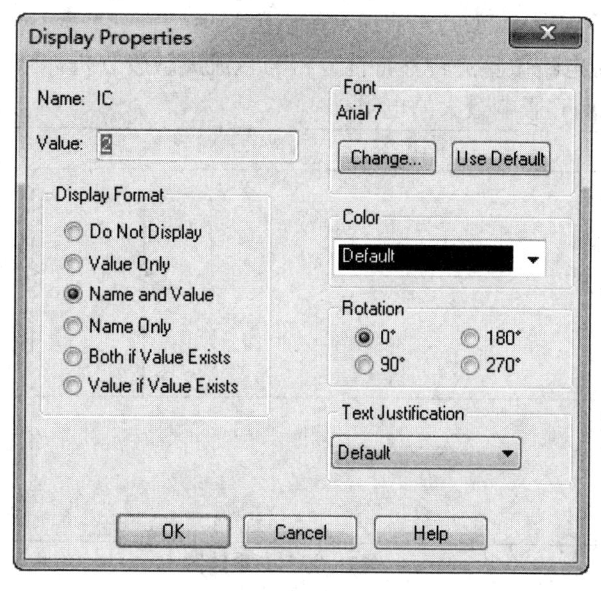

图 4-35

(3) 将电容垂直翻转，观察此时的静态工作点，由此得出在使用初始值时应该注意什么问题。

(4) 删除接地符号，观察此时电路会提示什么错误。

【练习二】 对图 4-36 所示的电路进行如下仿真：

(1) 对电路进行静态工作点仿真，观察晶体管的工作点情况；

(2) 此电路静态工作点是否合适，若不合适该如何修改电路。

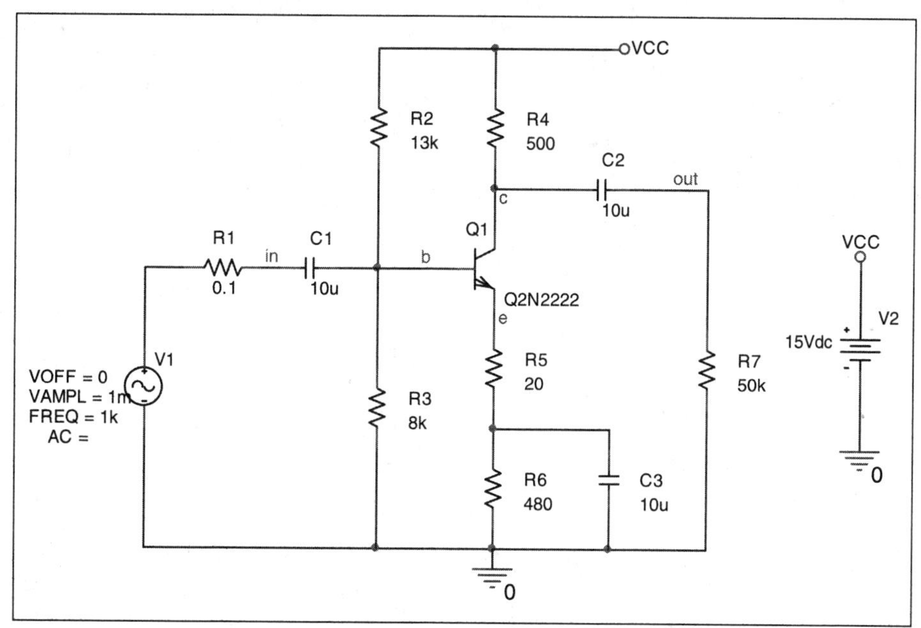

图 4-36　练习二电路图

【练习三】 对图 4-37 所示的电路进行如下仿真：

(1) 做直流转移特性分析与直流灵敏度分析，观察仿真结果，画出此电路的戴维南等效电路，找出此电路中对 V(OUT)影响最大的电阻；

(2) 去掉 R2，对电路做直流转移特性分析与直流灵敏度分析，画出对应的戴维南等效电路，并找出对 V(OUT)影响最大的电阻。

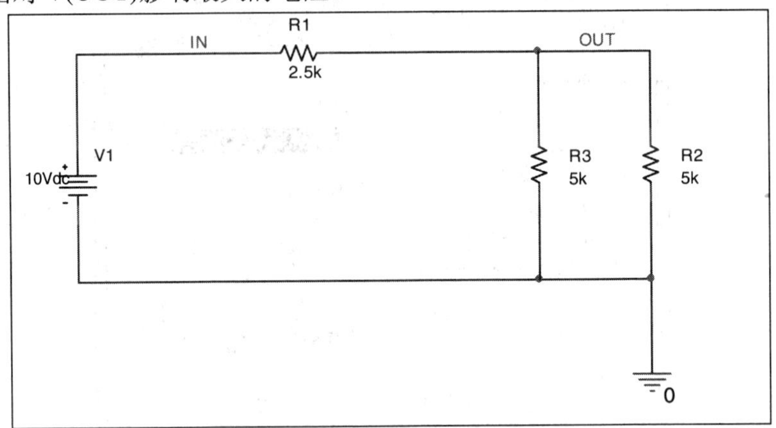

图 4-37　练习三电路图

第 5 章　直流扫描分析

当电路中的电压源、电流源、温度、全局参数或者模型参数在一定范围内变化时，可以通过直流扫描分析计算电路工作点变化情况。扫描方式分为线性、对数与数值列表形式，其中扫描数值必须以递增形式进行改变。以图 5-1 所示的电路为例介绍直流扫描分析。

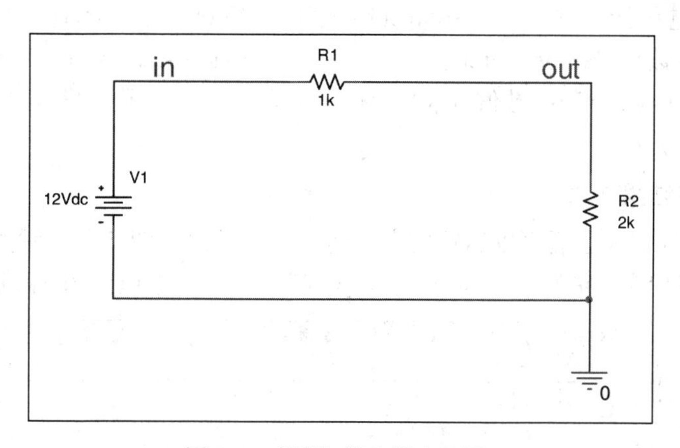

图 5-1　直流扫描分析电路图

5.1　以直流电压源 V1 的电压作为扫描变量

若本例中需查看输出电压 V(out)随直流电压源 V1 的变化，则需要对直流电压源 V1 进行直流扫描，仿真具体步骤如下。

1. 新建工程

在以自己学号命名的文件夹下新建文件夹 03dc sweep，新建工程并保存在 03dc sweep 文件夹下，工程命名为 dc sweep，绘制图 5-1 所示的电路。

2. 设置仿真参数

新建仿真文件命名为 DC_V1，相应的仿真参数设置如图 5-2 所示，在 Analysis Type 下拉列表中选择 DC Sweep，在 Options 中选择 Primary Sweep，在 Sweep Variable(扫描变量)中选择 Voltage source，并输入电压源名称 V1。Sweep Type(扫描类型)中选择 Linear(线性)，将 Strat Value(起始值)设置为 0、End Value(结束值)设置为 20、Increment(步长)设置为 0.1，表示对 V1 进行线性扫描，范围为 0～20 V，步长为 0.1 V。

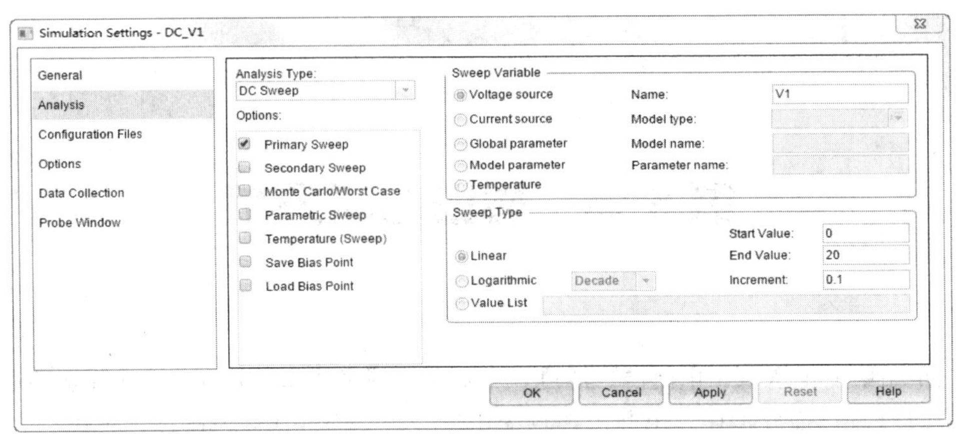

图 5-2　直流扫描仿真参数设置

Primary Sweep 为主扫描，扫描的变量对应输出波形的横坐标。Sweep Variable 包含 Voltage source(电压源)、Current source(电流源)、Global parameter(全局参数)、Model parameter(模型参数)、Temperature(温度) 5 种直流扫描变量。Sweep Type 包含 Linear、Logarithmic(对数)、Value List(数值列表) 3 种扫描方式，其中对数扫描方式又分为 Decade(10 倍)和 Octave(8 倍)。

3. 查看仿真结果

仿真参数设置完成之后可以运行仿真，仿真结束后出现图 5-3 所示的 Probe 界面，此界面背景为黑色(代表有波形)，横坐标为 V_V1(表示 V1 的电压)，坐标范围为 0～20 V。

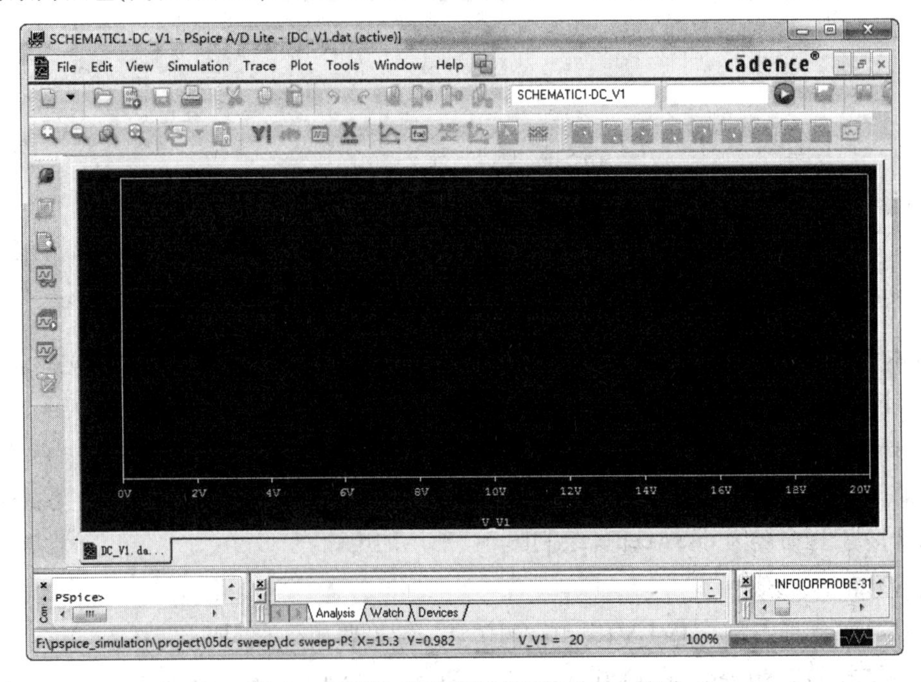

图 5-3　直流扫描仿真结束后的 Probe 界面

1) 添加波形

在 Probe 界面中可以显示需要查看的波形，假如想要查看 out 节点的电压随 V1 的变化，可以通过选择菜单 Trace→Add Traces 或者单击顶部图标 添加波形，出现图 5-4 所示的添加波形界面。

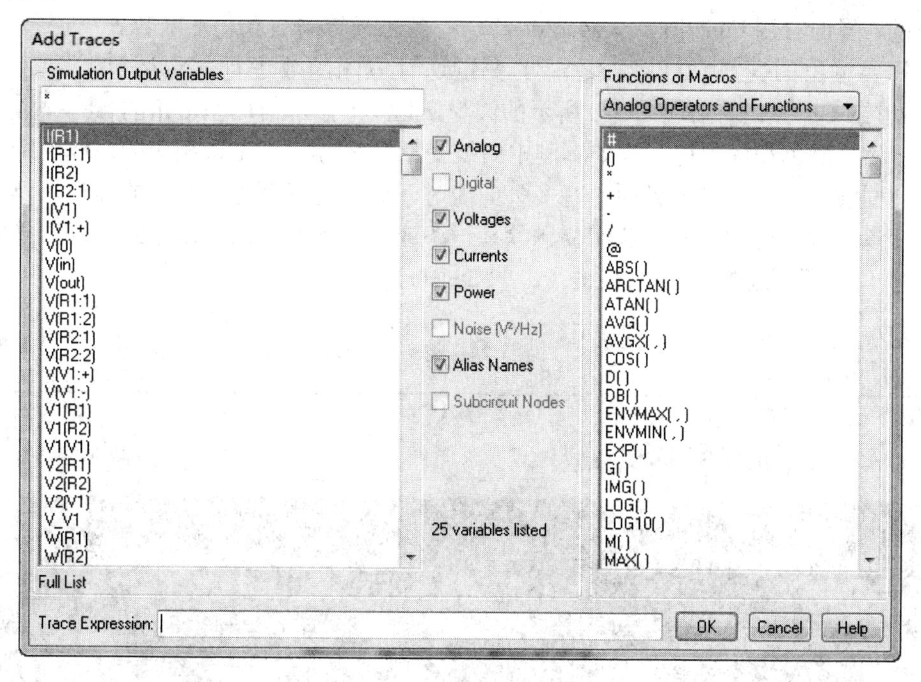

图 5-4　添加波形界面

在 Simulation Output Variables(仿真输出变量)栏中选择 V(out)(单击选择)，在界面底部的 Trace Expression(曲线表达式)中会出现 V(out)，Trace Expression 中的表达式为即将显示的波形名称，如图 5-5 所示。

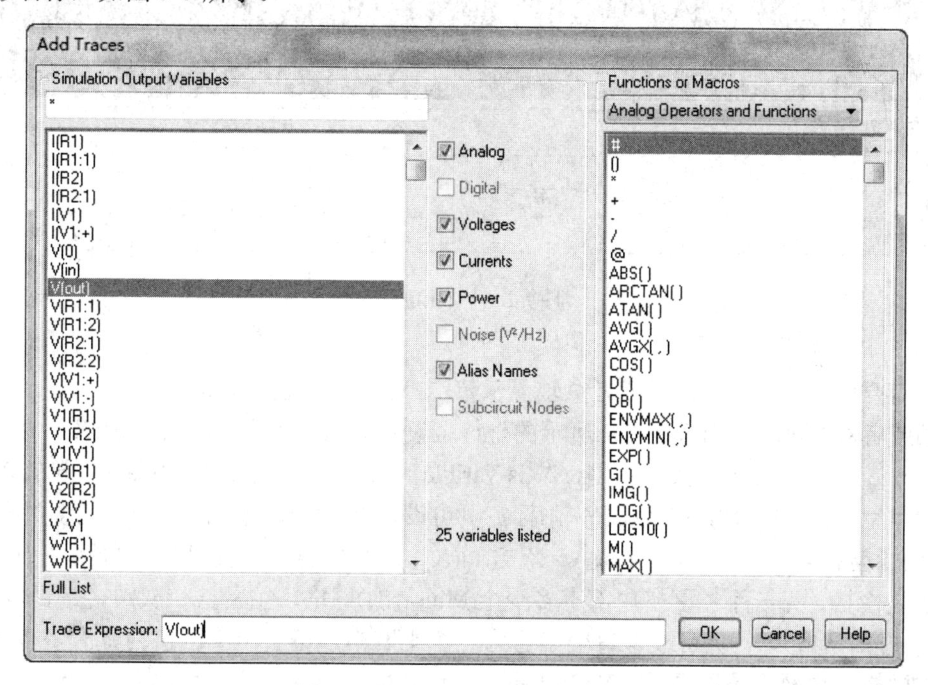

图 5-5　选择 V(out)作为显示波形

在 Simulation Output Variables 栏中有多种类型的输出变量，如电流 I()、电压 V()、功率 W()等类型，可通过右侧的 Voltages、Currents、Power 等复选框来选择是否显示该类型输出变量。界面右侧 Functions or Macros 栏中有各种运算函数和功能函数。

选择要输出的变量，或者对选择的变量通过右侧函数进行一定运算，此处只选择 V(out)，单击 OK 按键，出现图 5-6 所示的波形，此波形显示窗口左下角的 □ V(out) 给出了曲线的名称、颜色和标识符。例如本例中曲线变量名称为 V(out)，相应的曲线为绿色，用□标识此曲线。当波形显示界面中有多条曲线时，通过左下角各变量前的标识符及颜色可以对各变量的波形进行区分。若需要删除某一条或者多条曲线，可以在此位置选择相应的变量名称(单击即可选择)，然后按键盘上的 Delete 即可删除。

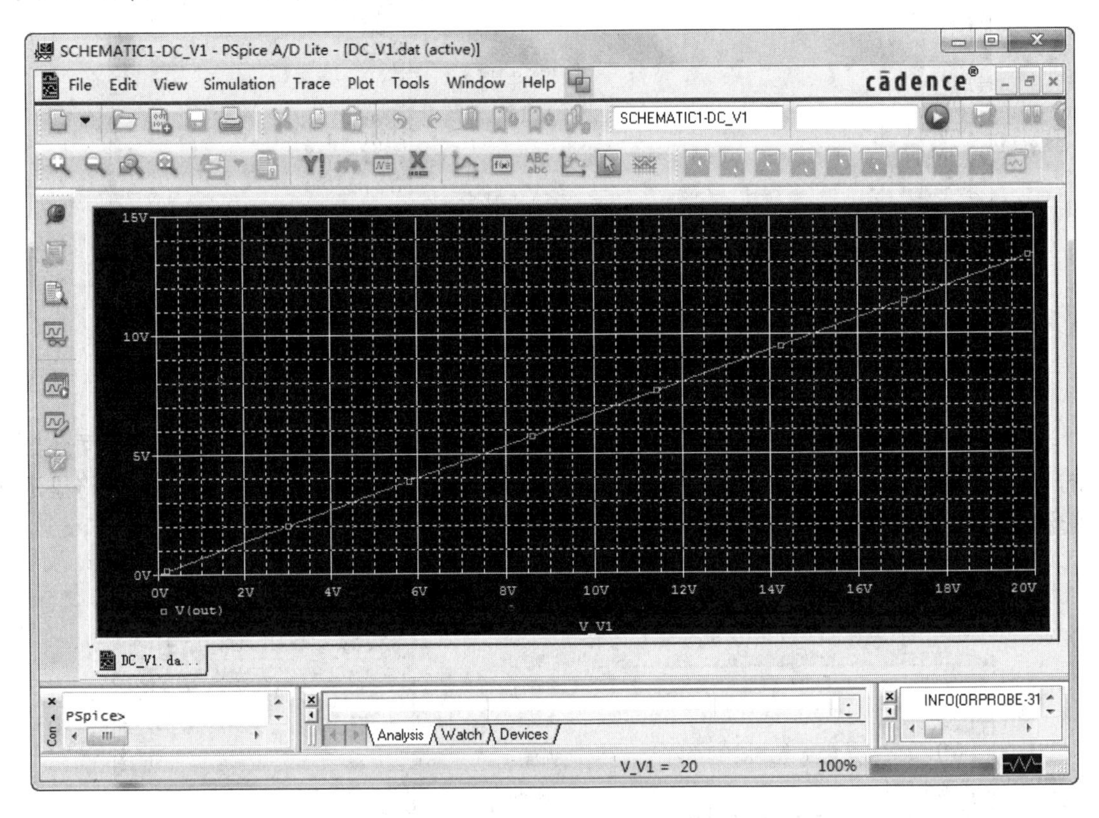

图 5-6 V(out)波形

2) 坐标轴显示方式设置

若需要更改横轴显示范围或者纵轴显示范围，可以选择菜单 Plot→Axis Settings 或者双击横轴或者双击纵轴，出现图 5-7 所示的坐标轴设置界面。其中，在 X Axis(X 轴)标签页，Data Range 可设置 X 轴的数据范围，Axis Varible 可设置 X 轴的变量，Scale 可设置 X 轴坐标刻度类型(线性或对数)。Y Axis(Y 轴)标签页可设置 Y 轴的数据范围、坐标刻度类型(线性或对数)、坐标轴位置(左侧或右侧)。X Grid(X 方向网格)标签页可设置每隔多少为一个 Major(主)网格，每一个主网格内部有多少个 Minor(次)网格，主网格、次网格是否显示。Y Grid(Y 方向网格)标签页可设置每隔多少为一个主网格，每一个主网格内部有多少个次网格，主网格、次网格是否显示。Y Grid 还可以设置每一个网格的大小。

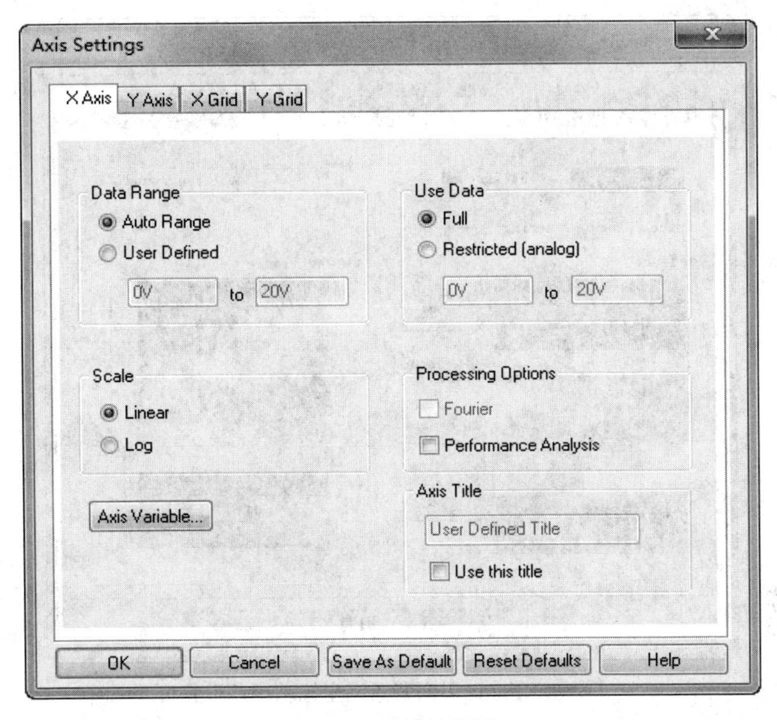

图 5-7　坐标轴设置

3) 界面颜色设置

通过界面颜色设置可以更换背景和坐标轴颜色。选择菜单 Tools→Options，出现图 5-8 所示的界面，在此界面中选择 Color Settings，如图 5-9 所示，其中 Background 设置背景颜色，Foreground 设置前景颜色(坐标轴、网格、坐标数值、变量名称等的颜色)，Trace Colors Ordering 为波形显示颜色顺序(第一条为绿色，第二条为红色，第三条为紫色…)。将背景改为白色，前景改为黑色，去掉 X 轴与 Y 轴所有网格之后 Probe 界面如图 5-10 所示。

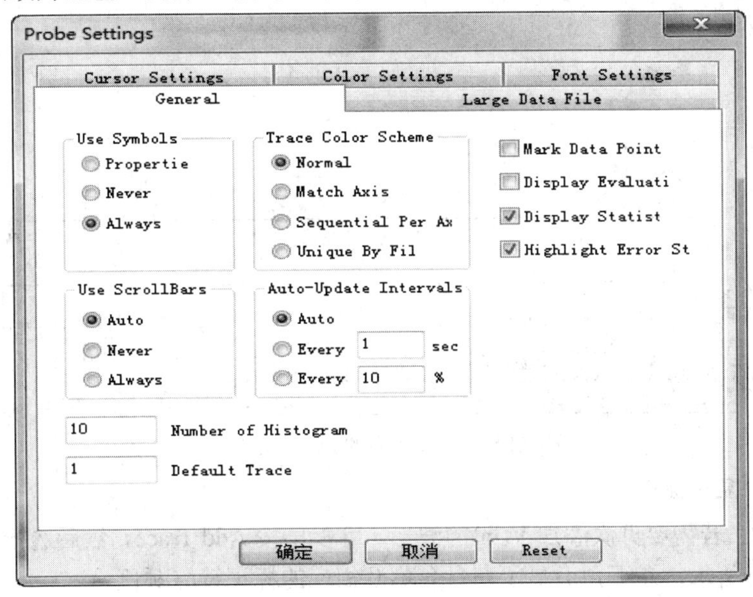

图 5-8　Options 设置界面

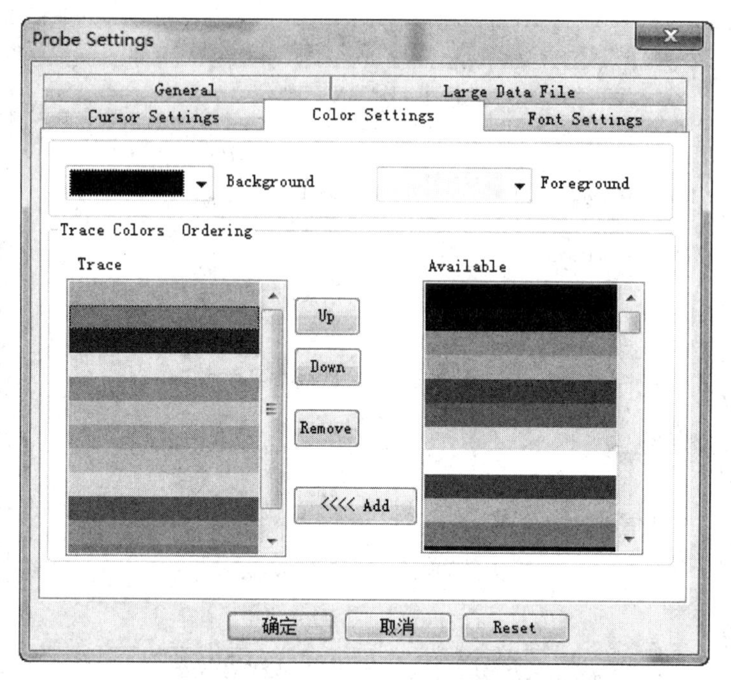

图 5-9 Probe 界面背景、坐标轴颜色设置

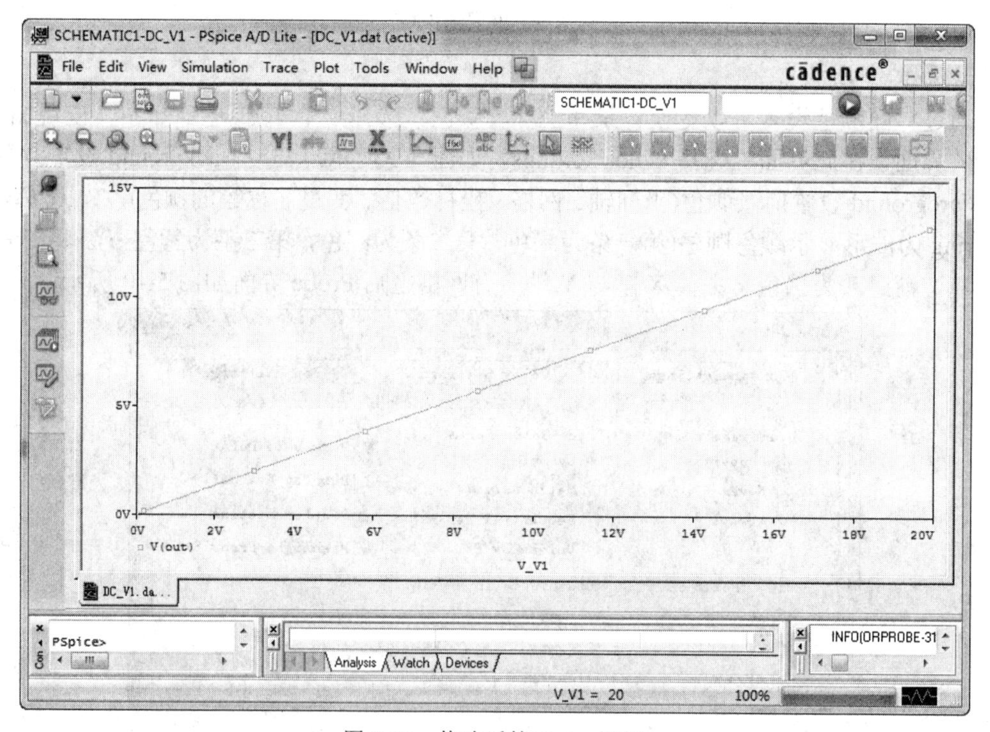

图 5-10 修改后的 Probe 界面

4) 多窗口显示波形

在本例中，若需要再次添加 V(in)的波形，可以再按 Add Trace，然后选择 V(in)，Probe 界面如图 5-11 所示，左下角会显示变量名称及相应的标识符与颜色。

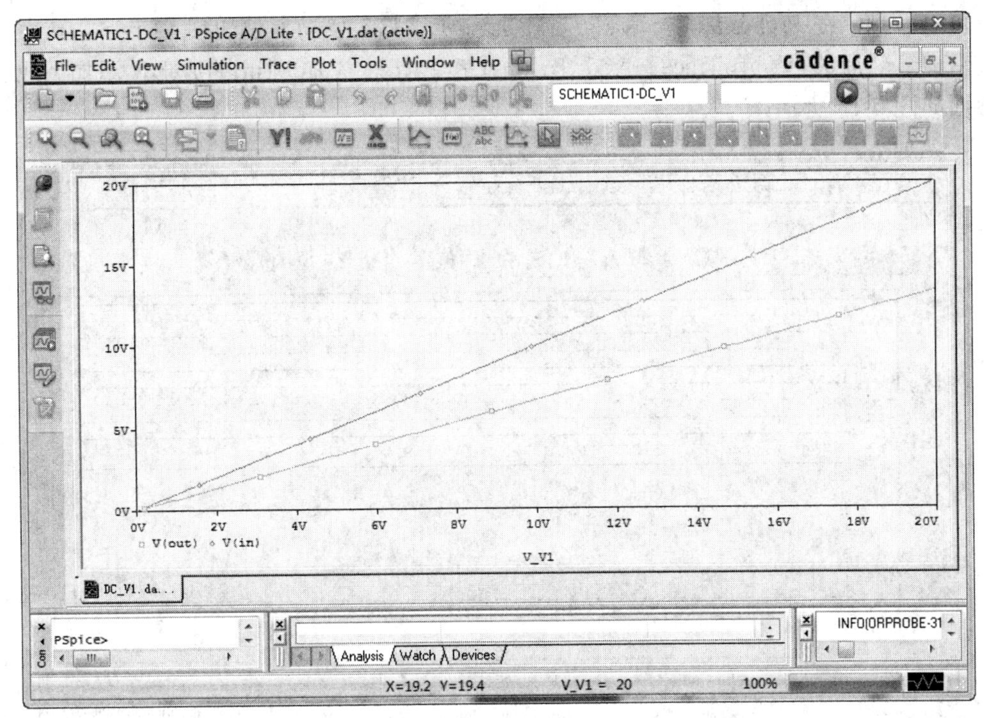

图 5-11　再添加 V(in)

若需要分不同的窗口显示波形，可以先将 V(in)删除，然后选择菜单 Plot→Add Plot to Window，或者在波形显示窗口的空白处单击鼠标右键后选择 Add Plot，就会出现图 5-12 所示的界面。

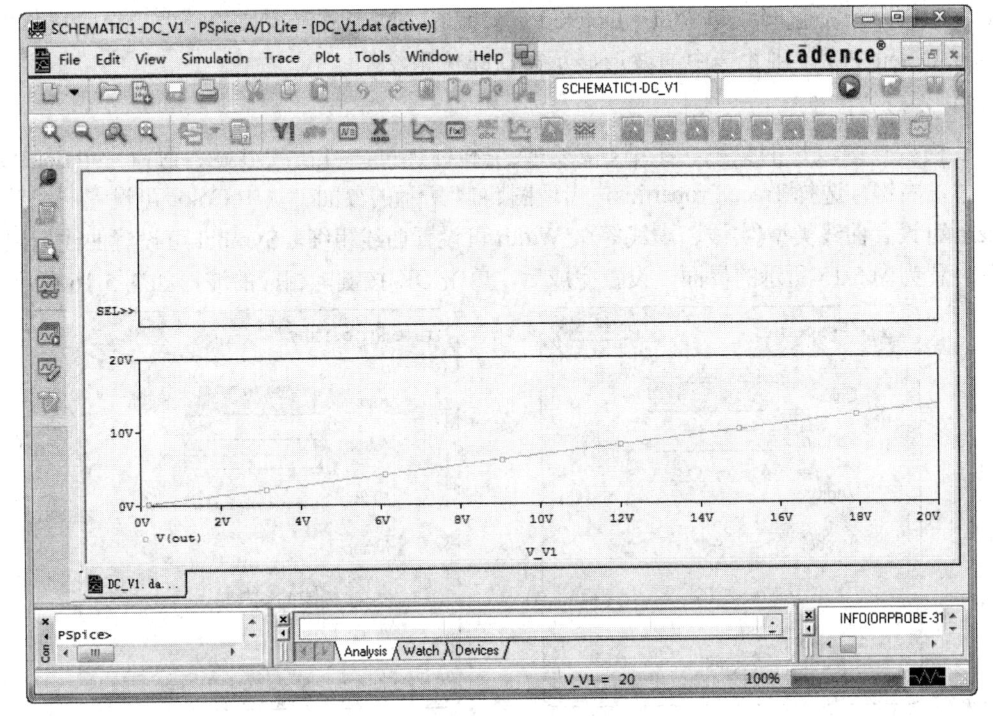

图 5-12　Add Plot 后的界面

可以看到，在 Probe 界面新增了一个波形显示窗口，窗口左侧出现 SEL>>，代表选中当前窗口，然后选择菜单 Trace→Add Trace 或者单击添加 V(in)的波形，添加完成之后的界面如图 5-13 所示。

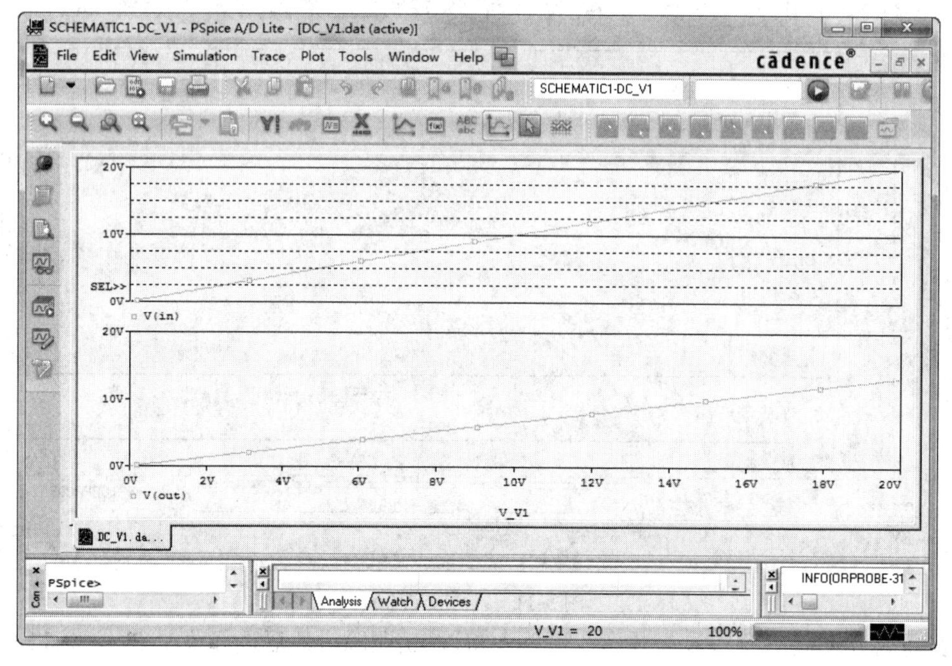

图 5-13 添加 V(in)后的界面

若需要删除波形显示窗口，可以先选择要删除的窗口(单击该窗口，在该窗口左侧出现 SEL>>标志)，然后选择菜单 Plot→Delete Plot，或者在波形显示窗口的空白处单击鼠标右键后选择 Delete Plot，刚才选中的波形显示窗口即被删除。

5) 波形属性设置

若需要修改波形的颜色、粗细、线条类型和标识符，可在波形显示窗口先单击曲线，然后单击右键，选择 Trace Properties，出现图 5-14 所示的界面。其中 Color 可设置曲线颜色，Pattern 可设置曲线类型(实线、虚线等)，Width 可设置曲线粗细，Symbol 可设置曲线标识符。将其设置为图 5-15 所示的界面，设置完成后，单击 OK 按键，相应的波形如图 5-16 所示。

图 5-14 Trace Properties 设置界面

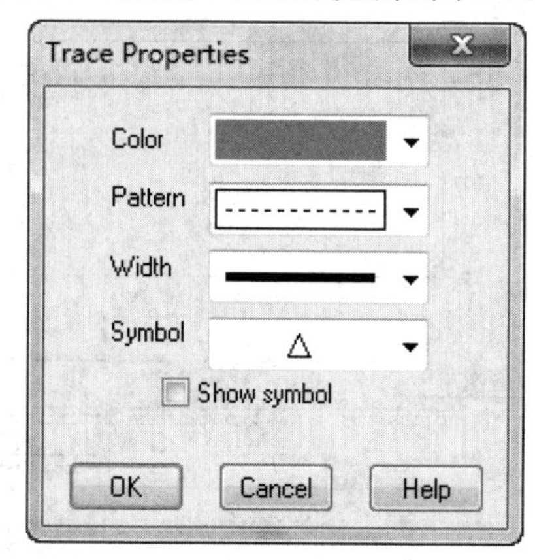

图 5-15 Trace Properties 参数设置

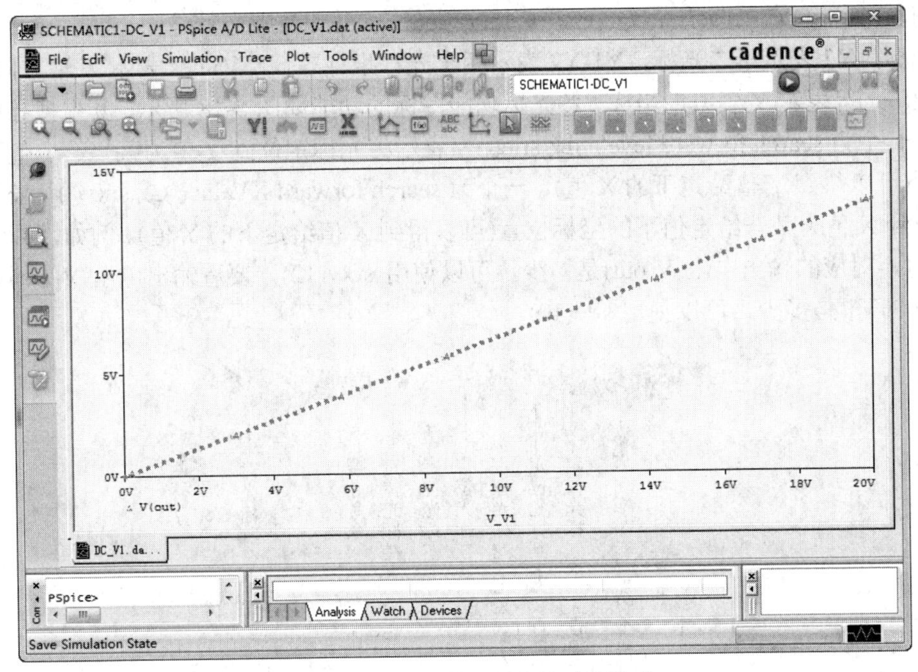

图 5-16　修改曲线显示参数后的波形

6) 采用光标查找坐标

若需要查看曲线上坐标的值，则可以选择菜单 Trace→Cursor→Display 或者单击图标(Toggle cursor)，就会出现图 5-17 所示的界面。此界面中光标功能图标被点亮，并在左下角显示光标位置对应的坐标，其中鼠标左键控制第一光标，鼠标右键控制第二光标(光标

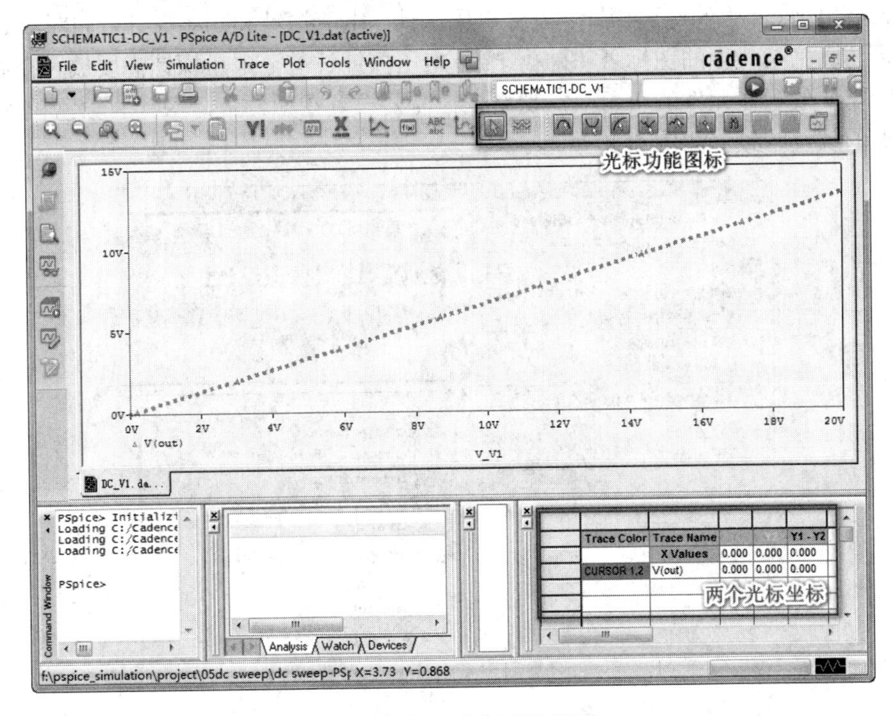

图 5-17　打开光标后的界面

的粗细、颜色可以在 Tools→Options→Cursor settings 下设置)。坐标显示区域中，Y1 表示第一光标，Y2 表示第二光标，Y1-Y2 表示两个光标坐标差，X Values 表示 X 轴方向坐标，其余 V(out)等表示 Y 轴方向坐标。各光标功能图标的功能如图 5-18 所示，其中搜寻命令有两个，一个为 search forward level( )或 sfle( )，表示将光标定位到 Y 值为某一给定值下的坐标位置(可以得到 Y 值给定下的 X 值)，一个为 search forward XValue( )或 sfxv( )，表示将光标定位到 X 值为某一给定值下的坐标位置(可以得到 X 值给定下的 Y 值)。例如，要看 V1 = 12 V 时，对应的输出电压 V(out)是多少，可以使用 sfxv(12)，要看输出电压 V(out) = 10 V 时对应的 V1 是多少，可以使用 sfle(10)。

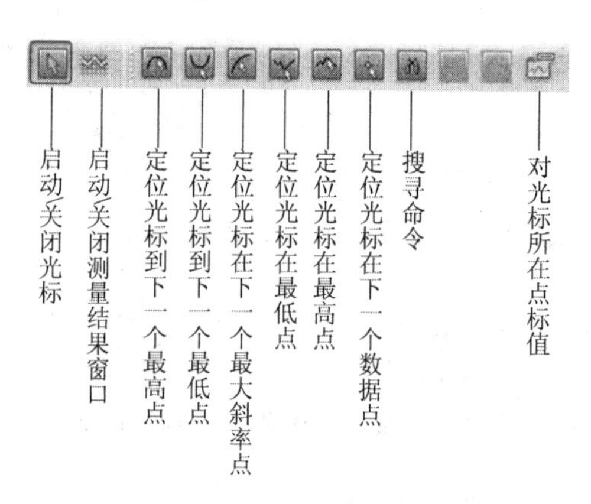

图 5-18　各光标功能图标的功能

7) *采用探针查看波形*

另外一种添加波形的方式为采用探针。当仿真结束时，可以在原理图界面菜单栏中选择 PSpice→Markers 下的电压探针、差分电压探针、电流探针和功率探针，如图 5-19 所示，或者选择仿真工具栏上的图标。电压探针、差分电压探针需要放置在导线上，电流探针需要放置在元件的引角上，功率探针需要放置在元件上，探针的颜色和 Probe 界面中波形的颜色一致，如图 5-20 所示。

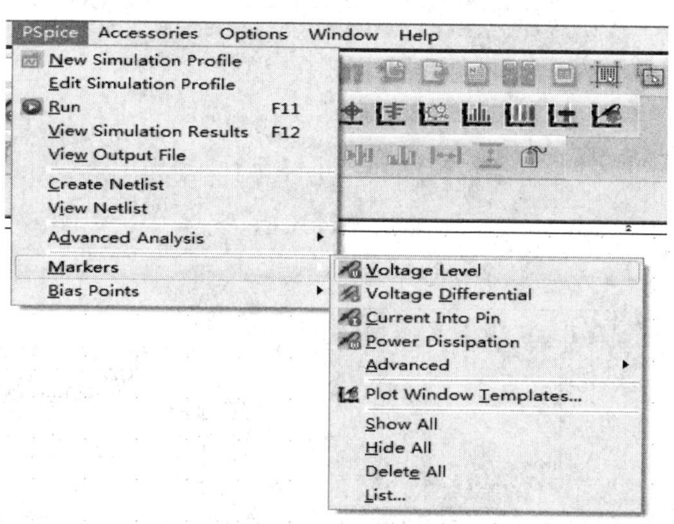

图 5-19　探针菜单

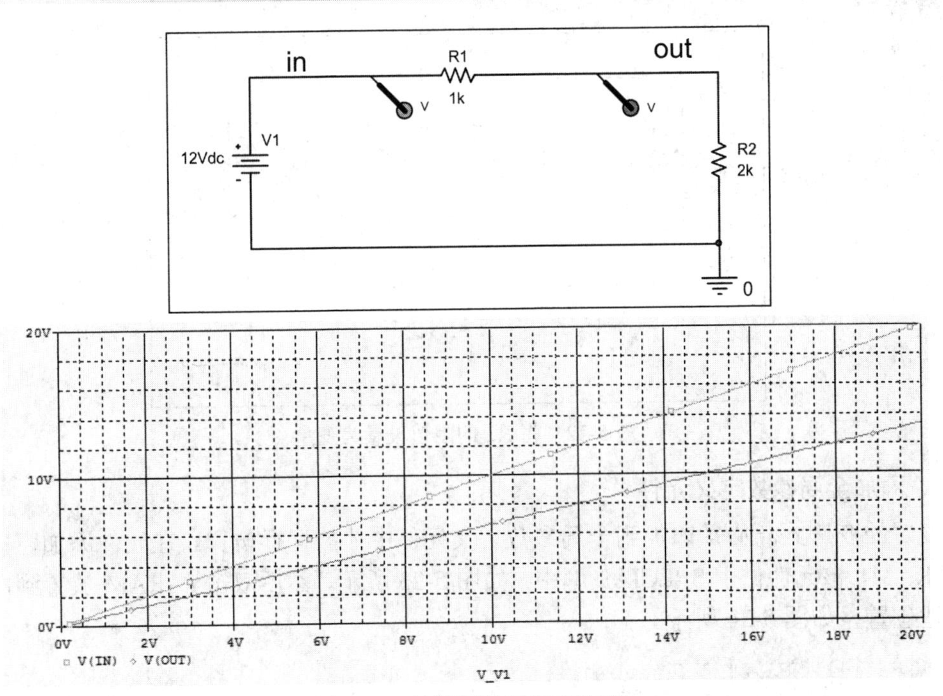

图 5-20　放置探针及相应波形

5.2　以 R2 的电阻值作为扫描变量

若本例中需查看输出电压 V(out)随电阻 R2 的变化，则需要对电阻 R2 进行直流扫描，而电阻值作为变量需要使用全局参数(电容值、电感值作为变量也需要使用全局参数)。仿真具体步骤如下。

1. 将电阻值设置为变量

双击图 5-1 所示电路中电阻 R2 的阻值 2k，出现图 5-21 所示的界面，将 Value 中的 2k 改为{rvar}，注意变量名称必须用{ }括起来，然后单击 OK 按键，R2 的阻值变为图 5-22 所示的内容。

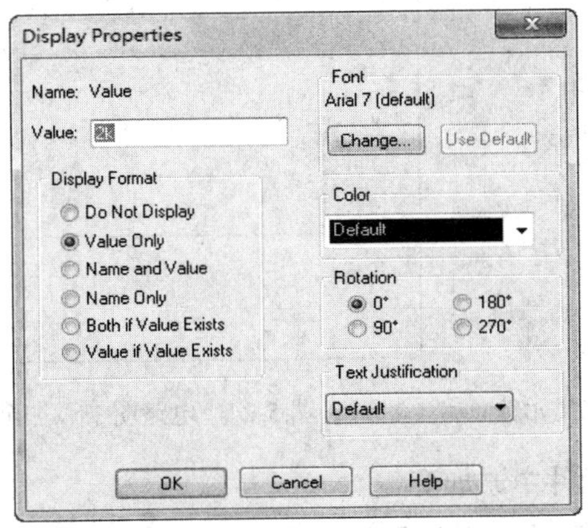

图 5-21　修改 R2 的阻值

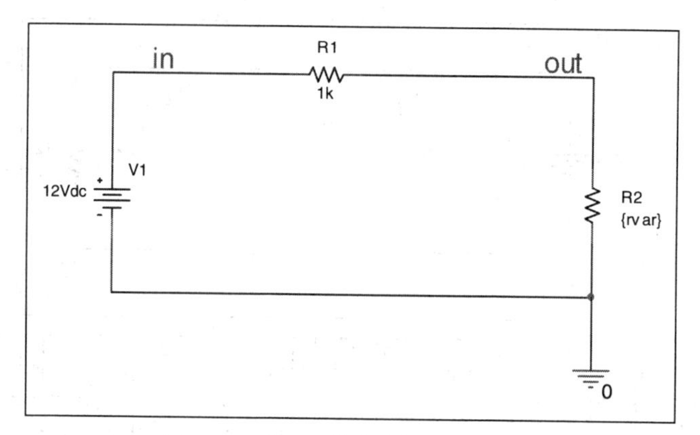

图 5-22　将 R2 的阻值设置为变量

2. 添加全局参数定义元件

设置的变量 rvar 必须添加到全局参数定义元件中才能运行仿真。在元件添加窗口中输入 PARAM，该元件位于 SPECIAL 库中，如图 5-23 所示，然后双击 PARAM 放置到电路中的合适位置，如图 5-24 所示。

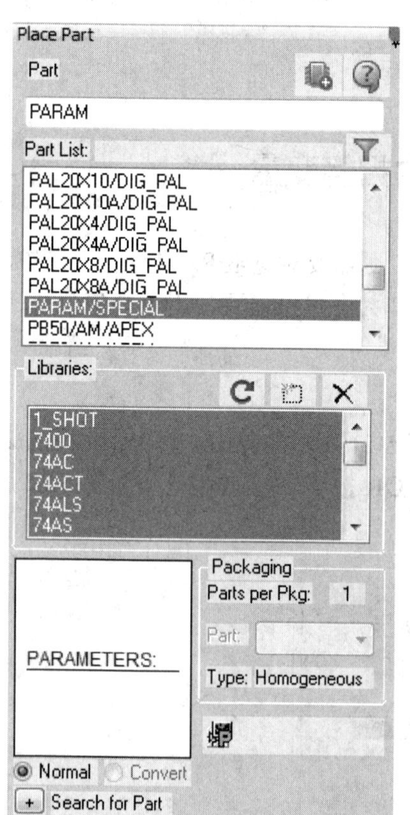

图 5-23　添加全局参数定义元件

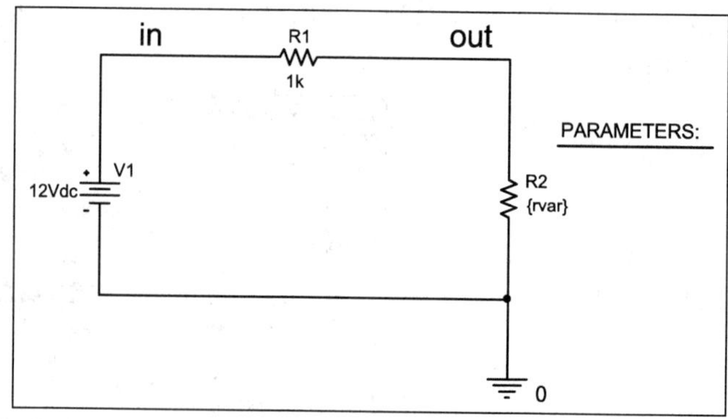

图 5-24　电路图中添加全局参数定义元件

3. 在全局参数定义元件中添加变量

双击 PARAMETERS 元件，出现图 5-25 所示的 PARAMETER 元件属性编辑界面。

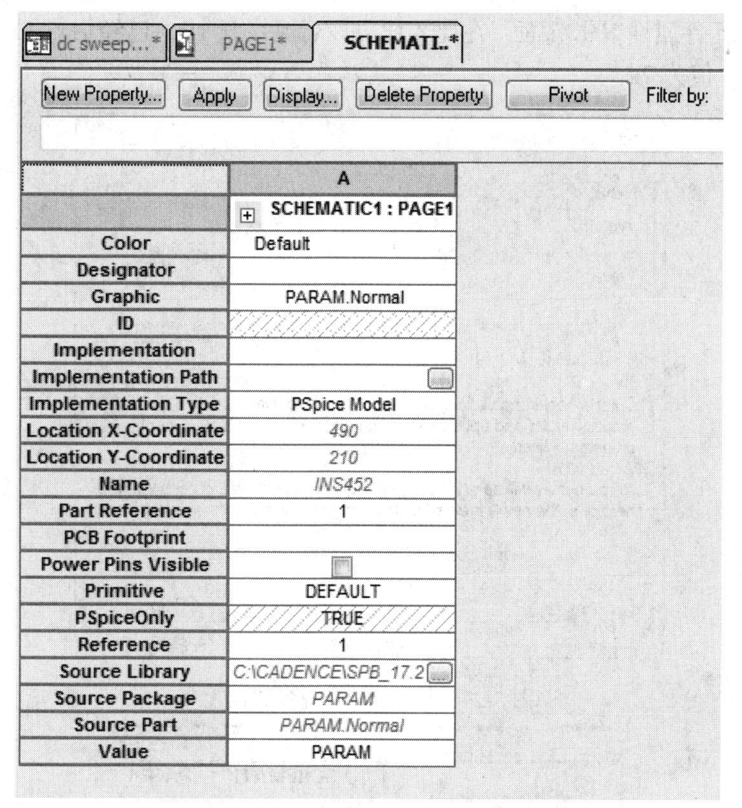

图 5-25　PARAMETER 元件属性编辑界面

在此界面中单击按键 New Property...，在弹出的对话框中选择 Yes，出现图 5-26 所示的新增全局变量对话框。

Add New Property

Name:

Value:

Display [ON/OFF]

Enter a name and click Apply or OK to add a column/row to the property editor and optionally the current filter (but not the <Current properties> filter).

No properties will be added to selected objects until you enter a value here or in the newly created cells in the property editor spreadsheet.

Always show this column/row in this filter

Apply　OK　Cancel　Help

图 5-26　新增全局变量对话框

在对话框的 Name 栏中输入变量名称 rvar，在 Value 中输入变量的初始值 2k，如图 5-27 所示。设置完成后单击 OK 按键，然后在弹出的对话框中再选择 Yes，出现图 5-28 所示的

PARAMETER 元件属性编辑界面，在此界面可以看到变量 rvar 已经加入 PARAMETER 元件属性列表中，值为 2k。

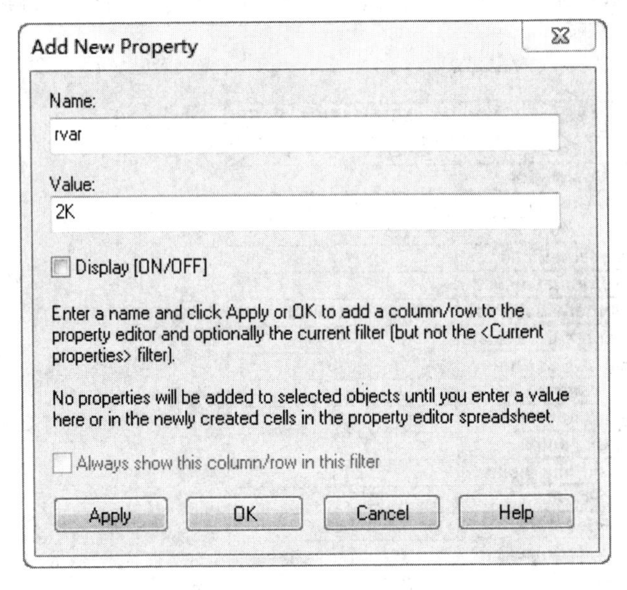

图 5-27　新增全局变量参数设置

	A
	SCHEMATIC1 : PAGE1
Color	Default
Designator	
Graphic	PARAM.Normal
ID	
Implementation	
Implementation Path	
Implementation Type	PSpice Model
Location X-Coordinate	490
Location Y-Coordinate	210
Name	INS452
Part Reference	1
PCB Footprint	
Power Pins Visible	
Primitive	DEFAULT
PSpiceOnly	TRUE
Reference	1
rvar	2K
Source Library	C:\CADENCE\SPB_17.2
Source Package	PARAM
Source Part	PARAM.Normal
Value	PARAM

图 5-28　全局变量添加完成后 PARAMETER 属性编辑界面

如果需要将添加的全局变量显示到电路图中，可以先左键单击 2k 所在框的空白处(不要点到 2k 字体上)，然后单击鼠标右键出现图 5-29 所示的菜单，选择 Display，出现图 5-30 所示的显示属性设置窗口，在该窗口中的 Display Format 栏中选择 Name and Value(名称与值都显示)，然后单击 OK 按键，显示设置完成。

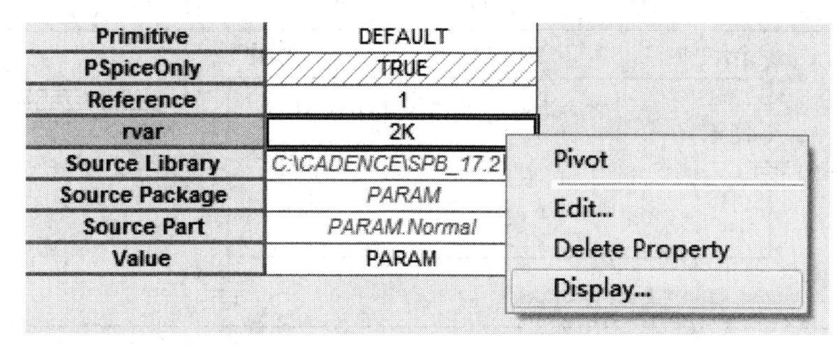

图 5-29　右键菜单

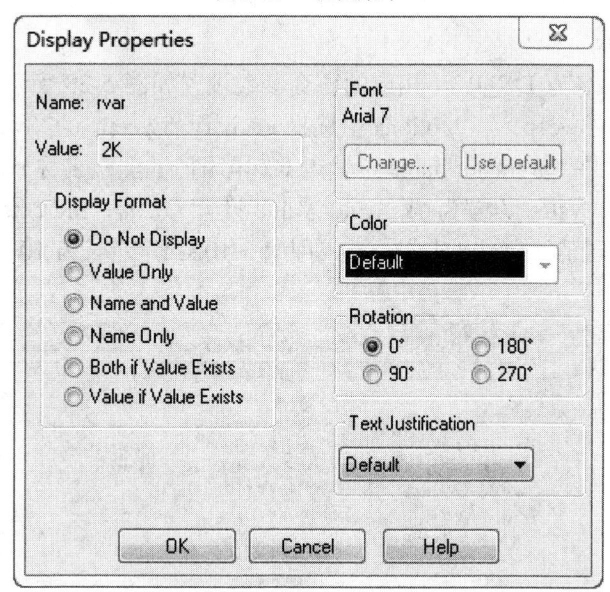

图 5-30　显示属性设置窗口

若需要删除添加的全局变量，则可以先单击该变量名称，再单击右键，出现图 5-31 所示的菜单，选择 Delete Property，在弹出的对话框中选择是(Y)，然后在弹出的对话框中选择 Yes，即可删除刚才选择的全局变量。

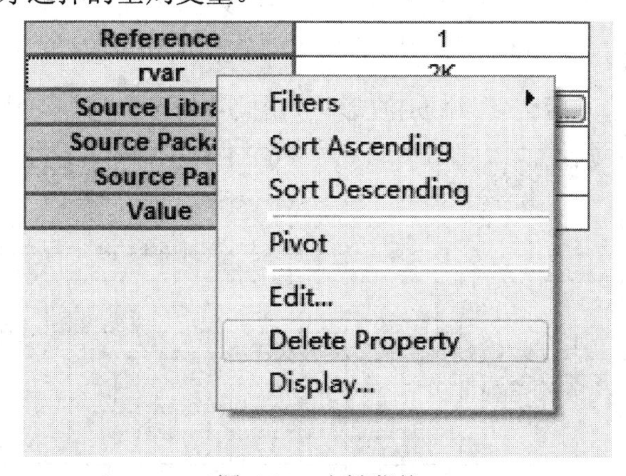

图 5-31　右键菜单

全局变量设置完成后单击顶部的 SCHEMATI..*，然后单击右键，在弹出的菜单中选择 Close，至此全局变量添加完成，如图 5-32 所示。

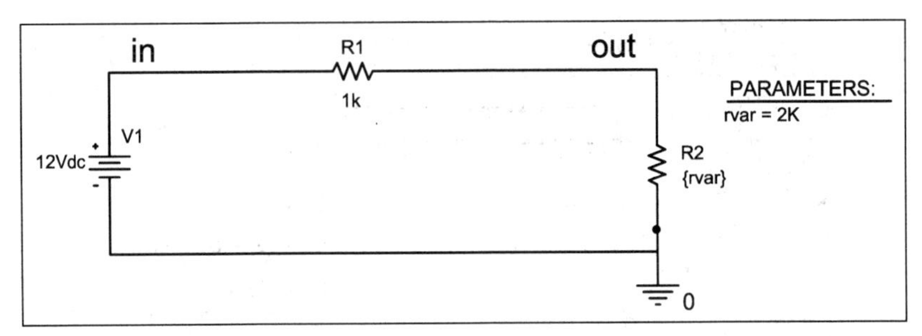

图 5-32 全局变量定义完成后电路

4. 仿真参数设置

新建仿真文件命名为 DC_R2，相应的仿真参数设置如图 5-33 所示，在 Analysis Type 下拉列表中选择 DC Sweep，在 Options 中选择 Primary Sweep，在 Sweep Variable 中选择 Global parameter，并在 Parameter name 中输入 R2 电阻值的变量名称 rvar， Sweep Type 中选择 Linear，将 Strat Value 设置为 1k、End Value 设置为 10k、Increment 设置为 10。以上设置表示对 R2 的电阻值进行线性扫描，范围为 1～10 kΩ，步长为 10 Ω。设置完成后，单击 OK 按键。

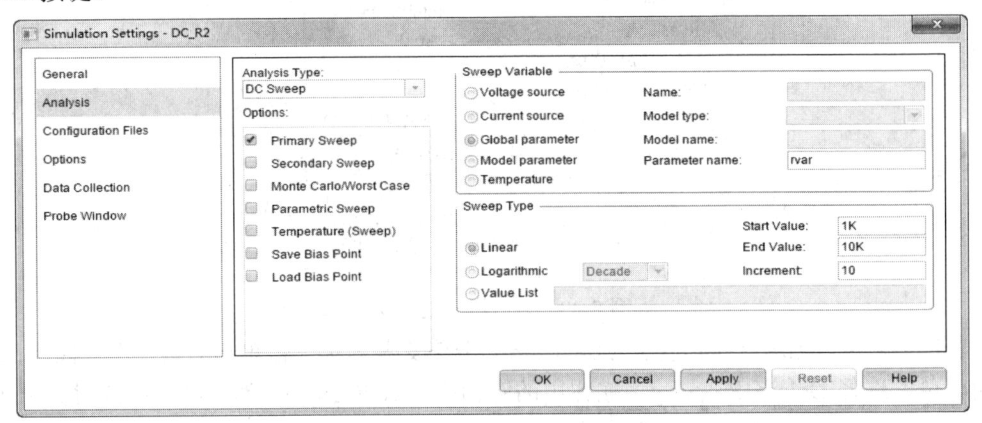

图 5-33 仿真参数设置

5. 查看仿真结果

运行仿真，仿真结束后查看 V(out)波形，如图 5-34 所示。

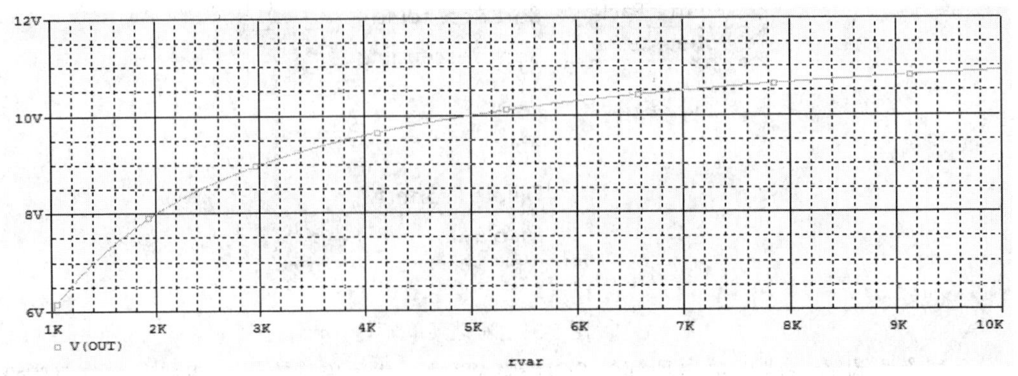

图 5-34 V(out)波形

5.3　嵌 套 扫 描

直流扫描分析可以进行嵌套扫描(二次扫描)，例如仿真图 5-32 所示的电路中，R2 为不同电阻值时，V(out)随 V1 的变化曲线，此时直流扫描分析将会包含两个变量：R2 的电阻值和 V1 的电压值，其中 V1 的电压值为主扫描(第一扫描)变量，R2 的电阻值为次扫描(第二扫描)变量，主扫描变量对应 X 轴变量，仿真步骤如下。

1. 仿真设置

新建仿真文件命名为 DC_V1_R2，相应的仿真参数设置如图 5-35 所示。在 Analysis Type 下拉列表中选择 DC Sweep，在 Options 中选择 Primary Sweep，在 Sweep Variable 中选择 Voltage source 并输入电压源名称 V1，Sweep Type 中选择 Linear，将 Strat Value 设置为 1、End Value 设置为 10、Increment 设置为 0.1。以上设置表示对 V1 进行线性扫描，范围为 1～10 V，步长为 0.1 V。

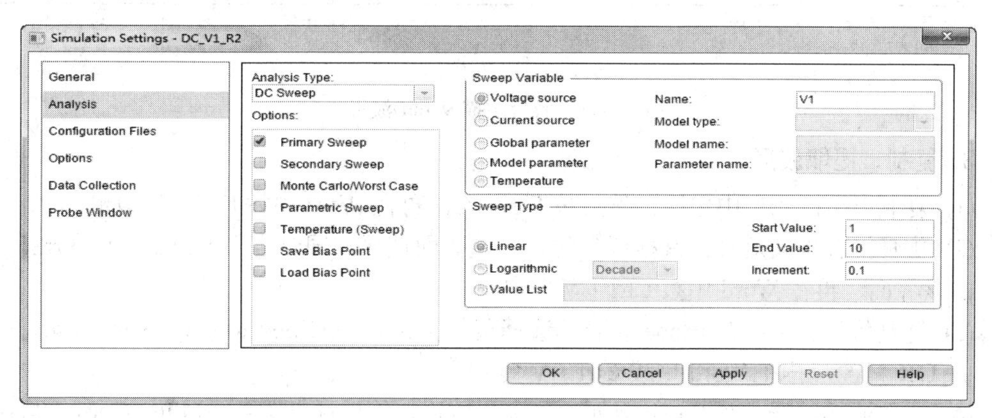

图 5-35　Primary Sweep 参数设置

然后，在 Options 中选择 Secondary Sweep(次扫描)，在 Sweep Variable 中选择 Global parameter，并在 Parameter name 中输入 R2 电阻值的变量名称 rvar，在 Sweep Type 中选择 Value List，并输入 1k 2k 3k 5k 10k(数值从小到大排列，用空格隔开)，表示 R2 取值为 1 kΩ、2 kΩ、3 kΩ、5 kΩ、10 kΩ，如图 5-36 所示，设置完成后，单击 OK 按键。

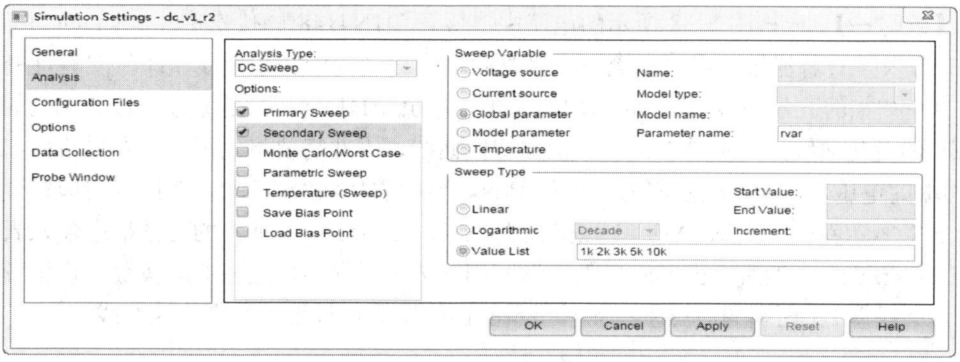

图 5-36　Secondary Sweep 参数设置

2. 运行仿真并查看仿真结果

设置完成后运行仿真，仿真结束后查看 V(out)波形，如图 5-37 所示。V(out)波形输出 5 条曲线，分别代表 R2 为 1 kΩ、2 kΩ、3 kΩ、5 kΩ、10 kΩ 时，V(out)随 V1 的变化曲线，所有曲线为同一标识，无法区分每一条曲线代表 R2 为何值(注意与后续参数扫描的区别)。

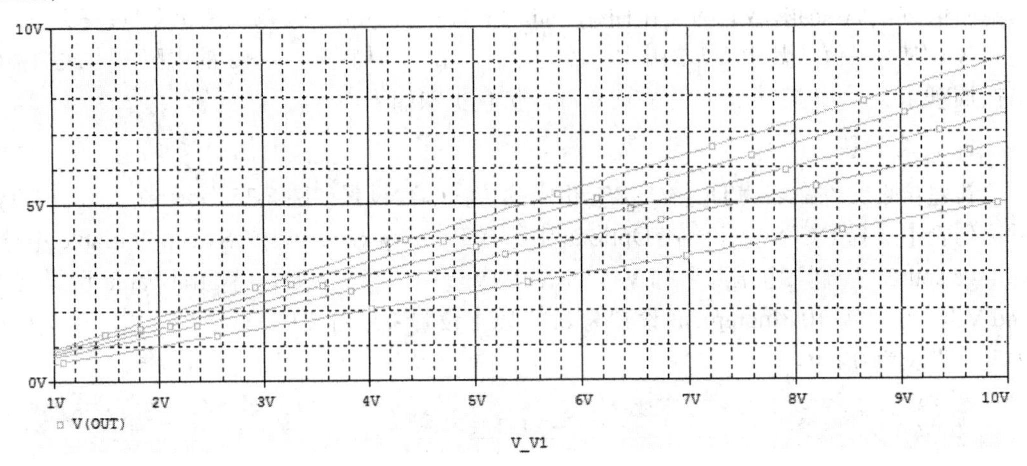

图 5-37　嵌套扫描 V(out)波形

3. 复制、提取波形

(1) 复制电路：先选中电路，然后按 Ctrl + C，再在 Word 中按 Ctrl + V 复制。

(2) 仿真设置界面复制：鼠标放在仿真设置界面边界，同时按下 Ctrl + Alt + PrtSc，然后单击该界面，再在 Word 中按 Ctrl + V 复制。

(3) 复制仿真波形：在 Probe 界面，选择菜单 Window→Copy to Clipboard→use screen colors→OK 按键，再在 Word 中按 Ctrl + V 复制。

(4) 提取波形数据：在 Probe 界面，先选中波形，然后选择菜单→Edit→Copy，再在记事本或者 Excel 中粘贴数据。

5.4 上机练习

【练习一】 分析图 5-38 所示的电路中二极管 D1N4148 的伏安特性，V1 的扫描范围为 -1～2 V，查看流过二极管电流与二极管两端电压之间的关系曲线，即伏安特性曲线。由于直流扫描的变量是 V1，因此添加的二极管电流 I(D1)表示的是流过二极管 D1 的电流随 V1 的变化曲线，而不是二极管的伏安特性曲线，因此需要将坐标横轴变量改为二极管 D1 两端的电压差，修改的步骤为：先从 Probe 界面添加曲线 I(D1)，然后双击横轴，会弹出图 5-7 所示界面，在 X Axis 中点击按键 Axis Variable，在弹出的对话框中输入表达式 V(D1:1)-V(D1:2)，然后点击 OK 按键，返回图 5-7 所示界面再点击 OK 按键，横轴变量就改变为二极管 D1 两端的电压差，此时显示的曲线即为二极管的伏安特性曲线。

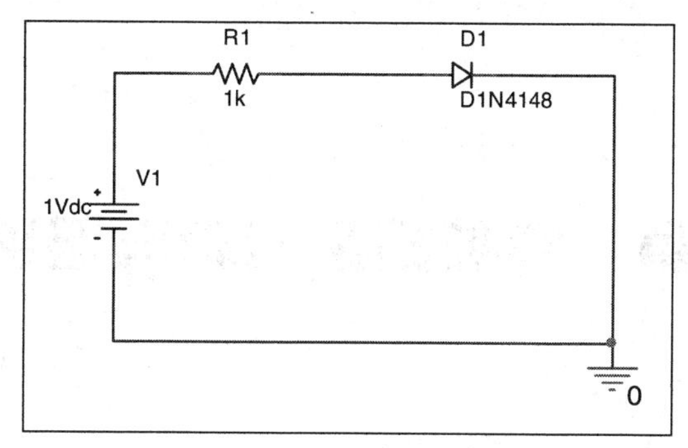

图 5-38 练习一电路

【练习二】 分析图 5-39 所示的电路中三极管 Q2N2222 的输入输出特性曲线：

(1) 采用嵌套扫描仿真 Q2N2222 的输入特性曲线，采用左图仿真，VBB1 为主扫描变量，扫描范围为 0～1 V，步长为 0.01 V，VCC1 为二次扫描变量，扫描范围为 0～2 V，步长为 0.1 V，仿真结束后查看 I_B(Q1)波形。

(2) 采用嵌套扫描仿真 Q2N2222 的输出特性曲线，采用右图仿真，VCC2 为主扫描变量，扫描范围为 0～5 V，步长为 0.01 V，IBB2 为二次扫描变量，扫描范围为 0～100 μA，步长为 10 μA，仿真结束后查看 I_C(Q2)波形。

(3) 在仿真输入特性时，为什么将 VBB1 设为主扫描变量，VCC1 设为嵌套扫描变量。在仿真输出特性时，为什么将 VCC2 设为主扫描变量，IBB2 设为嵌套扫描变量？

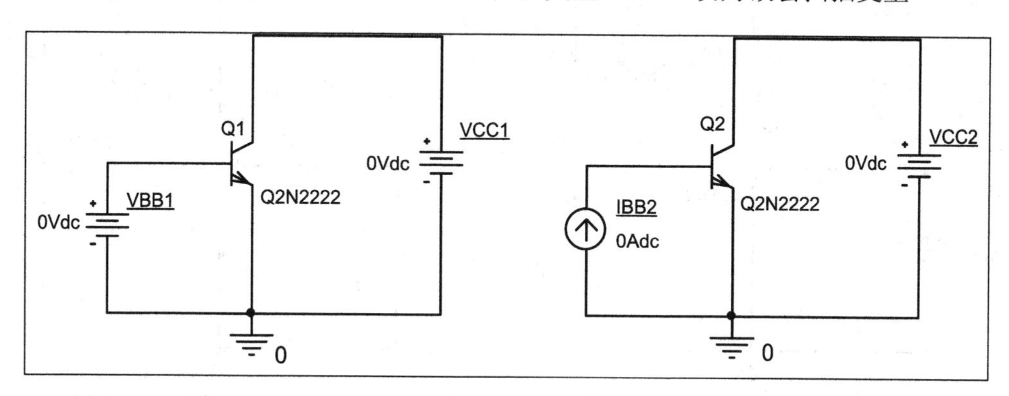

图 5-39 练习二电路

第 6 章　参数扫描分析与温度分析

6.1　参数扫描分析

参数扫描分析指电路中的某一个参数在给定值范围内变化时对电路进行特性分析。参数扫描分析需要结合直流扫描分析、交流扫描分析或瞬态分析同时运行(不能单独运行参数扫描分析)。参数扫描中的参数(变量)可以是电压源、电流源、温度、全局参数或者模型参数。

新建工程，命令为 parametric sweep，画出图 6-1 所示的电路，以此电路为例介绍参数扫描分析。

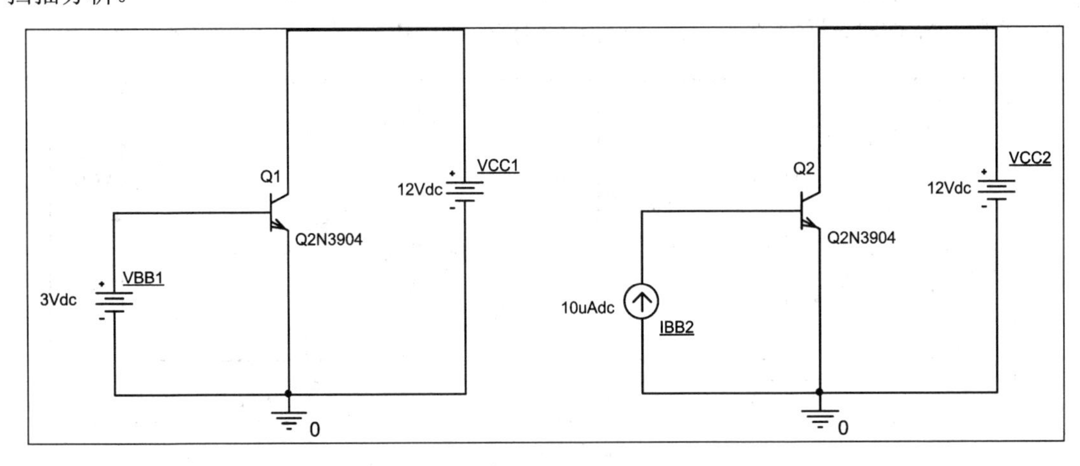

图 6-1　参数扫描分析电路

6.1.1　三极管输入特性仿真

三极管的输入特性为不同 U_{CE} 下 I_B 随 U_{BE} 的变化，此时仿真变量有两个，即 U_{BE} 和 U_{CE}，需要使用直流扫描分析 + 参数扫描分析，其中 U_{BE} 为输入特性曲线的横轴变量，因此 U_{BE} 为直流扫描的主扫描变量，U_{CE} 为二次扫描或参数扫描变量。

1. 利用二次扫描仿真三极管输入特性曲线

利用二次扫描仿真输入特性曲线的仿真设置如图 6-2 与图 6-3 所示。主扫描对 VBB1 进行线性扫描(VBB1 为三极管的 U_{BE})，扫描范围为 0～1.2 V，步长为 0.01 V；次扫描对 VCC1 进行线性扫描(VCC1 为三极管的 U_{CE})，扫描范围为 0～2 V，步长为 0.2 V。

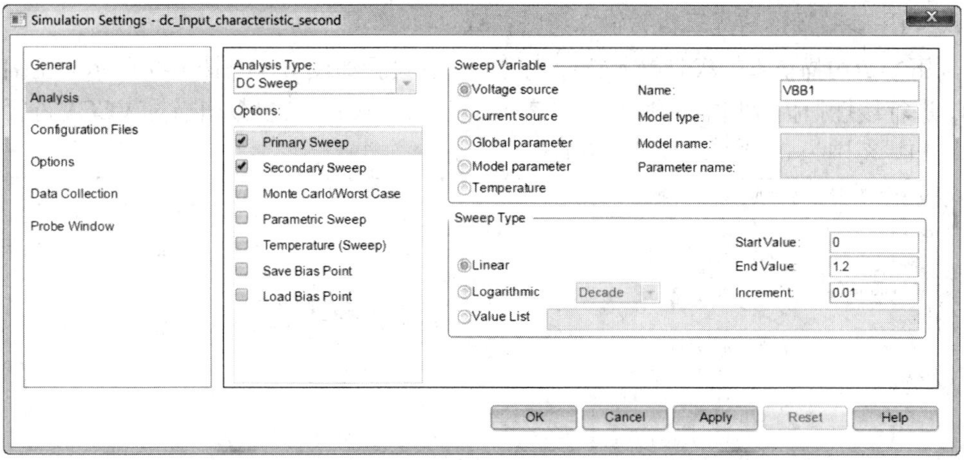

图 6-2　主扫描仿真参数设置

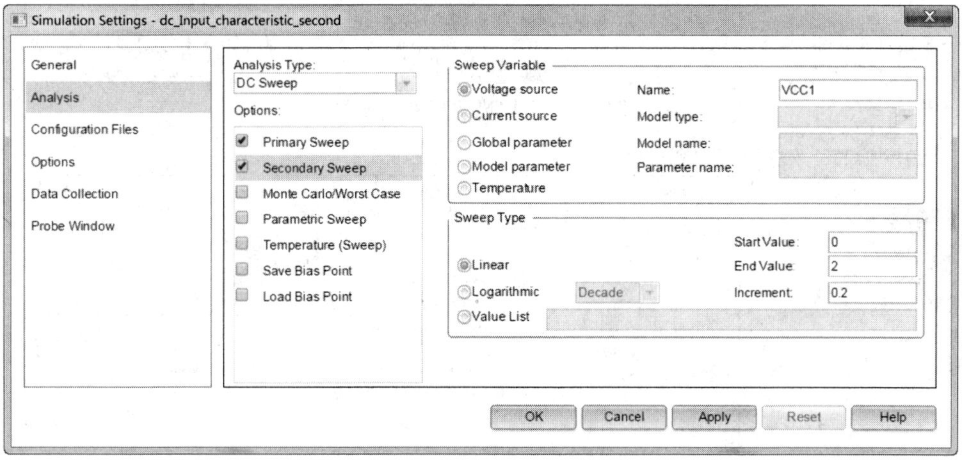

图 6-3　次扫描仿真参数设置

仿真设置完成后单击 OK 按键并运行仿真，仿真结束后调出三极管 Q1 的基极电流 I_B(Q1)，I_B(Q1)的波形如图 6-4 所示，即为三极管的输入特性曲线。嵌套扫描的仿真结果无法区分其中每一条曲线属于哪个 VCC1。

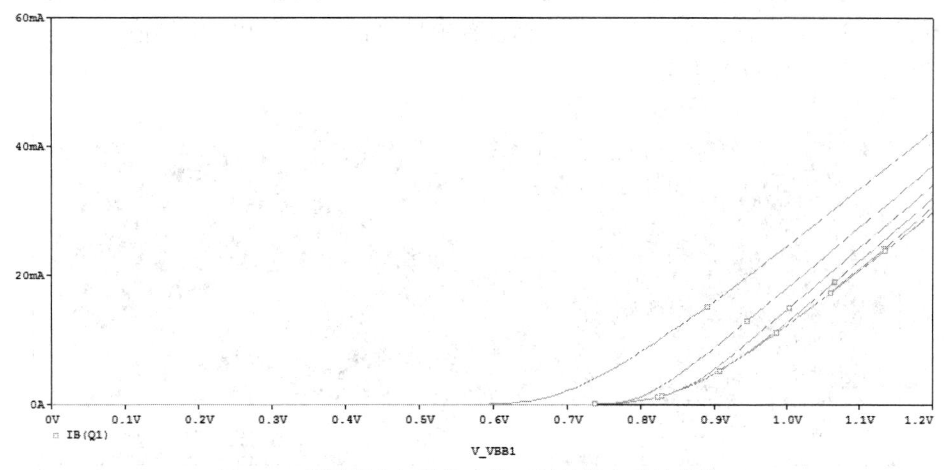

图 6-4　利用嵌套扫描仿真的三极管输入特性曲线

2. 利用参数扫描仿真三极管输入特性曲线

利用参数扫描仿真三极管输入特性曲线的仿真设置如图 6-5 与图 6-6 所示。主扫描对 VBB1 进行线性扫描，扫描范围为 0～1.2 V，步长为 0.01 V；参数扫描对 VCC1 进行线性扫描，扫描范围为 0～2 V，步长为 0.1 V。

图 6-5 主扫描仿真参数设置

图 6-6 参数扫描仿真参数设置

仿真设置完成后单击 OK 按键并运行仿真，仿真结束后会弹出图 6-7 所示的界面，此界面提供可选择输出的曲线列表，与仿真设置中参数扫描变量 VCC1 的值一一对应，蓝色代表选中，然后单击 OK 按键。

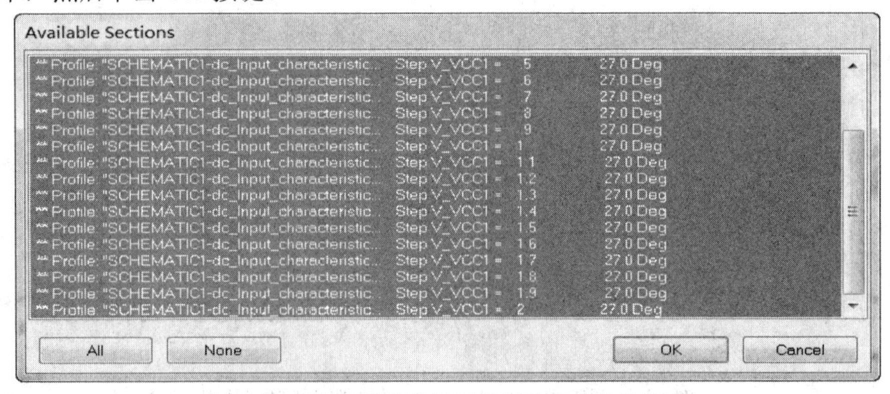

图 6-7 参数扫描结束后可选择输出的曲线列表

在 Probe 界面添加三极管 Q1 的基极电流 I_B(Q1)，I_B(Q1)的波形如图 6-8 所示，即为三极管的输入特性曲线。由图可以看出每一条曲线都有不同的颜色，可单独查看每一条曲线对应的信息，查看方法为先单击要查看的曲线，然后单击右键，在弹出的菜单列表中选择 Trace information，就会弹出图 6-9 所示的曲线信息提示界面，该曲线为 VCC1 = 0.1 V、温度为 27℃条件下的仿真曲线。

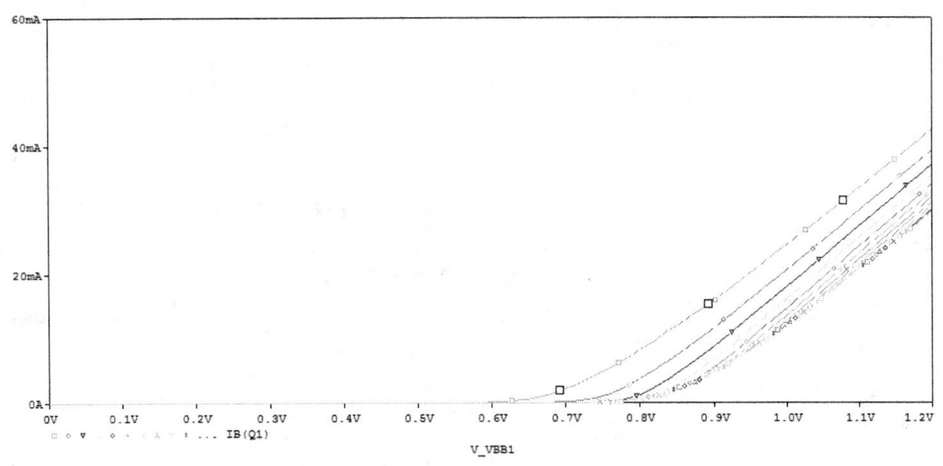

图 6-8　利用参数扫描仿真的三极管输入特性曲线

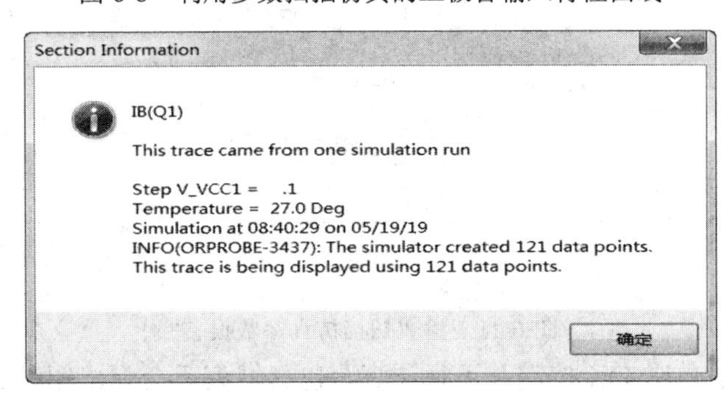

图 6-9　曲线信息提示界面

通过对比二次扫描与参数扫描可以发现，两个仿真在相同的仿真设置下得出的曲线形状一致，但二次扫描不能获得每一条曲线对应的信息，而参数扫描可以区分每一条曲线对应的信息。另外，二次扫描仅仅适用于直流仿真，而参数扫描可以结合直流、交流、瞬态进行仿真。

6.1.2　三极管输出特性仿真

三极管的输出特性为不同 I_B 下 I_C 随 U_{CE} 的变化，此时仿真变量有两个，即 I_B 和 U_{CE}，需要使用直流扫描分析+参数扫描分析，其中 U_{CE} 为输出特性曲线的横轴变量，因此 U_{CE} 为直流扫描的主扫描变量，I_B 为参数扫描变量。

利用参数扫描仿真输出特性曲线的仿真设置如图 6-10 与图 6-11 所示。主扫描对 VCC2 进行线性扫描(VCC2 为三极管的 U_{CE})，扫描范围为 0～10 V，步长为 0.01 V；参数扫描对 IBB2 进行线性扫描(IBB2 为三极管的 I_B)，扫描范围为 0～100 μA，步长为 10 μA。

Simulation Settings - dc_out_param

General
Analysis
Configuration Files
Options
Data Collection
Probe Window

Analysis Type: DC Sweep
Options:
Primary Sweep
Secondary Sweep
Monte Carlo/Worst Case
Parametric Sweep
Temperature (Sweep)
Save Bias Point
Load Bias Point

Sweep Variable
Voltage source   Name: VCC2
Current source   Model type:
Global parameter   Model name:
Model parameter   Parameter name:
Temperature

Sweep Type
Start Value: 0
Linear   End Value: 10
Logarithmic   Decade   Increment: 0.01
Value List

OK   Cancel   Apply   Reset   Help

图 6-10　主扫描仿真参数设置

Simulation Settings - dc_out_param

General
Analysis
Configuration Files
Options
Data Collection
Probe Window

Analysis Type: DC Sweep
Options:
Primary Sweep
Secondary Sweep
Monte Carlo/Worst Case
Parametric Sweep
Temperature (Sweep)
Save Bias Point
Load Bias Point

Sweep Variable
Voltage source   Name: IBB2
Current source   Model type:
Global parameter   Model name:
Model parameter   Parameter name:
Temperature

Sweep Type
Start Value: 0
Linear   End Value: 100u
Logarithmic   Decade   Increment: 10u
Value List

OK   Cancel   Apply   Reset   Help

图 6-11　参数扫描仿真参数设置

仿真设置完成后单击 OK 按键并运行仿真，仿真结束后会弹出图 6-12 所示的界面，此界面提供可选择输出的曲线列表，与仿真设置中参数扫描变量 IBB2 的值一一对应，蓝色代表选中，然后单击 OK 按键。

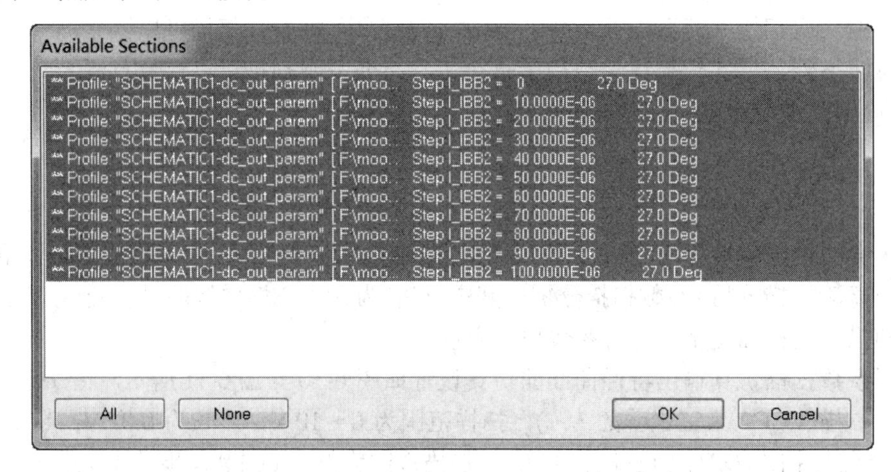

图 6-12　参数扫描结束后可选择输出的曲线列表

在 Probe 界面添加三极管 Q2 的集电极电流 I_C(Q2)，I_C(Q2)的波形如图 6-13 所示，即为三极管的输出特性曲线。

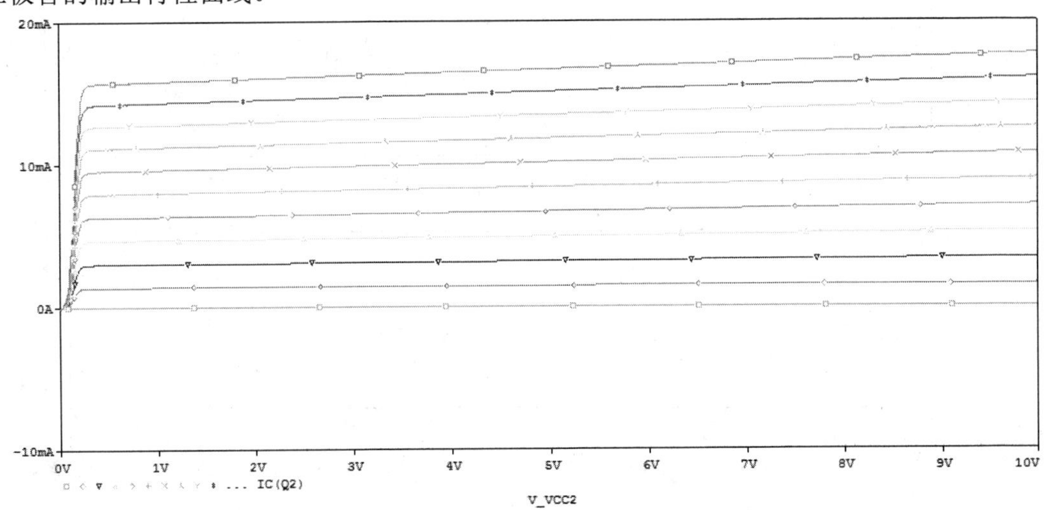

图 6-13　利用参数扫描仿真的三极管输出特性曲线

参数扫描结束后可以采用性能分析(Performance Analysis)来显示不同参数情况下对应的输出值。例如，想查看 VCC = 6 V 下 I_C 随 I_B 的变化，首先在 Probe 界面选择图标，在波形显示窗口中会新增一个波形显示窗口，然后选中新增的波形显示窗口，再单击 Add Trace。在弹出的界面右侧函数窗口选择 YatX(1, X_value)函数，在左侧输出变量窗口选择 IC(Q2)，再输入 6，曲线表达式为 YatX(IC(Q2), 6)，如图 6-14 所示。单击 OK 按键，出现图 6-15 所示的波形，该波形即为 VCC = 6 V 时 I_C 随 I_B 的变化。

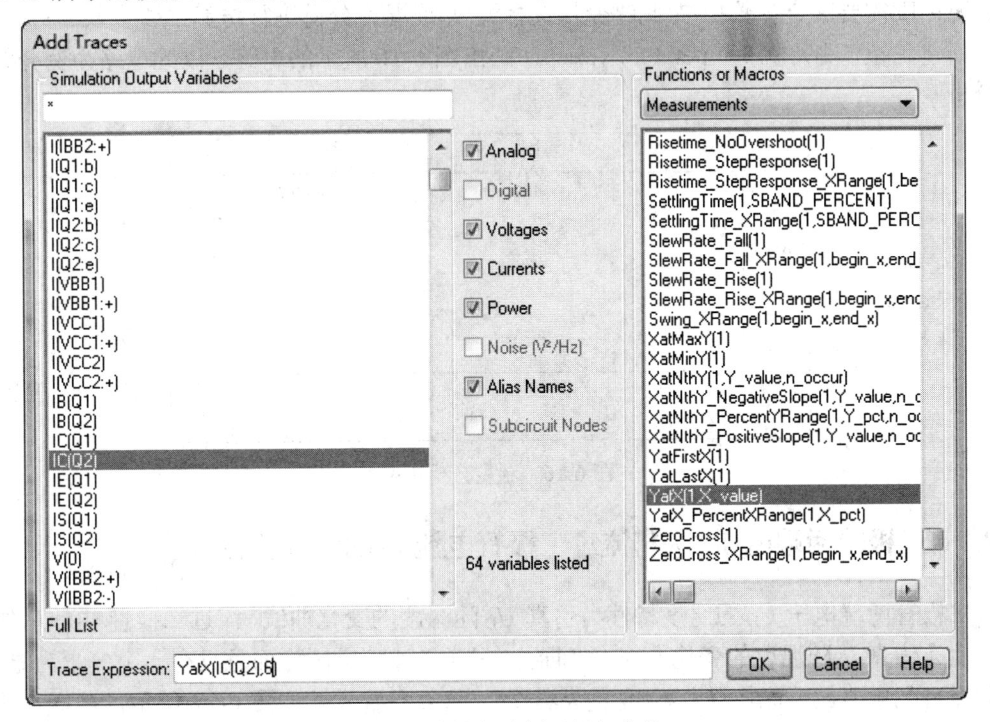

图 6-14　在性能分析下添加曲线

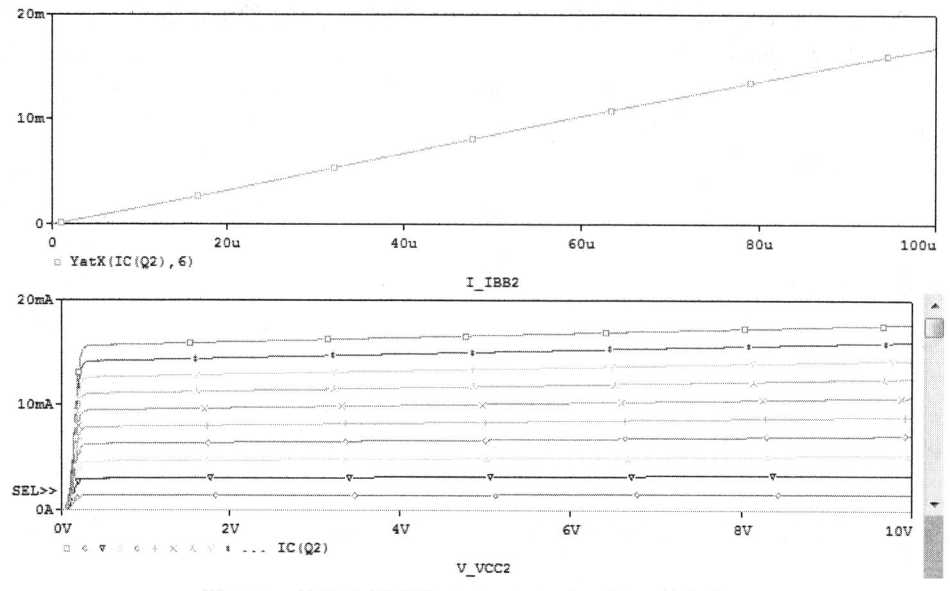

图 6-15 性能分析查看 VCC = 6 V 时 I_C 随 I_B 的变化

6.2 温度分析

PSpice 电路仿真默认在常温(27℃)下进行。如果需要仿真电路的响应随温度的变化，则需要运行直流扫描分析(此时变量选择温度)；如果需要仿真某些性能指标在不同温度下的情况，则需要联合参数扫描(此时变量选择温度)或温度分析进行仿真。

新建工程，命令为 temperature sweep，画出图 6-16 所示的电路，以此电路为例介绍温度分析。

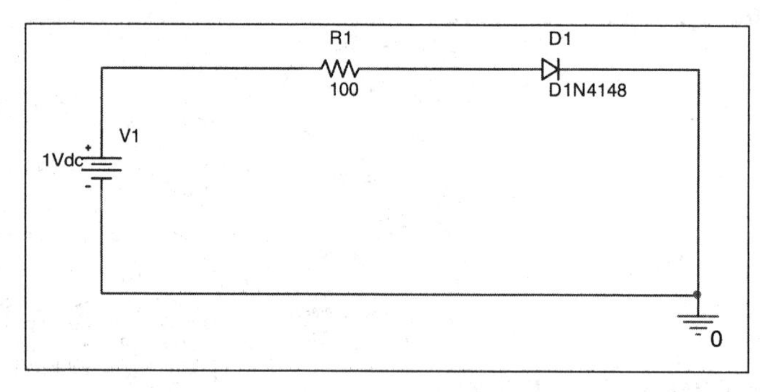

图 6-16 温度分析电路

6.2.1 二极管两端电压 U_D 与流过二极管电流 I_D 的温度特性

二极管两端电压 U_D 的温度特性为仿真 U_D 随温度的变化曲线，流过二极管电流 I_D 的温度特性为仿真 I_D 随温度的变化曲线，此曲线的横轴变量为温度，而且只有一个变量为温度，因此需对此电路做直流扫描分析(变量为温度)。仿真参数设置如图 6-17 所示，选择直流扫描分析，主扫描变量选择温度，温度为线性变化，范围为 −40～125℃，步长为 1℃。

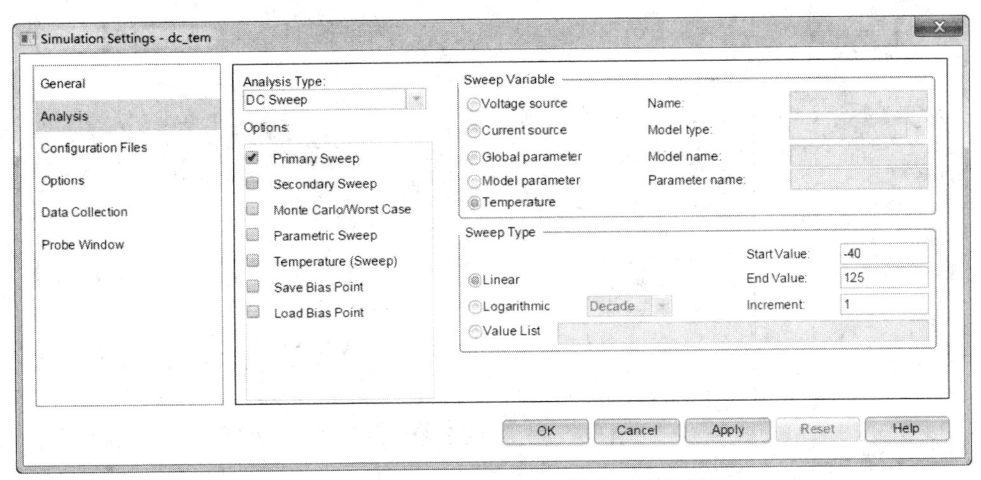

图 6-17　温度为变量的直流扫描仿真参数设置

仿真设置完成后单击 OK 按键并运行仿真，仿真结束后调出流过二极管 D1 的电流 I(D1)和二极管 D1 两端电压 V(D1:1)-V(D1:2)，它们的波形如图 6-18 所示，可以看出流过二极管的电流 I_D 为正温度特性曲线，二极管两端的电压 U_D 为负温度特性曲线。

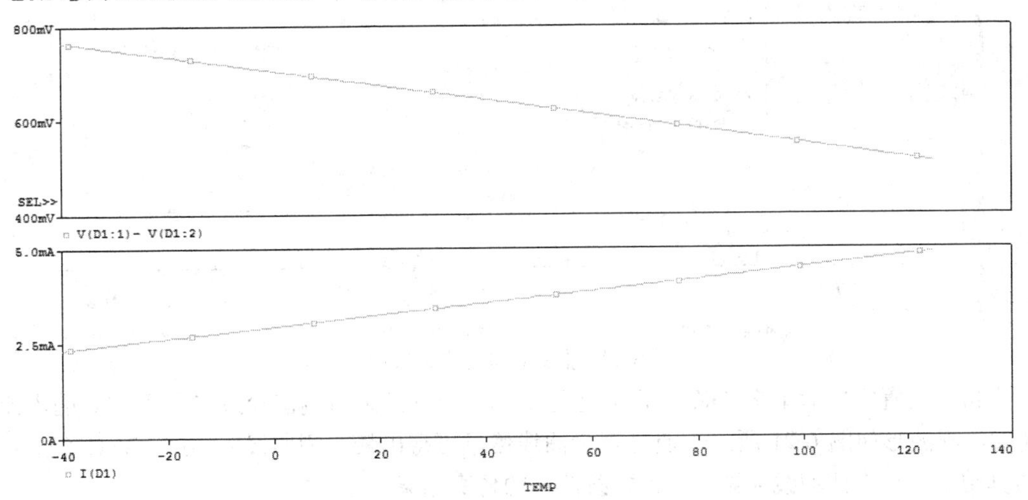

图 6-18　二极管两端的电压与流过二极管的电流随温度变化曲线

6.2.2　不同温度下流过二极管电流 I_D 随 V1 的变化曲线

仿真不同温度下流过二极管电流 I_D 随 V1 的变化曲线，此时变量有 V1 和温度。曲线的横轴为 V1，因此主扫描变量为 V1，做直流扫描分析；第二个变量为温度，可选择参数扫描或者温度扫描。

1. 使用参数扫描进行不同温度条件下的仿真

利用参数扫描仿真不同温度下流过二极管电流 I_D 随 V1 的变化曲线，其仿真设置如图 6-19 与图 6-20 所示。主扫描对 V1 进行线性扫描，扫描范围为 0～2 V，步长为 0.01 V；参数扫描对温度进行扫描，取部分温度点(−40　−20　0　27　50　80　100　125，中间用空格隔开)，也可以选择在某一温度范围内作线性扫描。

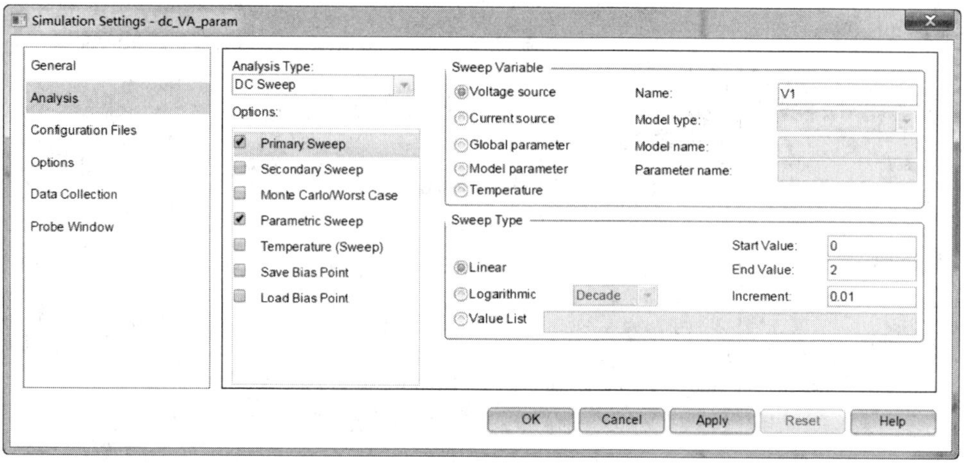

图 6-19　主扫描仿真参数设置

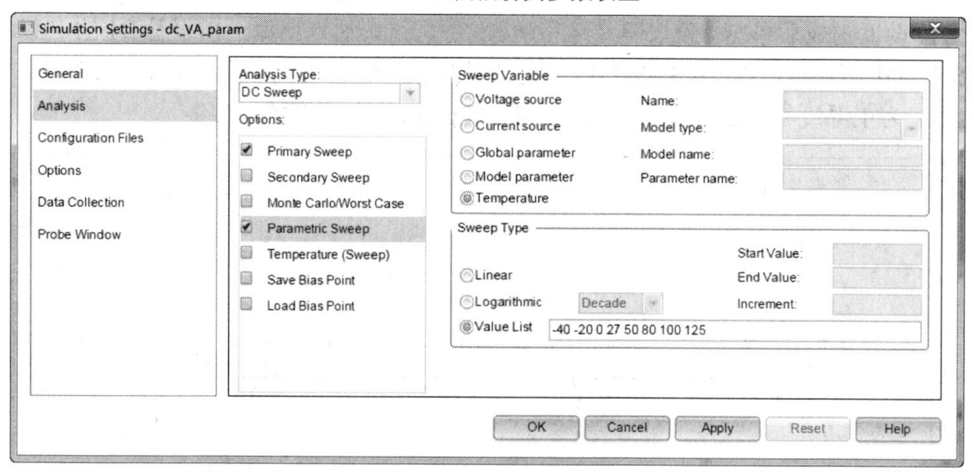

图 6-20　参数扫描仿真参数设置

仿真设置完成后单击 OK 按钮并运行仿真，仿真结束后调出流过二极管 D1 的电流 *I* (D1)，其波形如图 6-21 所示，通过查看曲线信息可得出最左侧曲线为温度 125℃条件下的仿真结果，最右侧曲线为温度 -40℃条件下的仿真结果。

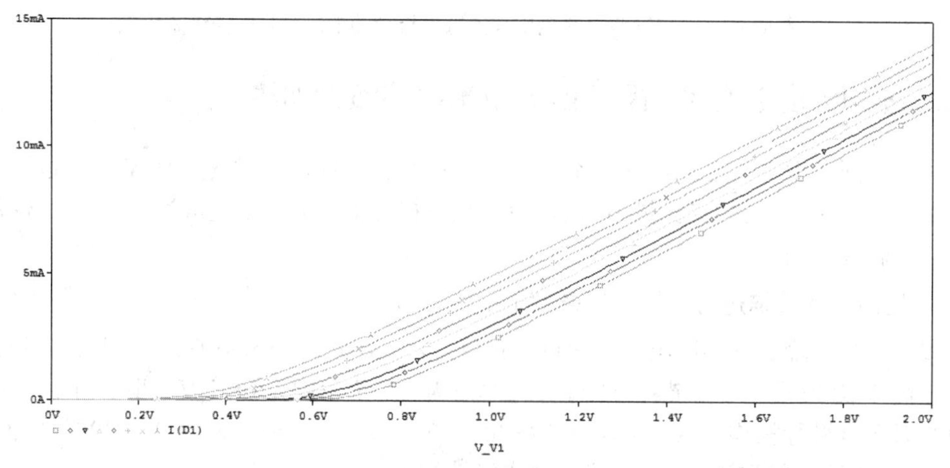

图 6-21　不同温度下流过二极管 D1 的电流 *I* (D1)随 V1 的变化曲线

2. 使用温度扫描进行不同温度条件下的仿真

利用温度扫描仿真不同温度下流过二极管电流 I_D 随 V1 的变化曲线，其仿真设置如图 6-22 与图 6-23 所示。主扫描对 V1 进行线性扫描，扫描范围为 0～2 V，步长为 0.01 V；温度扫描选择 Repeat the simulation for each of the temperatures，取部分温度点(−40　−20　0　27　50　80　100　125，中间用空格隔开)。若只仿真某一个温度点下的二极管的电流 I_D 随 V1 的变化曲线，在此处可选择 Run The Simulation at temperature: ℃，在方框内输入要仿真的温度值。

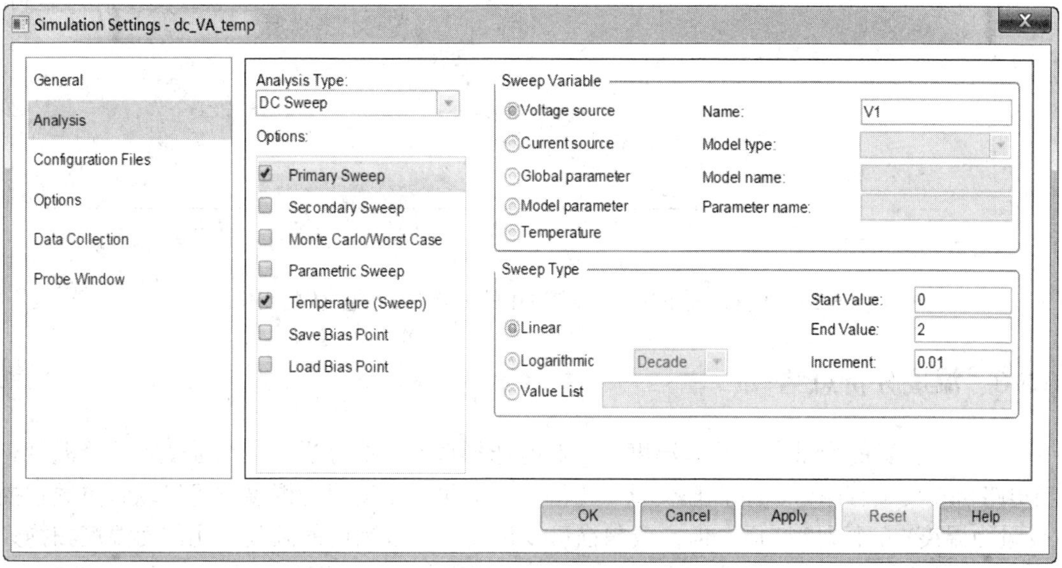

图 6-22　主扫描仿真参数设置

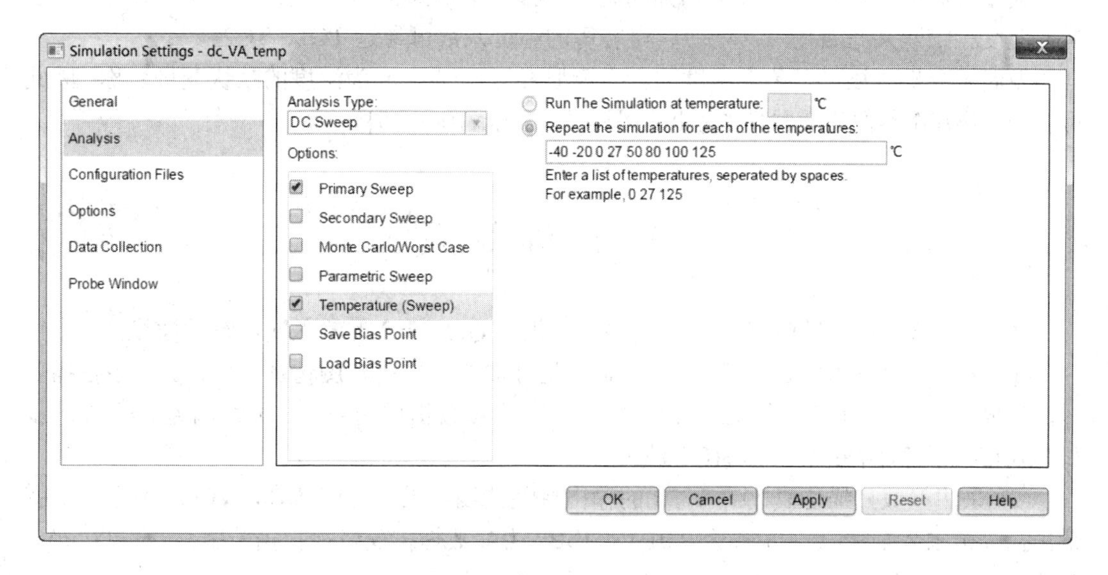

图 6-23　温度扫描仿真参数设置

仿真设置完成后单击 OK 按键并运行仿真，仿真结束后调出流过二极管 D1 的电流 *I*

(D1)，其波形如图 6-24 所示，与图 6-21 所示的波形相同，表示这两种方法仿真出来的结果相同。

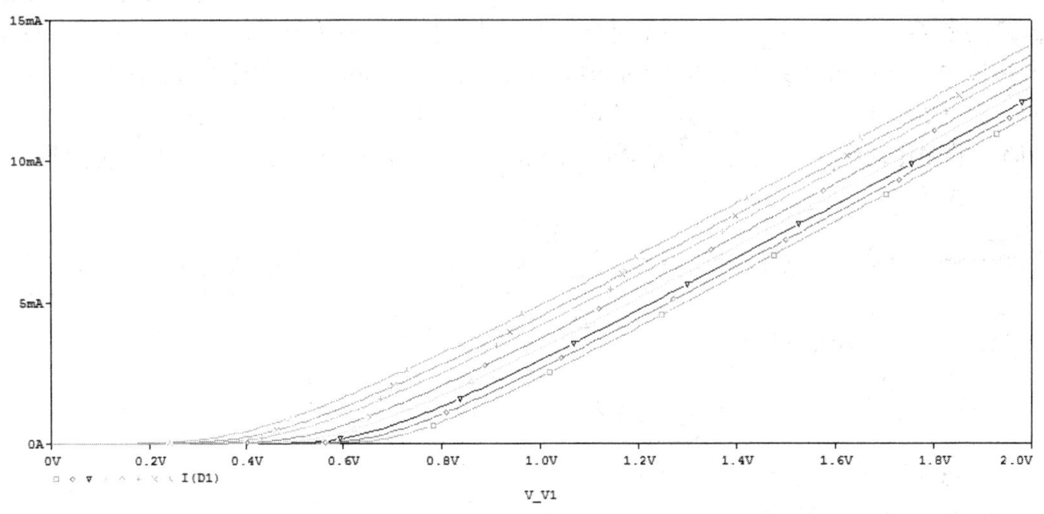

图 6-24　不同温度下流过二极管 D1 的电流 I(D1)随 V1 的变化曲线

6.2.3　温度分析总结

当电路仿真的变量有且只有温度时，此时选择直流扫描分析，主扫描变量选择温度。当电路仿真变量有两个，主扫描变量不为温度，而第二个变量为温度时可以联合参数扫描(变量为温度)或者温度扫描，但参数扫描可以仿真一段范围内的温度变化，而温度扫描只能仿真某些温度点。当电路仿真变量有三个，主扫描变量不为温度，第二变量也不为温度，第三变量为温度时可以联合参数扫描和温度扫描，主扫描为第一变量，参数扫描为第二变量，温度扫描取某些温度点。电阻、电容等的温度系数可通过 TC1、TC2 设置。

做温度分析时还可以建立温度的行为模型表达式，Temp 为温度的默认变量名称，因此可以采用 ABM 器件建立器件的温度模型，如{Temp/100+0.5}。

6.3　上 机 练 习

【练习一】 分析图 6-25 所示的电路中三极管 Q2N2222 的输入输出特性曲线：

(1) 采用参数扫描仿真 Q2N2222 的输入特性曲线：采用左图仿真，VBB1 为主扫描变量，扫描范围为 0～1 V，步长为 0.01 V，VCC1 为参数扫描变量，扫描范围为 0～2 V，步长为 0.1 V，仿真结束后查看 I_B(Q1)波形。

(2) 采用参数扫描仿真 Q2N2222 的输出特性曲线：采用右图仿真，VCC2 为主扫描变量，扫描范围为 0～5 V，步长为 0.01 V，IBB2 为参数扫描变量，扫描范围为 0～100 μA，步长为 10 μA，仿真结束后查看 I_C(Q2)波形。

(3) 对比嵌套扫描与参数扫描仿真出来的输入特性曲线或输出特性曲线，这两种扫描方法有何异同？

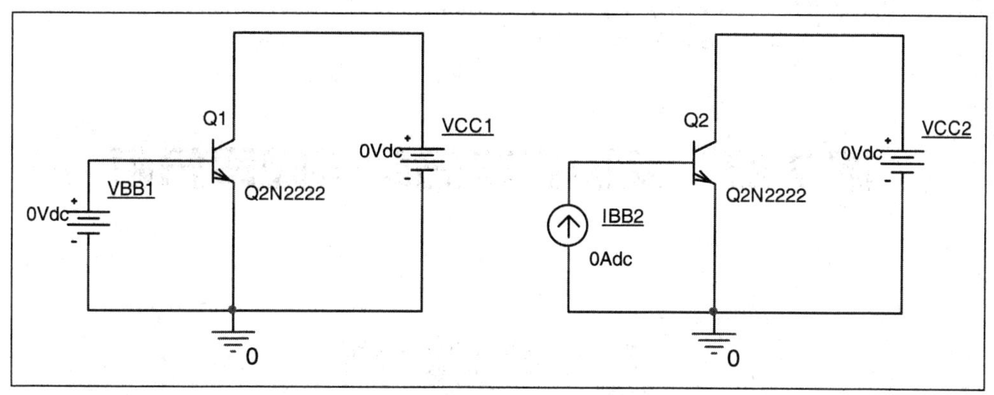

图 6-25 练习一电路

【练习二】电路如图 6-26 所示，先将 Q2N3904 的放大倍数设置为 50(先选中 Q2N3904 三极管，然后单击右键，在弹出的菜单中选择 Edit PSpice Model，软件会打开模型编辑器，将模型编辑器 Model Text 窗口中的 Bf = 416.4 修改为 Bf = 50，保存并关闭)，然后对电路进行以下仿真：

(1) 仿真电路的静态工作点，并查看静态工作点 I_{CQ}、I_{BQ}、V_{BEQ}、V_{CEQ} 分别为多少。

(2) 仿真电路在 50℃下的静态工作点，并查看静态工作点 I_{CQ}、I_{BQ}、V_{BEQ}、V_{CEQ} 分别为多少。

(3) 做温度特性分析，温度范围为 −30～+70℃，仿真三极管的集电极电流 I_C 随温度的变化，观察 I_C 的波形，说明电路静态工作点随温度是如何变化的。

(4) 对 Rb2 进行直流扫描，找到使得 V_{CE} = 6 V 对应的 Rb2 值为多少？

(5) 若将电源 VS 改为 0 V 的直流电压源是否能够得到同样的结果？VSIN 为什么可用于直流扫描分析？

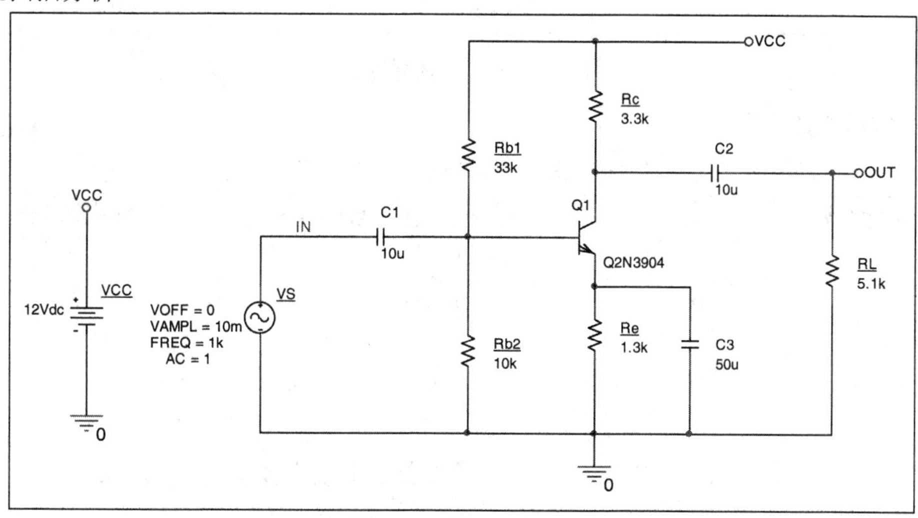

图 6-26 练习二电路

第 7 章　交流扫描分析与噪声分析

7.1　交流扫描分析

交流扫描分析是一种频域分析方法，用于分析电路的频率响应。电路进行交流扫描分析之前会先进行静态工作点分析，然后对电路在静态工作点处进行线性化处理，再依次采用不同频率的交流信号持续激励，计算线性化电路在各频率点下所有节点电压和支路电流。交流扫描分析需要交流信号源 VAC(交流电压源)或 IAC(交流电流源)。

新建工程，命名为 ac sweep，画出图 7-1 所示电路，以此电路为例介绍交流扫描分析。

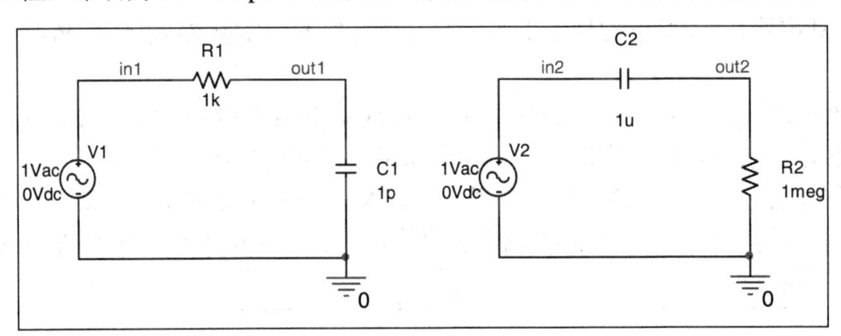

图 7-1　交流扫描分析电路

1. 仿真参数设置

新建仿真文件命名为 AC，相应的仿真参数设置如图 7-2 所示。

Simulation Settings - AC
General
Analysis
Configuration Files
Options
Data Collection
Probe Window
Analysis Type:
AC Sweep/Noise
Options:
General Settings
Monte Carlo/Worst Case
Parametric Sweep
Temperature (Sweep)
Save Bias Point
Load Bias Point
AC Sweep Type
Linear
Logarithmic
Decade
Start Frequency: 0.01
End Frequency: 1G
Points/Decade: 100
Noise Analysis
Enabled
Output Voltage:
I/V Source:
Interval:
Output File Options
Include detailed bias point information for nonlinear controlled sources and semiconductors (.OP)
OK　Cancel　Apply　Reset　Help

图 7-2　交流扫描分析仿真参数设置

在Analysis Type下拉列表中选择AC Sweep/Noise，在Options中选择General Settings(默认选中)，在AC Sweep Type中选择Logarithmic(对数)/Decade(10倍)，将Strat Frequency(起始频率)设置为 0.01、End Frequency(结束频率)设置为1G、Points/Decade(每个10倍频里面取多少个计算点)设置为100。以上设置表示对电路进行交流扫描，频率范围为0.01 Hz～1 GHz，以10倍对数方式进行扫描，每一个10倍频里计算100个频率点。注意：频率特性一般以波特图的形式显示，因此频率设置一般选择10倍频的对数类型，而且起始频率必须大于0。

2. 查看仿真结果

仿真参数设置完成之后运行仿真，仿真结束后调出V(in1)、V(out1)、V(in2)、V(out2)，其中V(in1)、V(in2)波形如图7-3所示，V(out1)、V(out2)波形如图7-4所示。

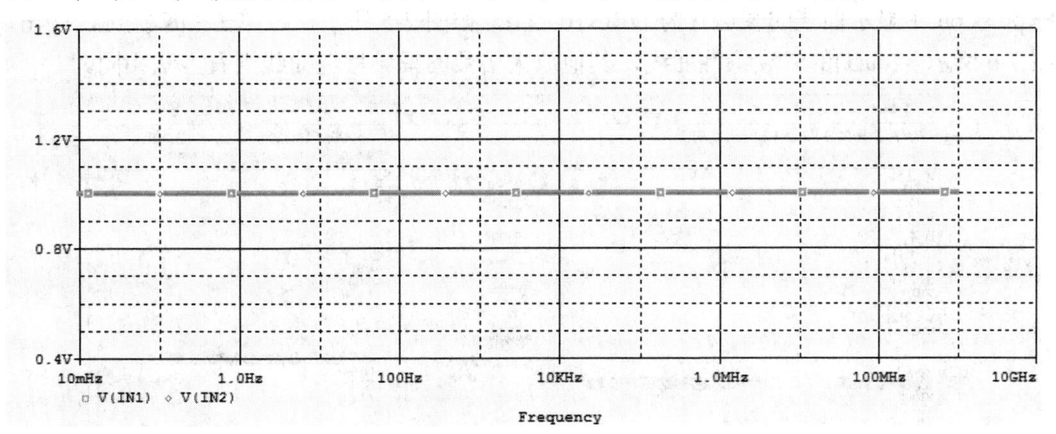

图7-3　V(in1)、V(in2)波形

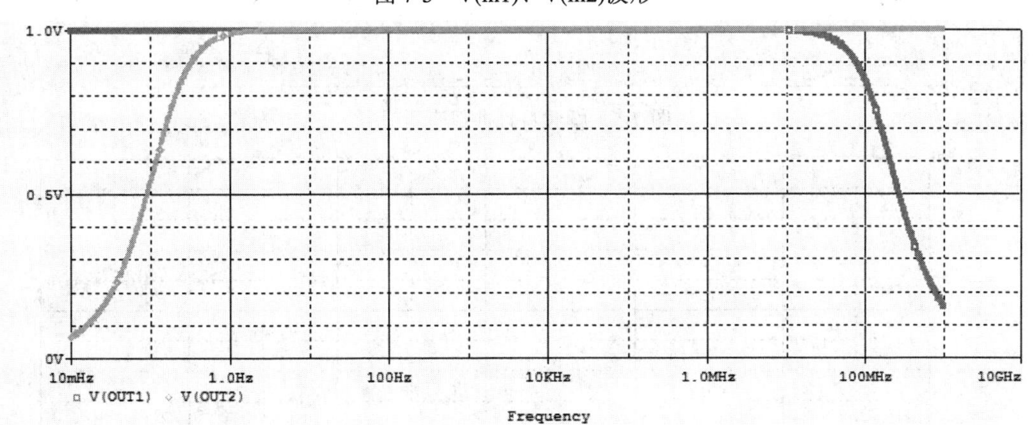

图7-4　V(out1)、V(out2)波形

V(in1)、V(in2)表示交流源V1与V2的电压，从图7-3中可以看出V(in1)、V(in2)在不同频率下幅值都为1 V，即交流信号源代表输出各种频率下幅值都为1的正弦信号。由于交流扫描分析通常都是分析电路放大倍数(增益)的幅频特性和相频特性，而放大倍数是用输出除以输入(在此处为V(out1)/V1和V(out2)/V2)。当V1与V2设置为1时，输出就代表了放大倍数，因此交流信号源的幅值都设置为1。从V(out1)的波形可以看出，V(out1)在低频幅值为1，当随着频率升高到达某一频率点时开始不断减小，表现出低通的特性。从V(out2)

的波形可以看出，V(out2)在低频时幅值很小，当随着频率升高幅值不断增大，到达某一频率点时幅值一直保持为 1，表现出高通的特性。通过对模电的学习也可以知道图 7-1 左边电路是无源一阶低通滤波器，右边电路是无源一阶高通滤波器。

交流扫描分析经常需要查看增益的幅频特性曲线与相频特性曲线、通带放大倍数、电路的相位裕度、3 dB 带宽、上限截止频率和下限截止频率等，下面介绍如何查看这些参数。

1) 幅频特性曲线与通带放大倍数

幅频特性曲线以 dB 为单位进行显示，调出以 dB 为单位的幅频特性曲线有两种方法。

幅频特性曲线查看方法一：在 Probe 界面单击添加曲线图标，在弹出的添加曲线对话框中选择 Function or Macros 栏中的 Analog Operators and Functions(默认选中)，在此栏目列表中选择 DB( )，然后单击 Simulation Output Variables 栏中的 V(out1)，此时 Trace Expression 中显示曲线的表达式为 DB(V(out1))，如图 7-5 所示，再单击 OK 按键，即出现图 7-6 所示 V(out1)的幅频特性曲线，其他放大倍数的幅频特性曲线查看方法相同。

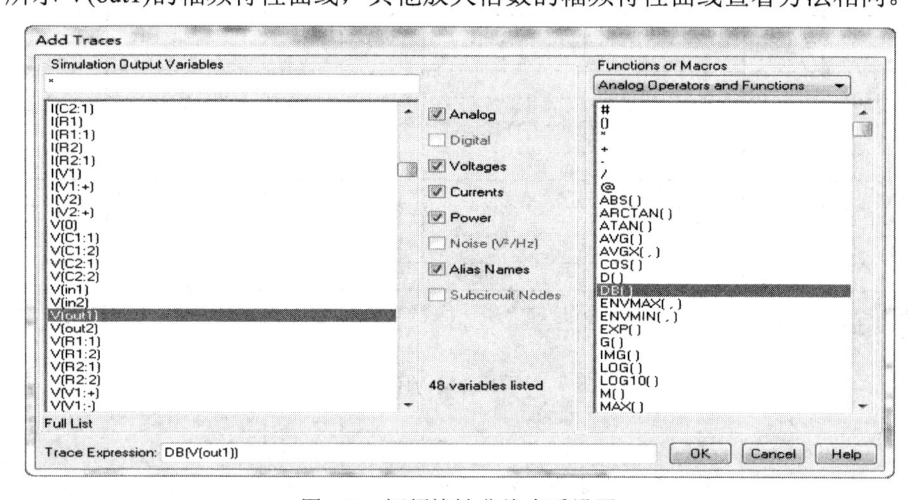

图 7-5　幅频特性曲线查看设置

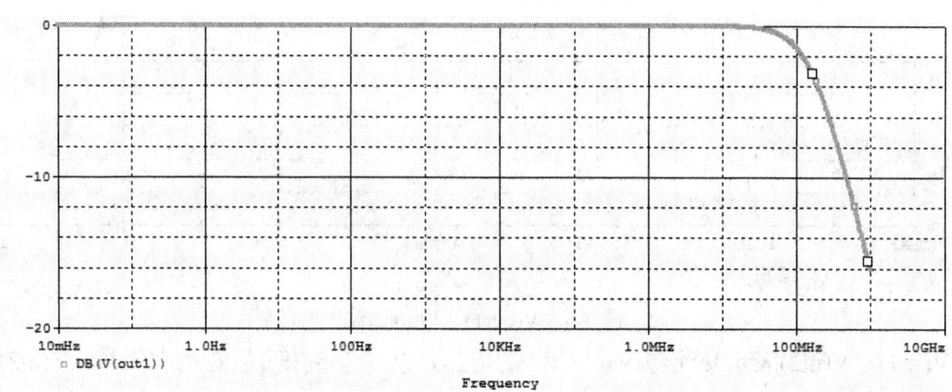

图 7-6　V(out1)的幅频特性曲线

通带放大倍数的查看方法：在波形显示窗口的上一栏工具栏中单击开启光标图标，然后单击幅频特性曲线通带中任一位置，在右下角坐标显示位置可以查看光标所在位置的坐标，如图 7-7 所示，此处光标位置对应的坐标为(770.195m, 0)，横坐标为频率，纵坐标为 DB(V(out1))，即放大倍数。因此，通带的放大倍数为 0 dB(0 dB 对应 1 倍)。

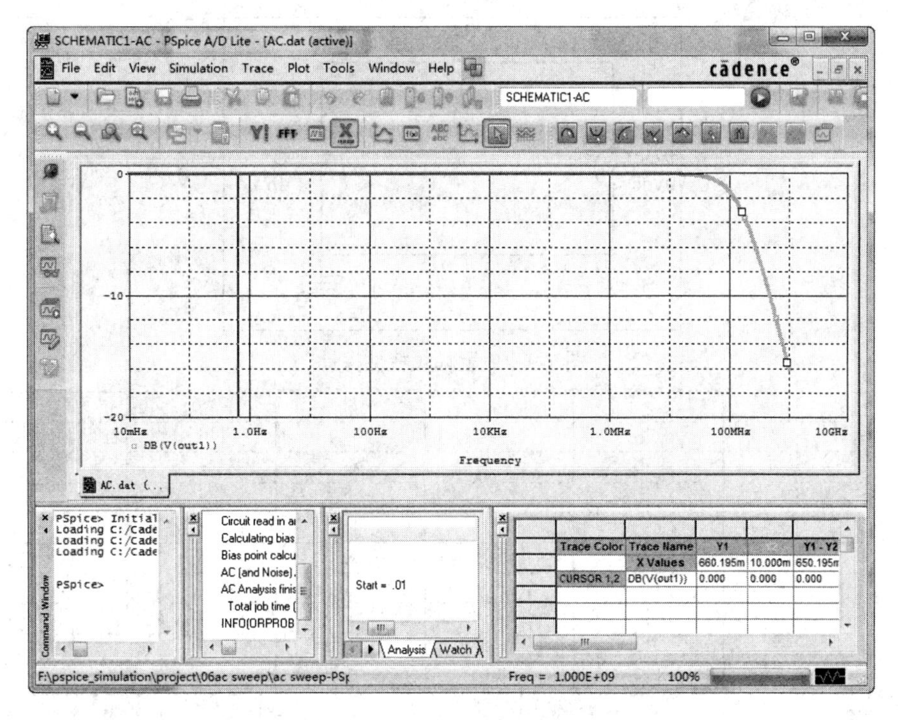

图 7-7　通带放大倍数查看方法

幅频特性曲线查看方法二：可以使用交流探针，探针的选取如图 7-8 所示，在原理图界面选择菜单 PSpice→Markers→Advanced→dB Magnitude of Voltage(电流可以选择 dB Magnitude of Current)，然后将探针放置在 out1 处，如图 7-9 所示，其对应显示的波形如图 7-10 所示。从图 7-7 可以看出交流探针可以显示电压或电流的 dB 幅值、相位、群延迟、实部、虚部。

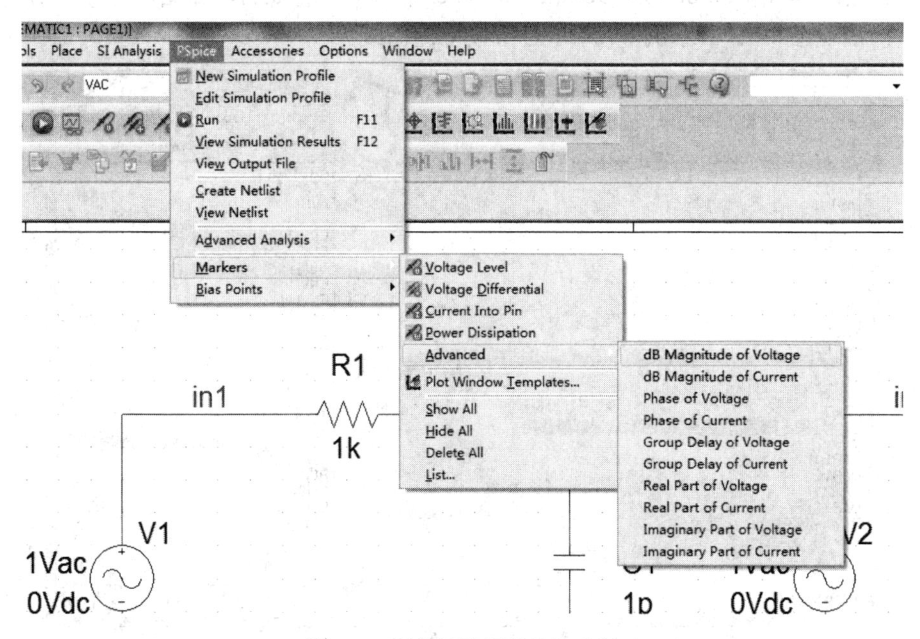

图 7-8　幅频特性探针选取方法

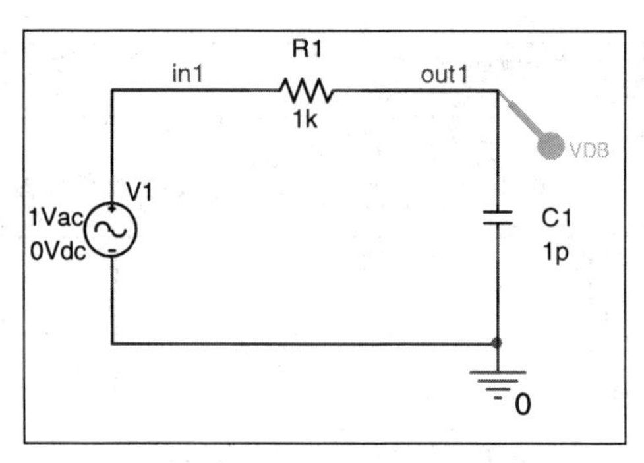

图 7-9　放置幅频特性探针

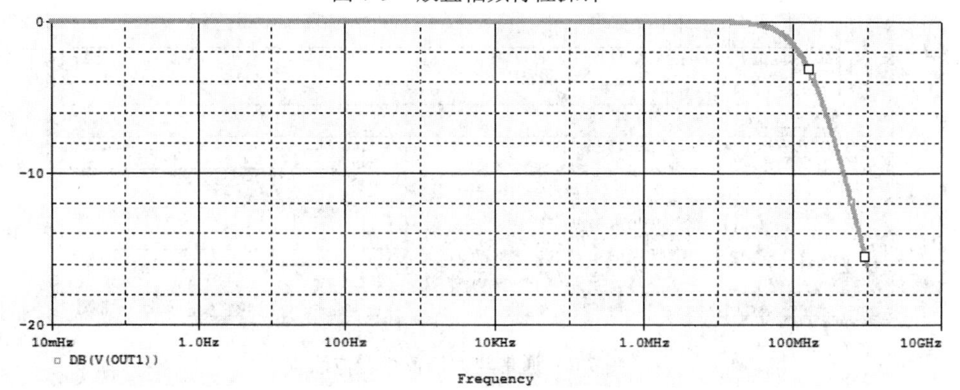

图 7-10　探针处对应的波形

2) 相频特性曲线

相频特性曲线有两种查看方法。

方法一：仿真结束后在 Probe 界面单击添加曲线图标，在弹出的添加曲线对话框中选择 P( )，然后单击 Simulation Output Variables 栏中的 V(out1)，如图 7-11 所示，再单击 OK 按键，出现图 7-12 所示的 V(out1)的相频特性曲线。

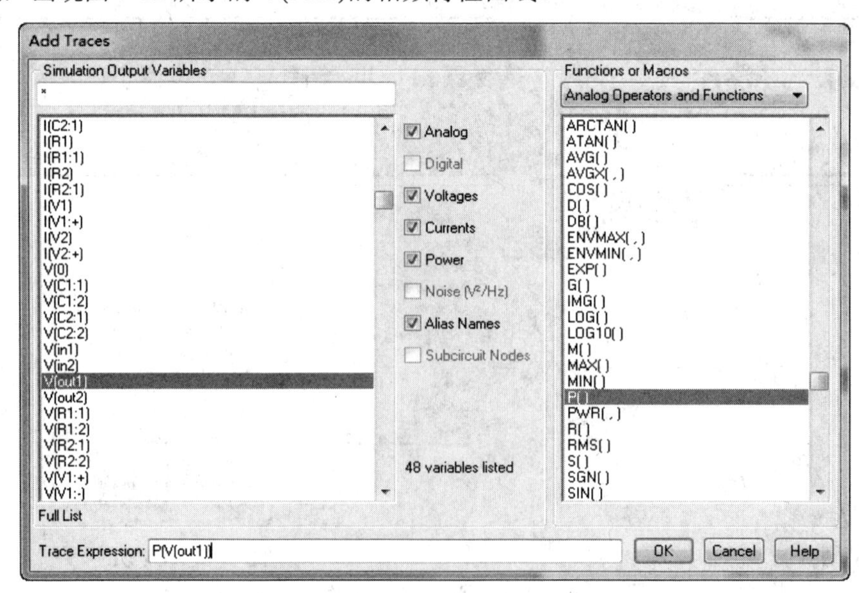

图 7-11　相频特性曲线查看设置

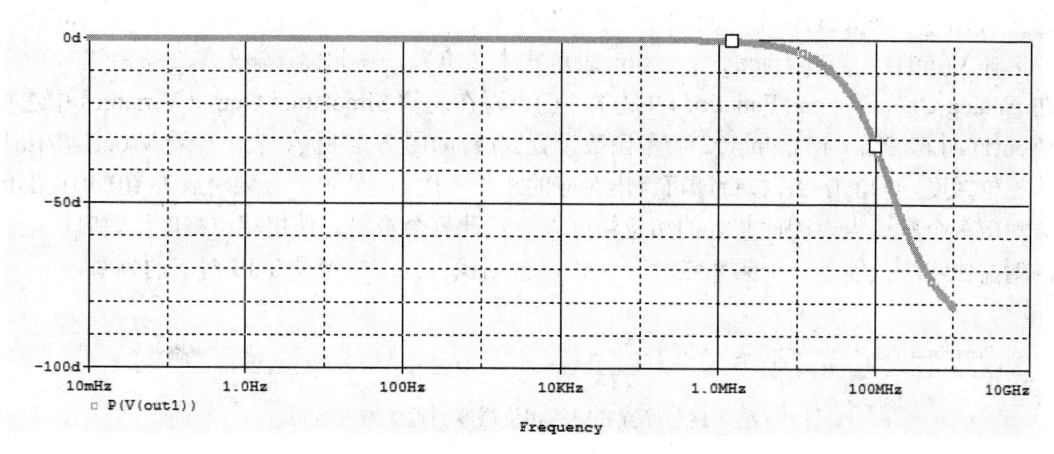

图 7-12　V(out1)的相频特性曲线

方法二：采用交流探针。在原理图界面选择菜单 PSpice→Markers→Advanced→Phase of Voltage(电流可以选择 Phase of Current)，然后将探针放置在 out1 处，在 Probe 界面就会显示 V(out1)的相频特性曲线。

3) 相位裕度

相位裕度采用 Phase Margin(1, 2)测量函数查看，其中 1 为 dB 增益曲线名称，2 为相位曲线名称。

在 Probe 界面中选择菜单 Trace→Evaluate Measurement 或者单击图标，出现图 7-13 所示的测量函数使用窗口，在右侧 Measurements 栏下选择 Phase Margin(1, 2)。在 Trace Expression 中可以看到输入的函数表达式，光标先在 1 位置跳动，在 Functions or Macros 中

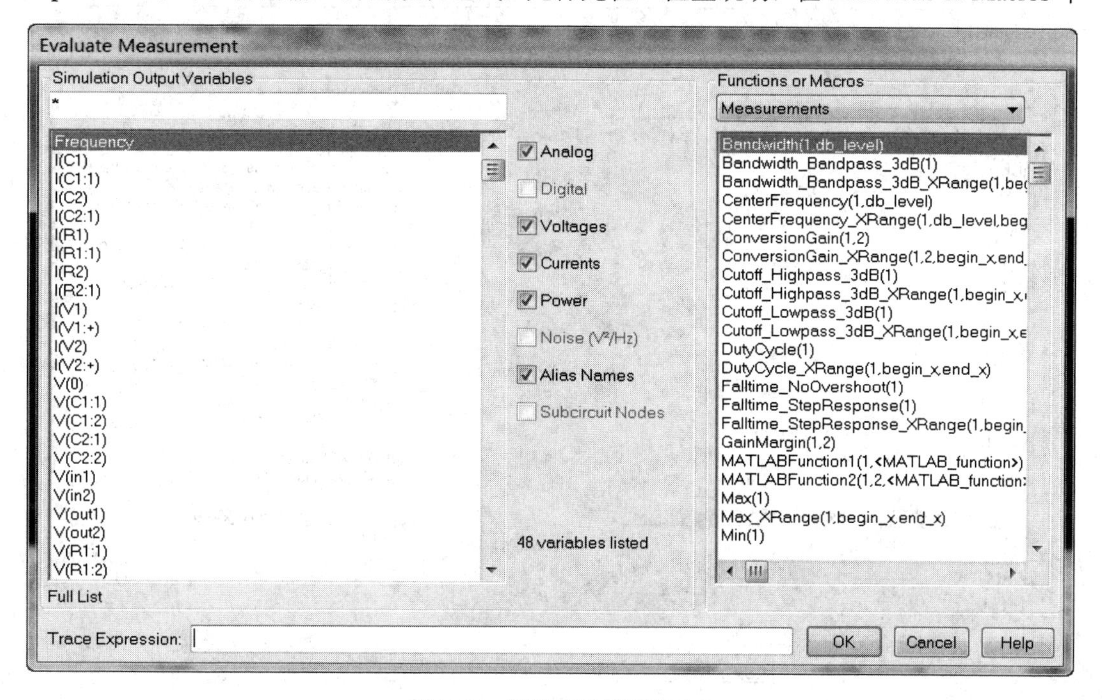

图 7-13　测量函数使用窗口

选择 Analog Operators and Functions，然后选择 DB( )，再在左侧 Simulation Output Variables 中选择 V(out1)。单击 Trace Expression 表达式中 2 位置，在此位置输入第 2 条曲线名称，在 Analog Operators and Functions 中选择 P( )，再在左侧 Simulation Output Variables 中选择 V(out1)。此时 Phase Margin(1, 2)测量函数设置完成，如图 7-14 所示，表示查看 V(out1)/V(in1)的相位裕度，再单击 OK 按键即可得出对应的相位裕度。此处由于低频增益为 1(0 dB)，0 dB 会对应多个频率点，因此此处的相位裕度表达式计算会报错。使用相位裕度函数时，电路的增益曲线中只能有一个频率点对应 0 dB，否则找不到增益穿过 0 dB 对应的频率。

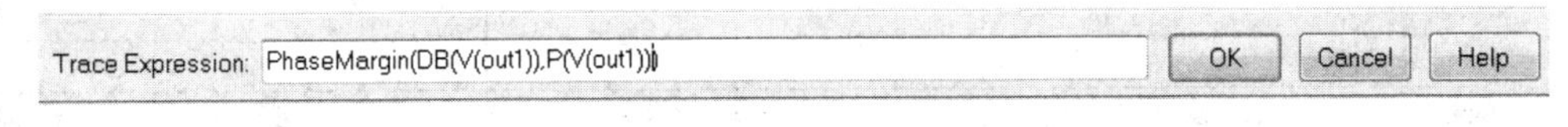

图 7-14　设置完成的相位裕度测量函数表达式

4) 3 dB 带宽

3 dB 带宽采用 Bandwidth_Bandpass_3dB(1)测量函数查看，其中 1 为增益曲线名称，其计算原理为上限截止频率减下限截止频率。

在 Probe 界面中选择菜单 Trace→Evaluate Measurement 或者单击图标 ，出现图 7-13 所示的测量函数使用窗口。在右侧 Measurements 栏下选择 Bandwidth_Bandpass_3dB(1)，再在 Trace Expression 表达式中 1 位置选择 V(out1)输入。此时 Bandwidth_Bandpass_3dB(1)测量函数设置完成，如图 7-15 所示，表示查看 V(out1)/V(in1)的 3 dB 带宽，再单击 OK 即可得出对应的 3 dB 带宽值。由于随着频率的降低，此处增益曲线不存在下限截止频率，其 3 dB 带宽表达式计算会报错。因此使用 3 dB 带宽函数时，电路的增益曲线要存在下限截止频率与上限截止频率这两个频率点。

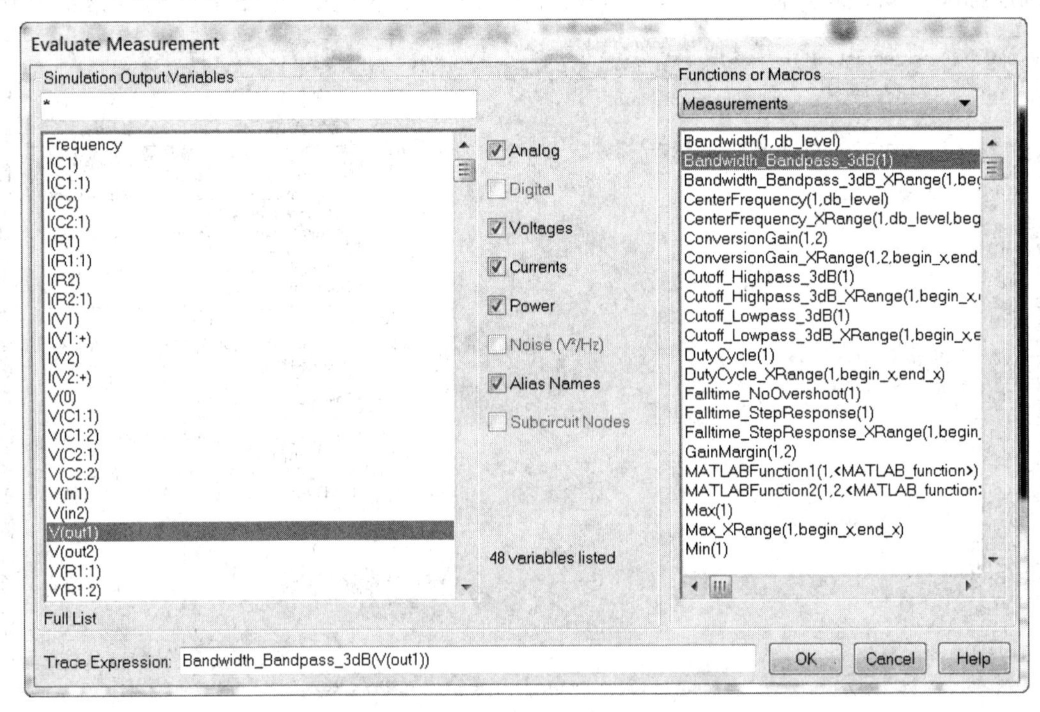

图 7-15　设置完成的 3 dB 带宽测量函数表达式

5) 上限截止频率

上限截止频率采用 Cutoff_Lowpass_3dB(1)测量函数查看，其中 1 为增益曲线名称。

在 Probe 界面选择菜单 Trace→Evaluate Measurement 或者单击图标，出现图 7-13 所示的测量函数使用窗口。在右侧 Measurements 栏下选择 Cutoff_Lowpass_3dB(1)，再在 Trace Expression 表达式中 1 位置选择 V(out1)输入。此时 Cutoff_Lowpass_3dB(1)测量函数设置完成，如图 7-16 所示，表示查看 V(out1)/V(in1)的上限截止频率。再单击 OK 按键即可得出对应的上限截止频率值，如图 7-17 所示。

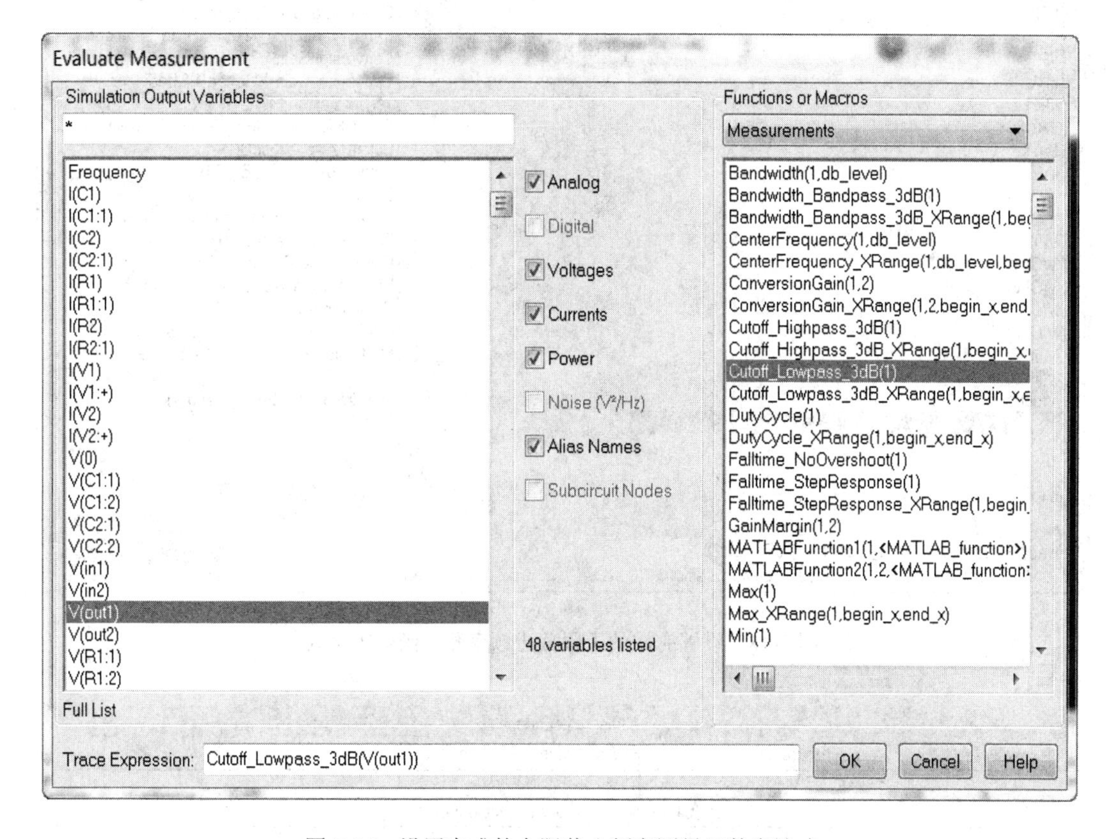

图 7-16　设置完成的上限截止频率测量函数表达式

Measurement Results			
	Evaluate	Measurement	Value
▸	☑	Cutoff_Lowpass_3dB(V(out1))	158.77750meg
	Click here to evaluate a new measurement...		

图 7-17　上限截止频率测量结果

6) 下限截止频率

下限截止频率采用 Cutoff_Highpass_3dB (1)测量函数查看，其中 1 为增益曲线名称。

在 Probe 界面选择菜单 Trace→Evaluate Measurement 或者单击图标，出现图 7-13 所示的测量函数使用窗口。在右侧 Measurements 栏下选择 Cutoff_Highpass_3dB(1)，再在 Trace Expression 表达式中 1 位置选择 V(out2)输入。此时 Cutoff_Highpass_3dB(1)测量函数

设置完成，如图 7-18 所示，表示查看 V(out2)/V(in2)的下限截止频率。再单击 OK 按键即可得出对应的下限截止频率值，如图 7-19 所示。

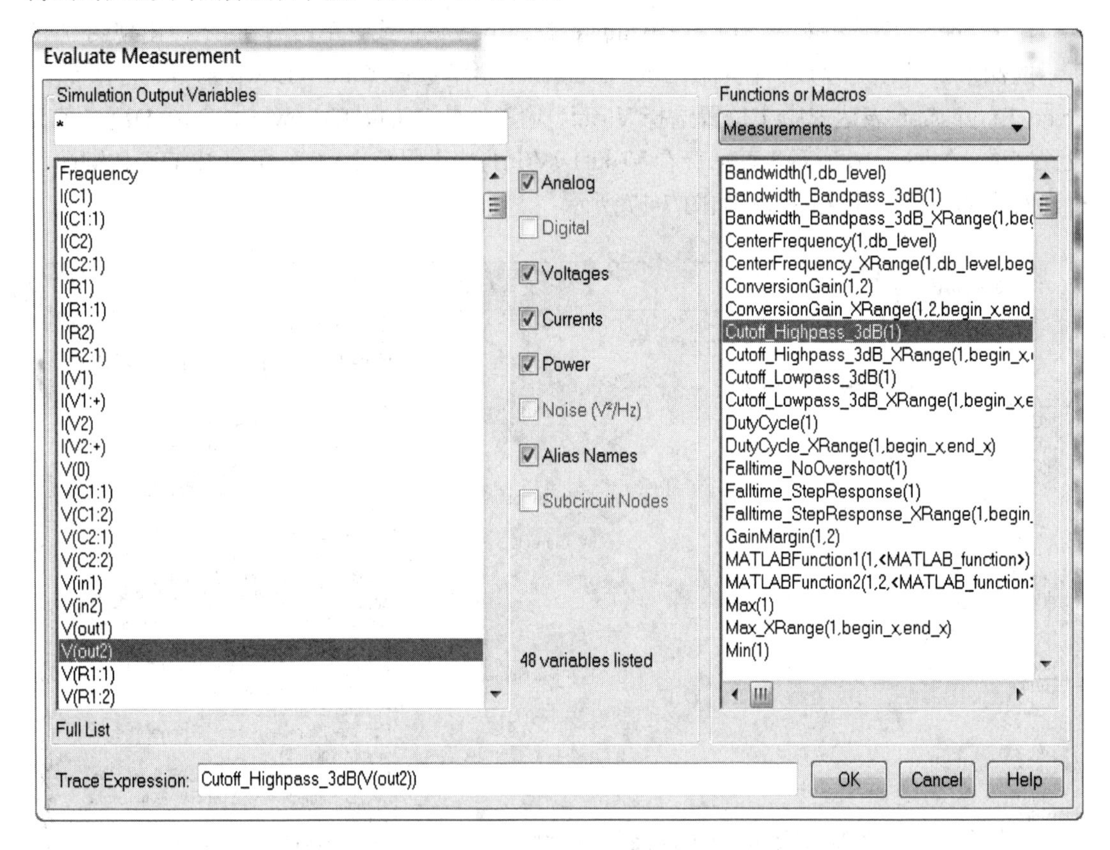

图 7-18 设置完成的下限截止频率测量函数表达式

Measurement Results		
Evaluate	Measurement	Value
☑	Cutoff_Highpass_3dB(V(out2))	159.55068m
Click here to evaluate a new measurement...		

图 7-19 下限截止频率测量结果

7.2 噪声分析

噪声分析是计算电路的输出噪声和等效输入噪声。噪声分析必须与交流扫描分析一起使用。电路中计算的噪声通常是电阻上产生的热噪声、半导体元件寄生电阻热噪声、散粒噪声和闪烁噪声。PSpice 可以输出指定节点的输出噪声、等效到信号源端口的等效输入噪声和各元件产生的噪声明细。

新建工程，命名为 noise analysis，画出图 7-20 所示的电路，以此电路为例介绍噪声分析。

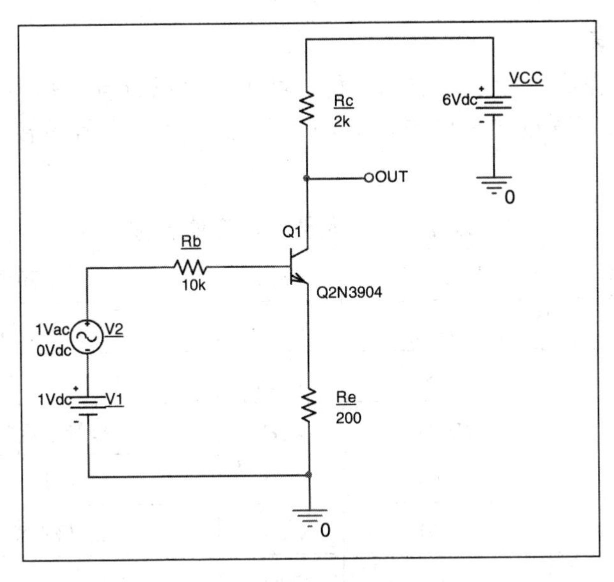

图 7-20　噪声分析电路

1. 仿真参数设置

新建仿真文件命名为 ac_noise，相应的仿真参数设置如图 7-21 所示。在 Analysis Type 下拉列表中选择 AC Sweep/Noise，在 Options 中选择 General Settings，在 AC Sweep Type 中选择 Logarithmic/Decade，将 Start Frequency 设置为 0.1、End Frequency 设置为 1G、Points/Decade 设置为 100。以上设置表示对电路进行交流扫描，频率范围为 0.1 Hz～1 GHz，以 10 倍对数方式进行扫描，每一个 10 倍频里计算 100 个频率点。在 Noise Analysis 中选择 Enabled，在 Output Voltage 中输入输出节点电压名称 V(OUT)，表示针对此节点电压做噪声分析。在 I/V Source 中输入电流源或电压源的名称，表示计算等效到此电源的等效输入噪声。在 Interval 中输入 10，表示每隔 10 个频率点便在输出文档中输出一份噪声数据，此频率间隔点是以交流扫描分析的仿真数据点为基础取间隔点。

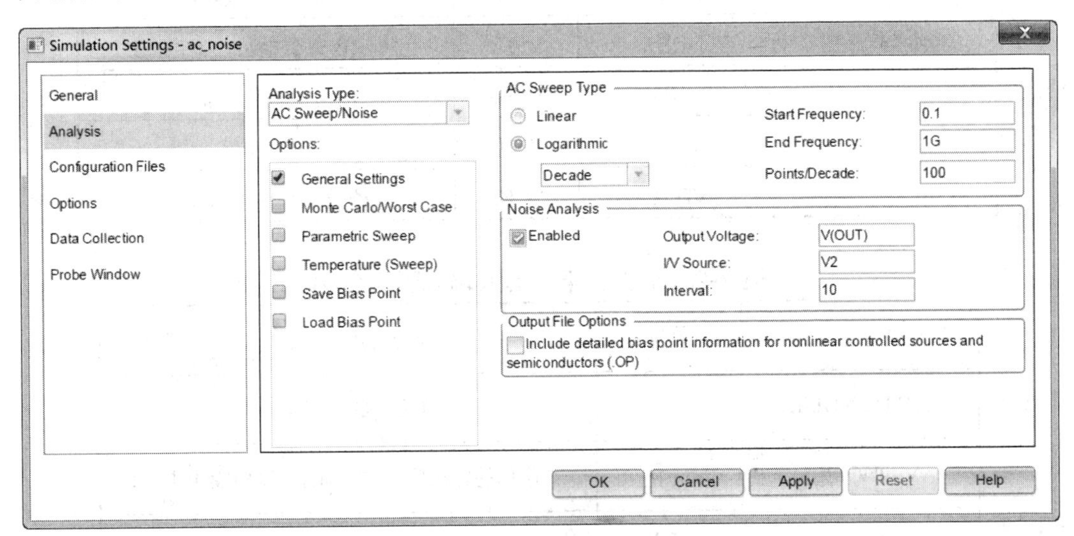

图 7-21　噪声分析仿真参数设置

2. 查看仿真结果

仿真参数设置完成之后运行仿真，仿真结束后可以查看各噪声的噪声谱(也称功率谱密度)，各元件噪声变量的名称如表 7-1 所示，输出噪声和等效输入噪声名称如表 7-2 所示。

表 7-1 各元件噪声变量名称

元件名称	噪声变量名称	单位	表示的噪声类型
电阻	NTOT	V^2/Hz	电阻的热噪声
二极管	NRS	V^2/Hz	RS 寄生电阻热噪声
	NSID	V^2/Hz	二极管电流散粒噪声
	NFID	V^2/Hz	闪烁噪声
	NTOT	V^2/Hz	二极管总噪声
三极管	NRB	V^2/Hz	RB 寄生电阻热噪声
	NRC	V^2/Hz	RC 寄生电阻热噪声
	NRE	V^2/Hz	RE 寄生电阻热噪声
	NSIB	V^2/Hz	基极电流散粒噪声
	NSIC	V^2/Hz	集电极电流散粒噪声
	NFIB	V^2/Hz	闪烁噪声
	NTOT	V^2/Hz	三极管总噪声
场效应晶体管	NRD	V^2/Hz	RD 寄生电阻热噪声
	NRG	V^2/Hz	RG 寄生电阻热噪声
	NRS	V^2/Hz	RS 寄生电阻热噪声
	NRB	V^2/Hz	RB 寄生电阻热噪声
	NSID	V^2/Hz	沟道电流散粒噪声
	NFID	V^2/Hz	闪烁噪声
	NTOT	V^2/Hz	场效应晶体管总噪声

表 7-2 输出噪声、等效输入噪声名称

噪声变量名称	单位	表示的噪声类型
NTOT(ONOISE)	V^2/Hz	电路总的输出噪声
V(ONOISE)	$V/\sqrt{Hz}$	电路总的输出噪声均方根值(输出噪声电压)
V(INOISE)	$V/\sqrt{Hz}$	电路的等效输入噪声

在 Probe 界面可添加需要查看的噪声曲线，如总的输出噪声 NTOT(ONOISE)和其均方根噪声电压 V(ONOISE)(也称输出噪声电压)，如图 7-22 所示。

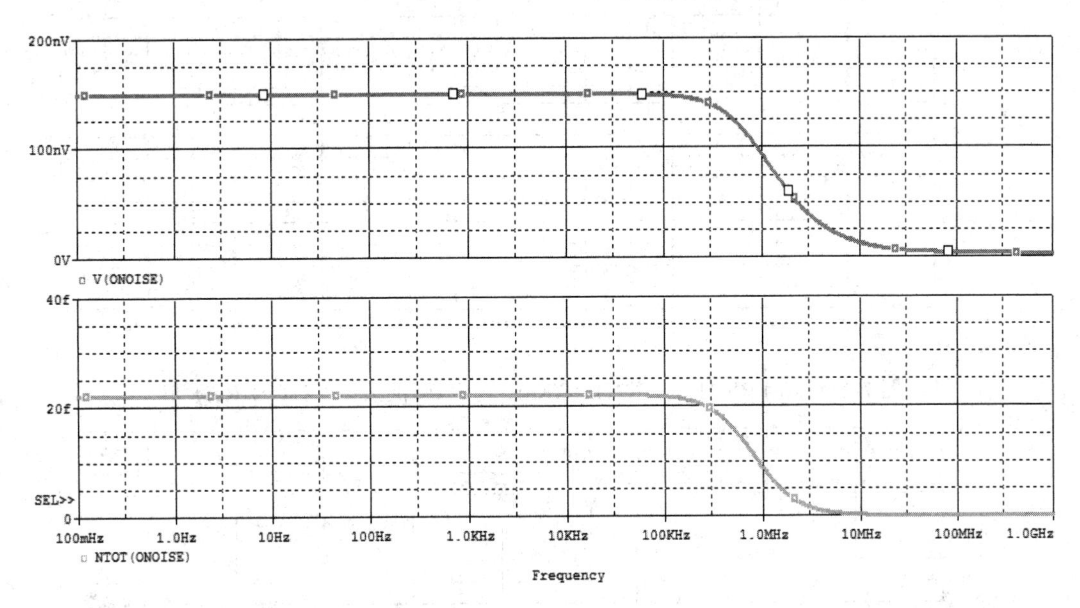

图 7-22　输出噪声 NTOT(ONOISE)及其均方根噪声电压 V(ONOISE)波形

在 Probe 界面也可查看电路的等效输入噪声电压 V(INOISE)，如图 7-23 所示。

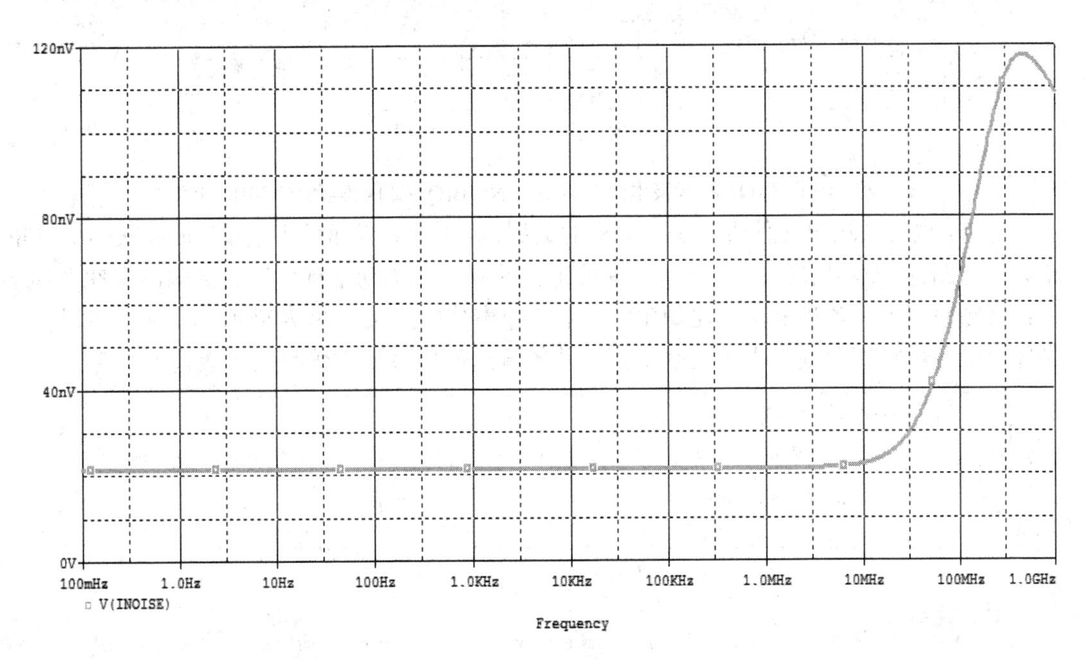

图 7-23　等效输入噪声电压 V(INOISE)波形

在 Probe 界面还可查看各元件产生的各项噪声，比如电阻 Rb 的热噪声 NTOT(Rb)、电阻 Rc 的热噪声 NTOT(Rc)，如图 7-24 所示；三极管 Q1 的基极电流散粒噪声 NSIB(Q1)、三极管 Q1 的闪烁噪声 NFIB(Q1)，如图 7-25 所示。

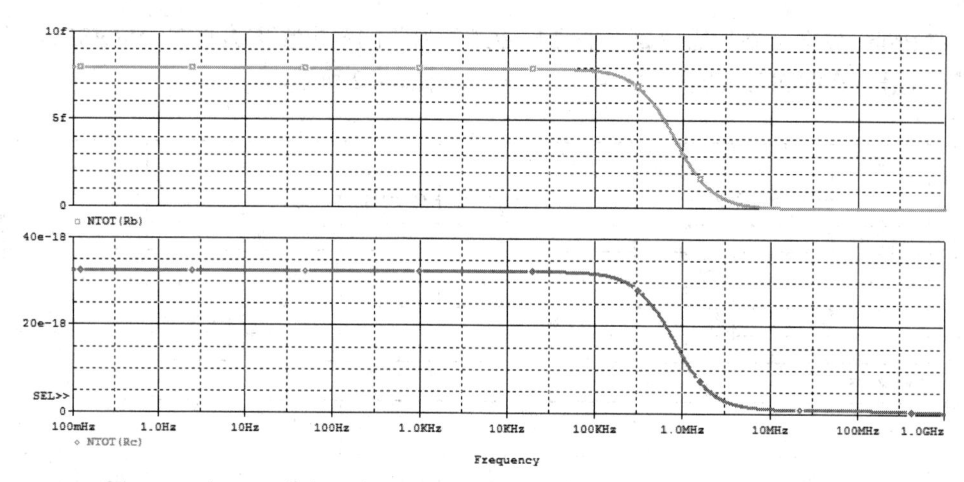

图 7-24　电阻 Rb 的热噪声 NTOT(Rb)、电阻 Rc 的热噪声 NTOT(Rc)波形

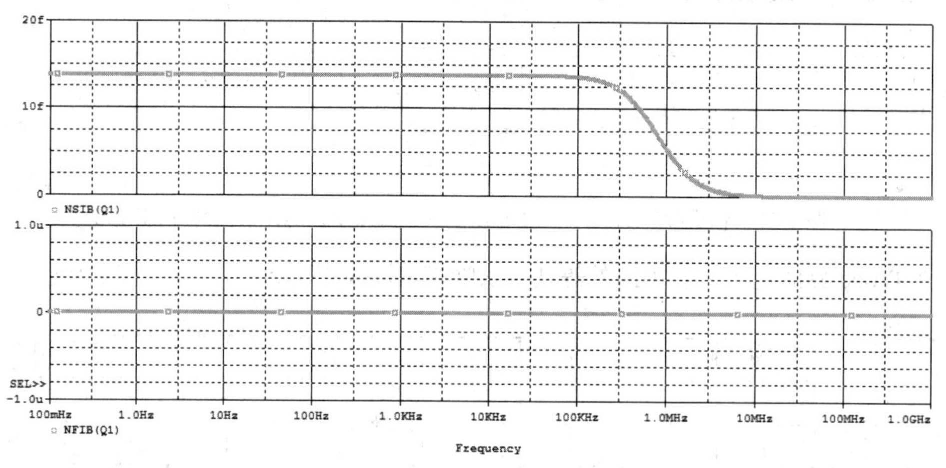

图 7-25　三极管 Q1 的基极电流散粒噪声 NSIB(Q1)、闪烁噪声 NFIB(Q1)波形

另外，也可从输出文件查看噪声分析的数据，在 Probe 界面单击菜单 View→Output File 或者单击图标，出现图 7-26 所示的输出文件界面。滚动鼠标可以看到输出文件中列出了仿真频率点下的各项噪声，比如 1 kHz 下的噪声分析结果如图 7-27 所示，从中可以读出晶体管的各项噪声明细、电阻的热噪声、总的输出噪声、放大倍数及等效输入噪声。

```
0000
0001 **** 05/25/19 17:10:58 ******* PSpice Lite (March 2016) ******* ID# 10813 ****
0002
0003  ** Profile: "SCHEMATIC1-ac_noise"  [ F:\mooc\project\09noise analysis\noise analysis-pspicef
0004
0005
0006  ****     CIRCUIT DESCRIPTION
0007
0008
0009 ******************************************************************************
0010
0011
0012
0013
0014 ** Creating circuit file "ac_noise.cir"
0015 ** WARNING: THIS AUTOMATICALLY GENERATED FILE MAY BE OVERWRITTEN BY SUBSEQUENT SIMULATIONS
0016
0017 *Libraries:
0018 * Profile Libraries :
0019 * Local Libraries :
0020 * From [PSPICE NETLIST] section of C:\SPB_Data\cdssetup\OrCAD_PSpice\17.2.0\PSpice.ini file:
0021 .lib "nomd.lib"
0022
```

图 7-26　输出文件界面

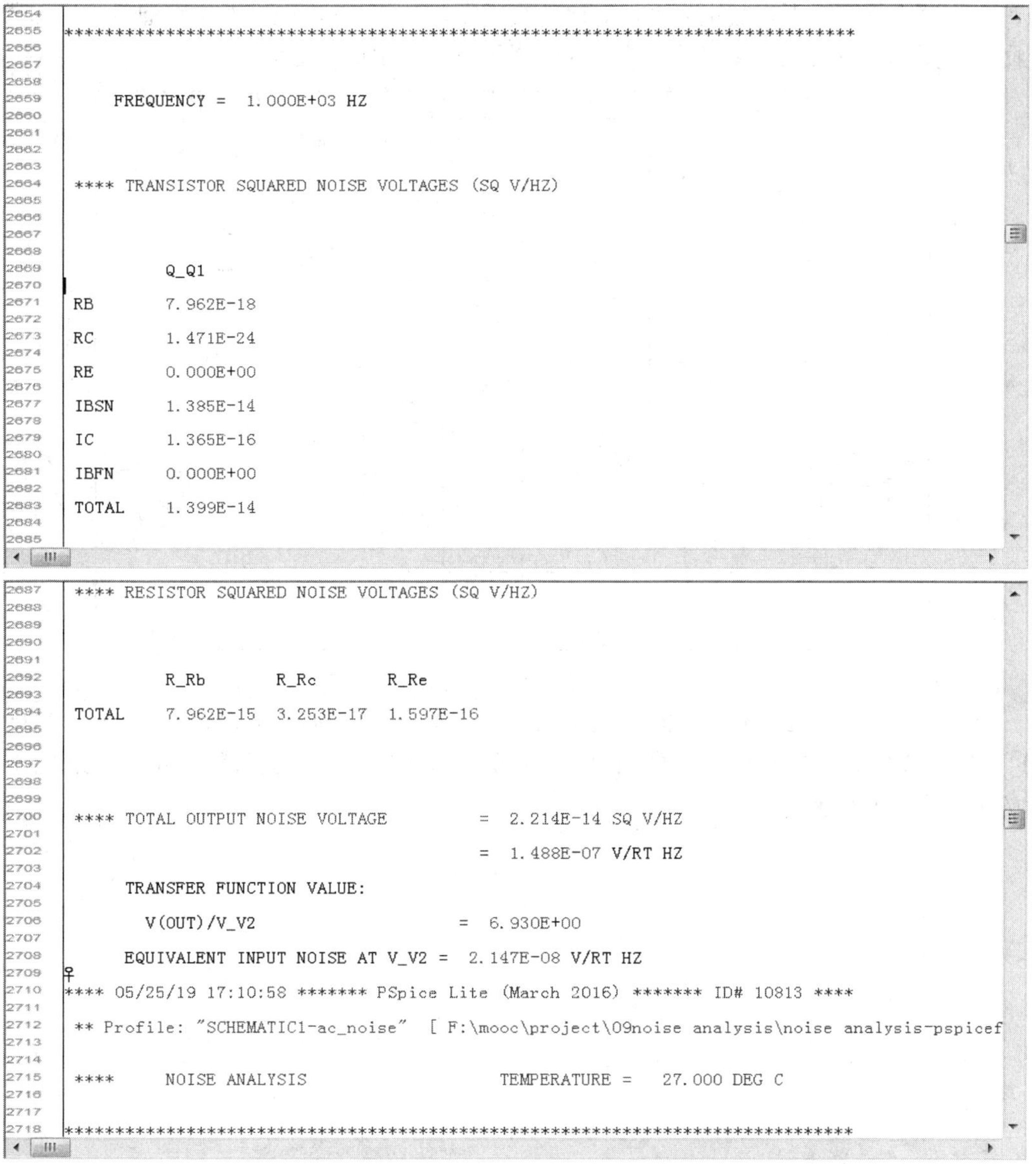

```
2654
2655 ****************************************************************************
2656
2657
2658
2659     FREQUENCY =  1.000E+03 HZ
2660
2661
2662
2663
2664  **** TRANSISTOR SQUARED NOISE VOLTAGES (SQ V/HZ)
2665
2666
2667
2668
2669          Q_Q1
2670
2671  RB       7.962E-18
2672
2673  RC       1.471E-24
2674
2675  RE       0.000E+00
2676
2677  IBSN     1.385E-14
2678
2679  IC       1.365E-16
2680
2681  IBFN     0.000E+00
2682
2683  TOTAL    1.399E-14
2684
2685
```

```
2687  **** RESISTOR SQUARED NOISE VOLTAGES (SQ V/HZ)
2688
2689
2690
2691
2692          R_Rb       R_Rc       R_Re
2693
2694  TOTAL    7.962E-15  3.253E-17  1.597E-16
2695
2696
2697
2698
2699
2700  **** TOTAL OUTPUT NOISE VOLTAGE         =  2.214E-14 SQ V/HZ
2701
2702                                          =  1.488E-07 V/RT HZ
2703
2704       TRANSFER FUNCTION VALUE:
2705
2706         V(OUT)/V_V2                    =  6.930E+00
2707
2708       EQUIVALENT INPUT NOISE AT V_V2 =  2.147E-08 V/RT HZ
2709
2710 **** 05/25/19 17:10:58 ******* PSpice Lite (March 2016) ******* ID# 10813 ****
2711
2712  ** Profile: "SCHEMATIC1-ac_noise"  [ F:\mooc\project\09noise analysis\noise analysis-pspicef
2713
2714
2715  ****     NOISE ANALYSIS                  TEMPERATURE =   27.000 DEG C
2716
2717
2718 ****************************************************************************
```

图 7-27　1 kHz 下的噪声分析文字输出结果

7.3 上机练习

【练习一】 对图 7-28 所示的电路进行如下仿真：

(1) 做交流仿真，仿真电阻 Rb2 分别为 12 kΩ、33 kΩ、51 kΩ 时电路的静态工作点、通带放大倍数、上限截止频率、下限截止频率、3 dB 带宽，对比仿真结果，分析 Rb2 的改变对电路静态工作点、通带放大倍数、上限截止频率、下限截止频率的影响，并解释为何会产生这种变化；

(2) 取 Rb2 = 33 kΩ，仿真 C3 值分别为 1 μF、10 μF、100 μF 时放大电路的通带放大倍

数、上限截止频率、下限截止频率，对比仿真结果，分析C3的改变对电路通带放大倍数、上限截止频率、下限截止频率的影响，并解释为何会产生这种变化；

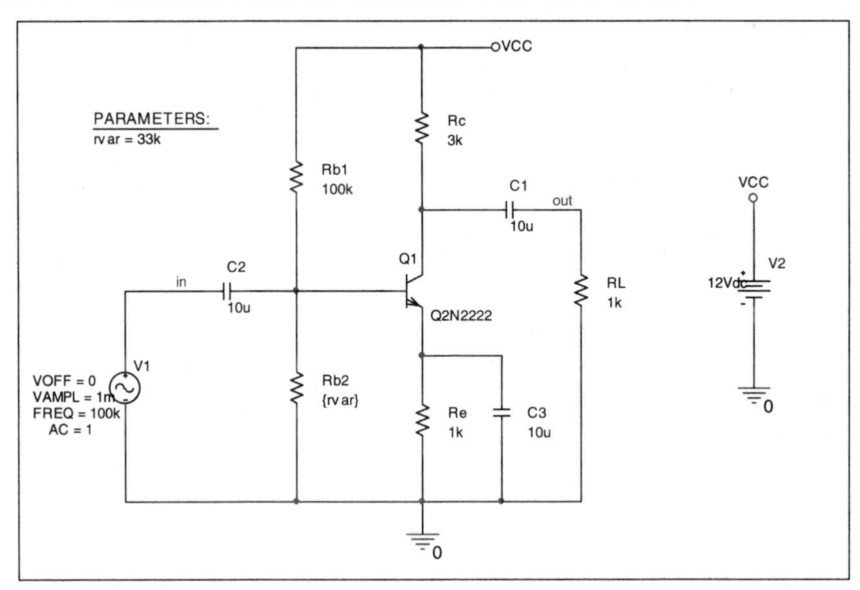

图 7-28 练习一电路

(3) 取 Rb2 = 33 kΩ，C3 = 10 μF，对电路进行噪声分析，查看此电路在1 Hz、1 kHz、100 kHz、10 MHz、100 MHz 下的输出噪声、等效输入噪声及放大倍数，并分析此电路中对输出噪声影响最大的元件。

第 8 章　瞬态分析、瞬态信号源与傅里叶分析

8.1 瞬态分析

瞬态分析就是求解电路的时域响应，即响应随时间的变化关系，因此也称为时域分析。瞬态分析可以分析有瞬态信号源激励的电路，如放大电路，也可以分析没有瞬态信号源激励的电路，如波形发生电路。

分析图 8-1 所示电路的时域响应，此电路用于仿真一阶 RC 动态电路的零状态响应。瞬态分析从 $t = 0$ s 开始仿真，电容 C1 上的初始电压为 0，即初始储能为 0。在 $t = 0$ s 时电路开始仿真计算，相当于在 $t = 0$ 时加入 V1 直流电压源，因此 $t \geqslant 0$ 电路的响应即为一阶 RC 电路的零状态响应。

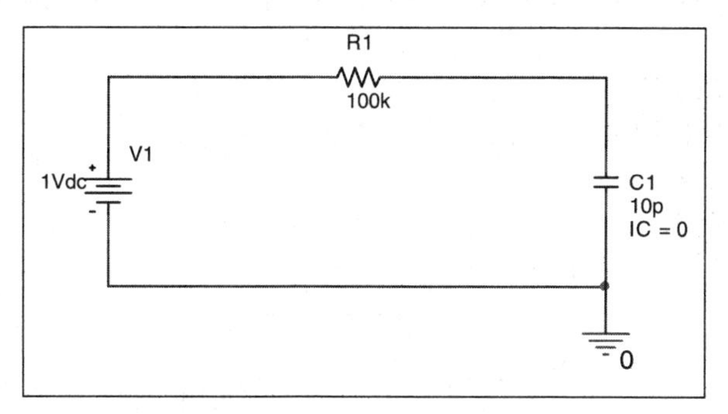

图 8-1　一阶 RC 动态电路

新建工程，命名为 transient analysis，画出图 8-1 所示电路，下面以此电路为例介绍瞬态分析。

新建仿真文件命名为 tran，相应的仿真参数设置如图 8-2 所示。在 Analysis Type 下拉列表中选择 Time Domain (Transient)，在 Options 中选择 General Settings。在 Run To Time: [　　] seconds(TSTOP)中输入仿真结束的时间 10u，仿真结束的时间选择主要看激励信号周期或者动态电路的时间常数，此电路的时间常数 $\tau = 1$ μs，仿真时间至少需要 5τ，此处选择 10τ。在 Start saving data after: [　　] seconds 中输入开始保存数据的时间，此处选择默认值 0，若此处不为 0，仿真仍从 0 s 开始，但仿真的数据从设置的时间点开始保存，输出波形从设置的时间点开始显示。在 Maximum Step Size [　　] seconds 中输入仿真最大允许的步长，默认值为仿真结束时间的 1/50，通常需要手动设置，但该参数取值一定要适度。如果设置过大，则会导致仿真结果不精确；如果设置过小，则会导致仿真分析时间过长，并产生大量数据。在仿真过程中，系统会根据信号源特性动态调整仿真的时间步长，例如缓慢变化的信号时间步长会增大，而上升或下降比较陡峭的信号时间步长会减小，

以满足仿真准确度的要求，此处一般设置为周期的 1/100。Skip initial transient bias point calculation (SKIPBP)表示在瞬态分析时跳过初始静态工作点的计算。对电路做瞬态分析时，在 $t = 0$ s 时刻会先对电路进行静态工作点分析，如果选择该项，瞬态分析时将不再计算初始静态工作点，在波形发生电路仿真时选中此项，其他情况下一般不选中。若要进行傅里叶分析可在 Output File Options 中设置。

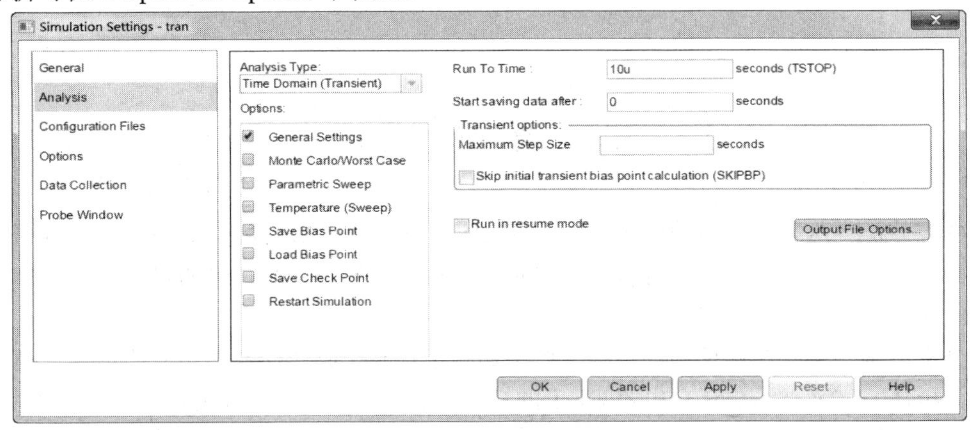

图 8-2　瞬态分析仿真设置

仿真参数设置完成之后运行仿真，仿真结束后在 Probe 界面调出电容两端的电压，其波形如图 8-3 所示。

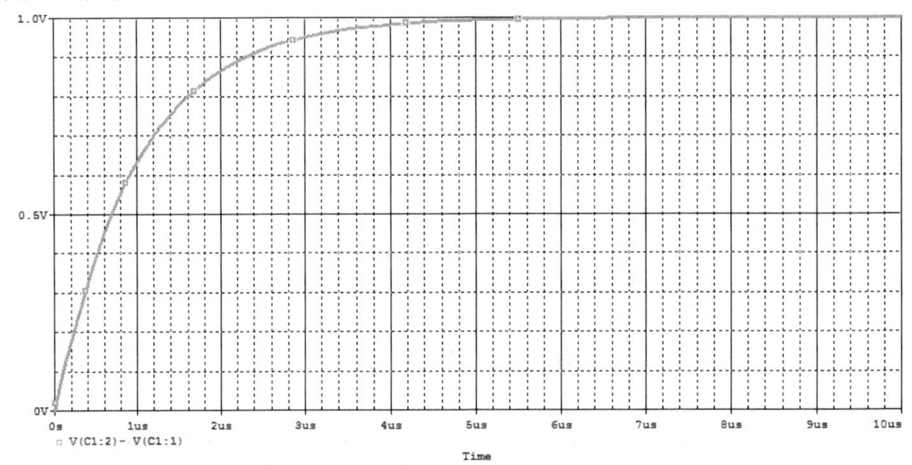

图 8-3　电容两端电压随时间变化曲线

可以更改电容的初始电压再仿真一次，此时仿真得出的结果为全响应。

8.2 瞬 态 信 号 源

PSpice 软件的 Source 库中包含各种功能的信号源，直流电源 VDC 或 IDC，交流分析使用的是交流电源 VAC 或 IAC。做瞬态分析时，常用的信号源有正弦信号源、脉冲信号源、指数信号源、分段线性源、周期性分段线性源、File 信号源和单频调频信号源。瞬态信号源同时也可以设置 DC 与 AC 值。

1. 正弦信号源 VSIN 和 ISIN

新建工程，命名为 Transient source。

正弦信号为随时间呈周期性变化的正弦波。PSpice 中正弦电压源为 VSIN，正弦电流源为 ISIN，其电路符号如图 8-4 所示，正弦信号源的参数及其含义如表 8-1 所示。

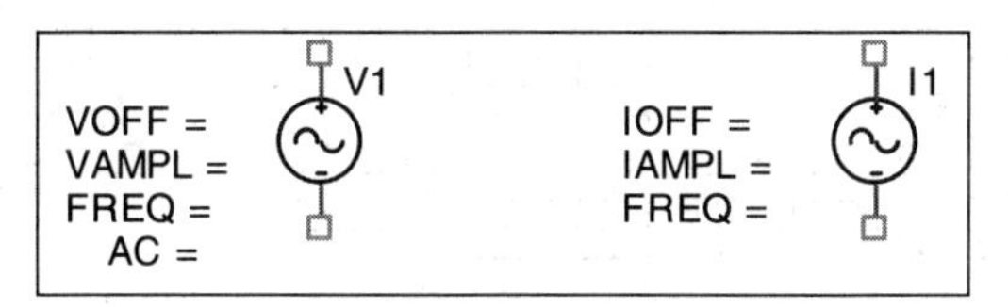

图 8-4　正弦电压源 VSIN 与正弦电流源 ISIN

表 8-1　正弦信号源参数及其含义

参　数	含　义	单位	默认值
VOFF(IOFF)	中心值或直流偏移量	V 或 A	无，必须设置
VAMPL(IAMPL)	振幅	V 或 A	无，必须设置
FREQ	频率 f	Hz	无，必须设置
PHASE	初相位 θ	°	0
DF	阻尼因子	1/s	0
TD	延迟时间	s	0
AC	交流幅值	V 或 A	0
DC	直流幅值	V 或 A	0

正弦电压源的电压表达式为

$$\mathrm{VSIN}(t)=\begin{cases}\mathrm{VOFF}+\mathrm{VAMPL}\times\sin(\theta), & t<\mathrm{TD}\\ \mathrm{VOFF}+\mathrm{VAMPL}\times \mathrm{e}^{-\mathrm{DF}(t-\mathrm{TD})}\times\sin(2\pi f(t-\mathrm{TD})+\theta), & t\geqslant\mathrm{TD}\end{cases}$$

正弦电流源的电流表达式为

$$\mathrm{ISIN}(t)=\begin{cases}\mathrm{IOFF}+\mathrm{IAMPL}\times\sin(\theta), & t<\mathrm{TD}\\ \mathrm{IOFF}+\mathrm{IAMPL}\times \mathrm{e}^{-\mathrm{DF}(t-\mathrm{TD})}\times\sin(2\pi f(t-\mathrm{TD})+\theta), & t\geqslant\mathrm{TD}\end{cases}$$

以电压源为例，弦电压源 V1、V2、V3 的设置如图 8-5 所示，其对应的波形如图 8-6 所示。

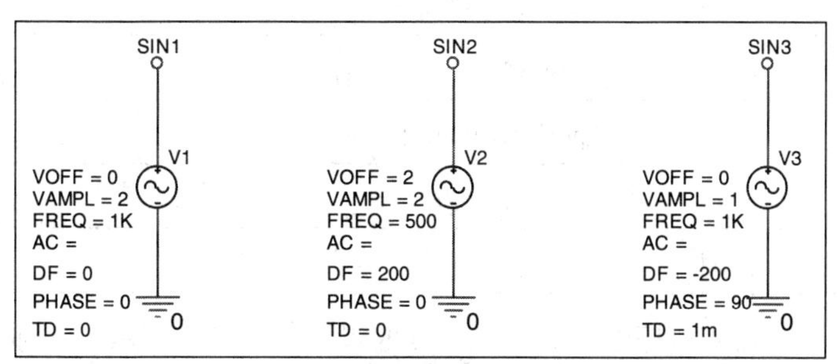

图 8-5　不同参数的正弦电压源

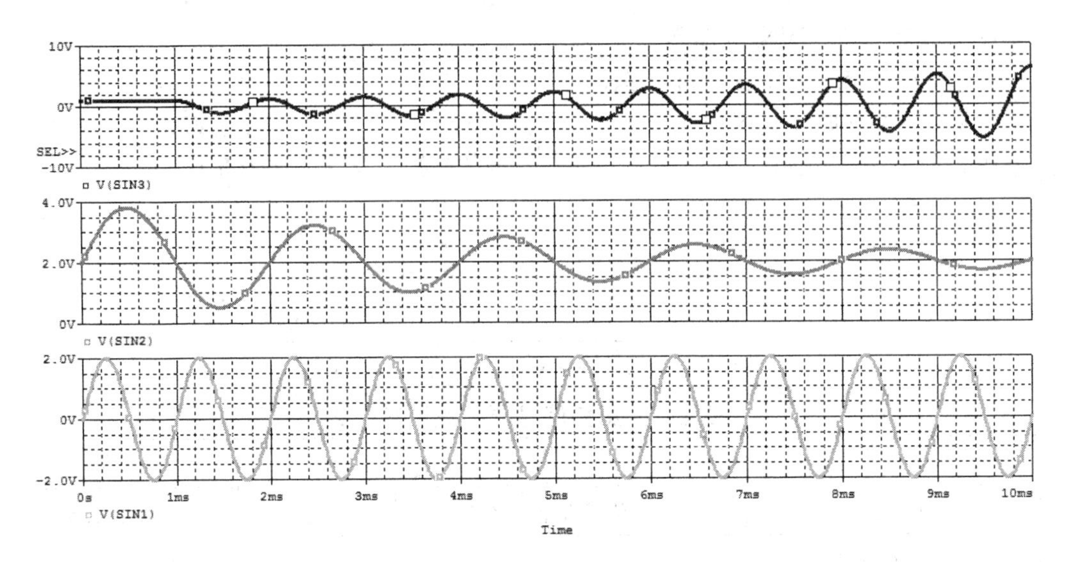

图 8-6 图 8-5 中各正弦电压源对应的波形

2. 脉冲信号源 VPULSE 和 IPULSE

脉冲信号源为随时间呈周期性变化的信号源，可输出方波、矩形波、三角波、锯齿波等。PSpice 中脉冲电压源为 VPULSE，脉冲电流源为 IPULSE，其电路符号如图 8-7 所示，脉冲信号源的参数及其含义如表 8-2 所示。

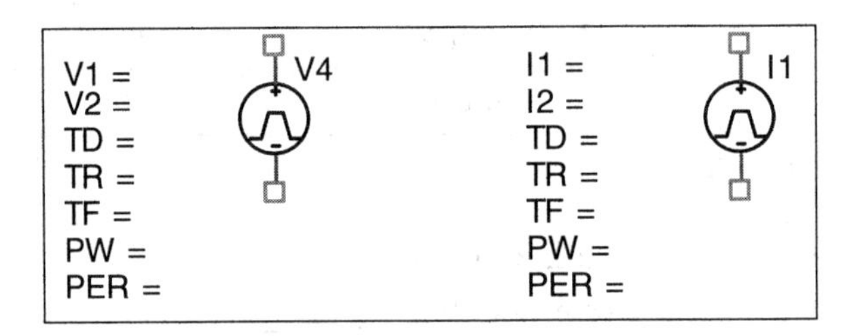

图 8-7 脉冲电压源 VPULSE 与脉冲电流源 IPULSE

表 8-2 脉冲信号源参数及其含义

参数	含义	单位	默认值
V1(I1)	初始值	V 或 A	无，必须设置
V2(I2)	脉冲值	V 或 A	无，必须设置
TD	延迟时间	s	0
TR	初始值到脉冲值的延时	s	无，必须设置
TF	脉冲值到初始值的延时	s	无，必须设置
PW	脉冲宽度	s	无，必须设置
PER	周期	s	无，必须设置

以电压源为例，脉冲电压源 V4、V5、V6 的设置如图 8-8 所示，其对应的波形如图 8-9 所示。

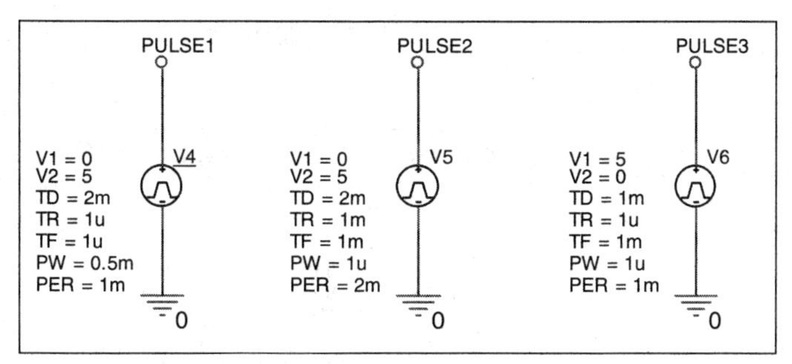

图 8-8　不同参数的脉冲电压源

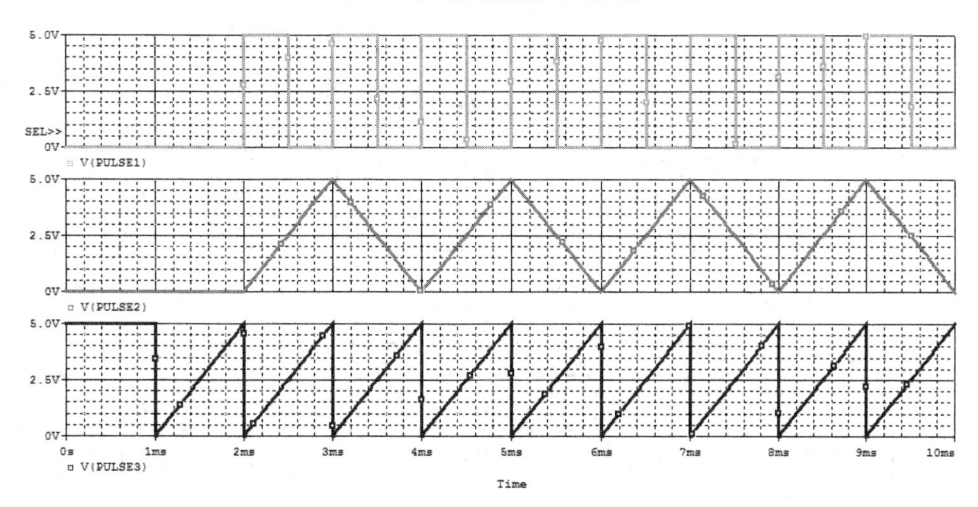

图 8-9　图 8-8 中脉冲电压源对应的波形

3. 指数信号源 VEXP 和 IEXP

指数信号源为非周期信号源。PSpice 中指数电压源为 VEXP，指数电流源为 IEXP，其电路符号如图 8-10 所示，脉冲信号源的参数及其含义如表 8-3 所示。

V1 =
V2 =
TD1 =
TC1 =
TD2 =
TC2 =
V7

I1 =
I2 =
TD1 =
TC1 =
TD2 =
TC2 =
I1

图 8-10　指数电压源 VEXP 与指数电流源 IEXP

表 8-3　指数信号源参数及其含义

参数	含　义	单位	默认值
V1(I1)	初始值	V 或 A	无，必须设置
V2(I2)	峰值	V 或 A	无，必须设置
TD1	上升延迟时间(从此时刻初始值向峰值变化)	s	无，必须设置
TC1	初始值到峰值的时间常数	s	无，必须设置
TD2	下降延迟时间(从此时刻峰值向初始值变化)	s	无，必须设置
TC2	峰值到初始值的时间常数	s	无，必须设置

以电压源为例，指数电压源 V7、V8 的设置如图 8-11 所示，其对应的波形如图 8-12 所示。

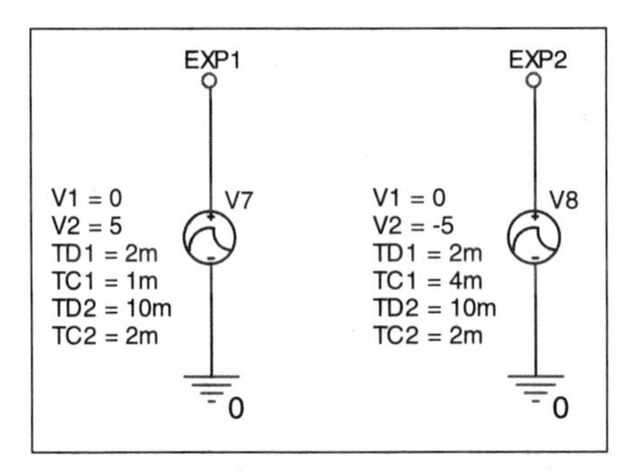

图 8-11 不同参数的指数电压源

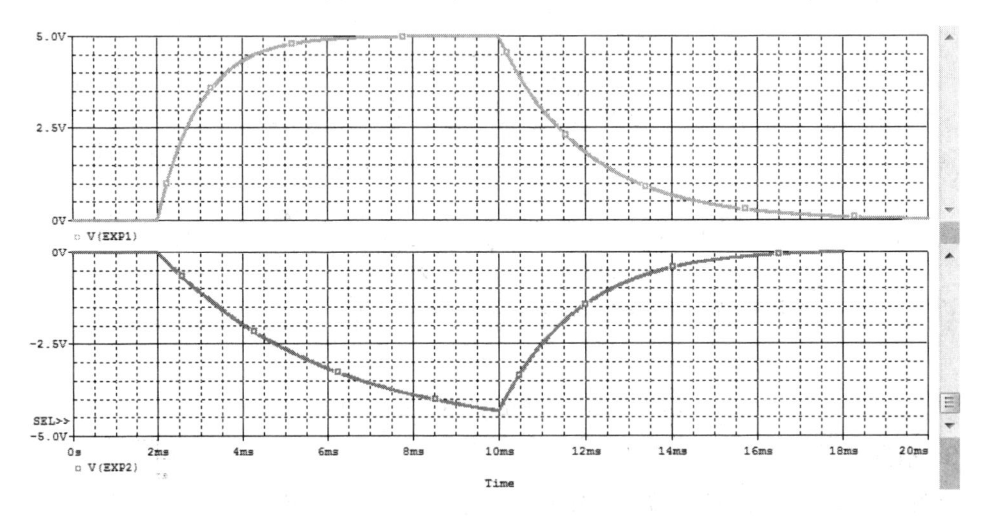

图 8-12 图 8-11 中指数电压源对应的波形

4. 分段线性信号源 VPWL 和 IPWL

VPWL 和 IPWL 为非周期分段线性信号源。PSpice 中分段线性电压源为 VPWL，分段线性电流源为 IPWL，其电路符号如图 8-13 所示，分段线性信号源的参数及其含义如表 8-4 所示。

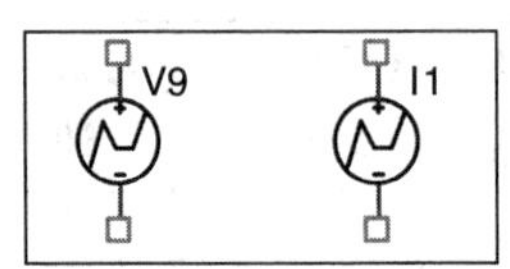

图 8-13 分段线性电压源 VPWL 与分段线性电流源 IPWL

表 8-4 分段线性信号源参数及其含义

参数	含义	单位	默认值
T1～T8	时间坐标	s	无，选择部分设置
V1～V8(I1～I8)	时间对应的幅值	V 或 A	无，选择部分设置

以电压源为例，分段线性电压源 V9、V10 的设置如图 8-14 所示，其对应的波形如图 8-15 所示。

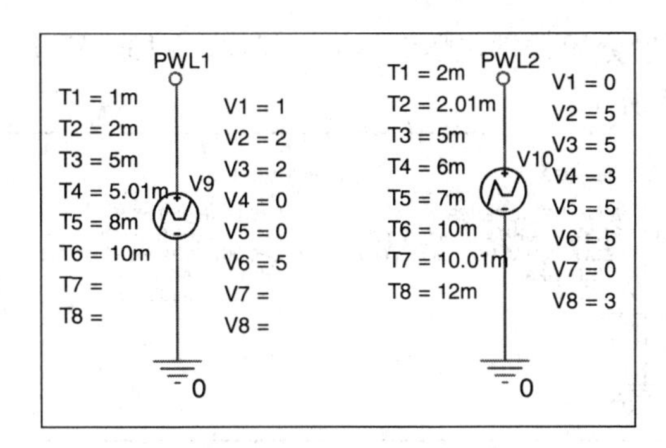

图 8-14　不同参数的分段线性电压源

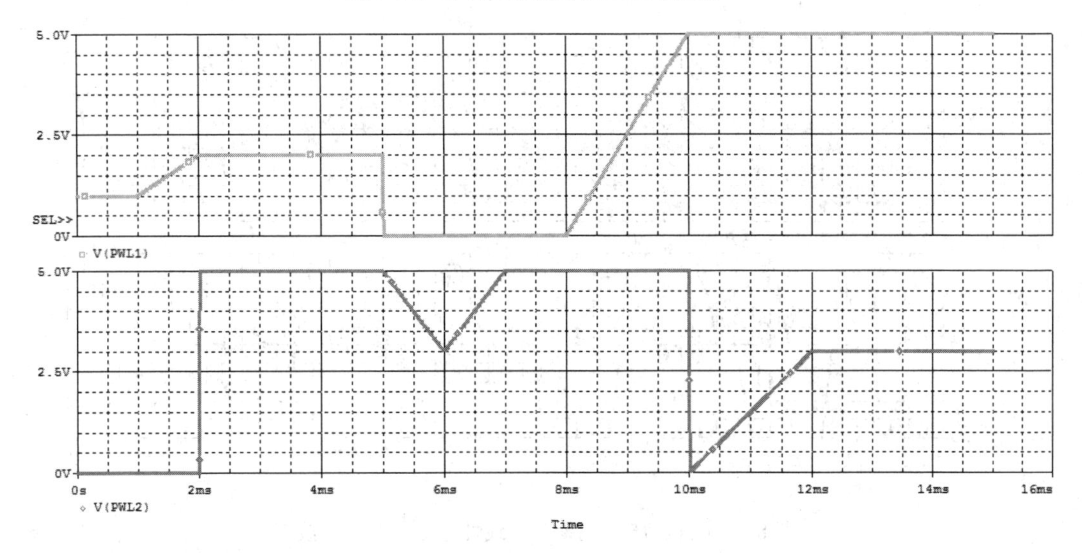

图 8-15　图 8-14 中分段线性电压源对应的波形

5. 周期分段线性信号源 VPWL_RE 和 IPWL_RE

VPWL_RE 和 IPWL_RE 为周期分段线性信号源，又分为无限周期与 N 次周期。PSpice 中无限周期分段线性电压源为 VPWL_RE_FOREVER，N 次周期分段线性电压源为 VPWL_RE_N_TIMES。PSpice 中无限周期分段线性电流源为 IPWL_RE_FOREVER，N 次周期分段线性电流源为 IPWL_RE_N_TIMES，周期分段线性信号源的参数及其含义如表 8-5 所示。

表 8-5　周期分段线性信号源参数及其含义

参　数	含　义	单位	默认值
FIRST_NPAIRS	转折点坐标	无	无，按需设置，可设置多对坐标
SECOND_NPAIRS	转折点坐标	无	无，按需设置，可设置多对坐标
THIRD_NPAIRS	转折点坐标	无	无，按需设置，可设置多对坐标
REPEAT_VALUE	重复次数(N_TIMES 中设置)	次数	无，必须设置
VSF	电压基准	倍	1
TSF	时间基准	倍	1

以电压源为例，周期分段线性电压源 V11、V12、V13、V14 的设置如图 8-16 所示，其对应的波形如图 8-17 所示。

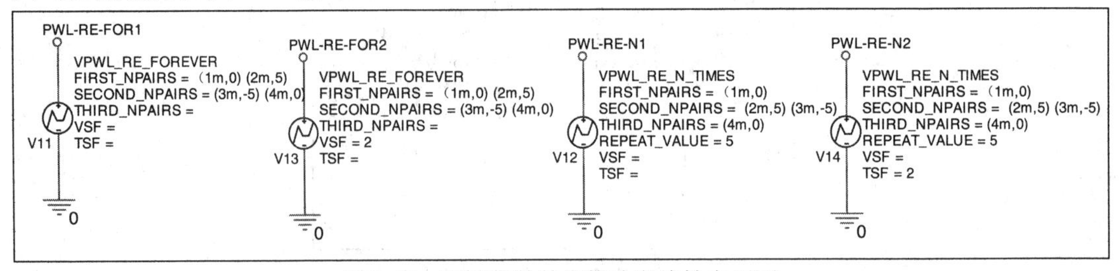

图 8-16　不同参数的周期分段线性电压源

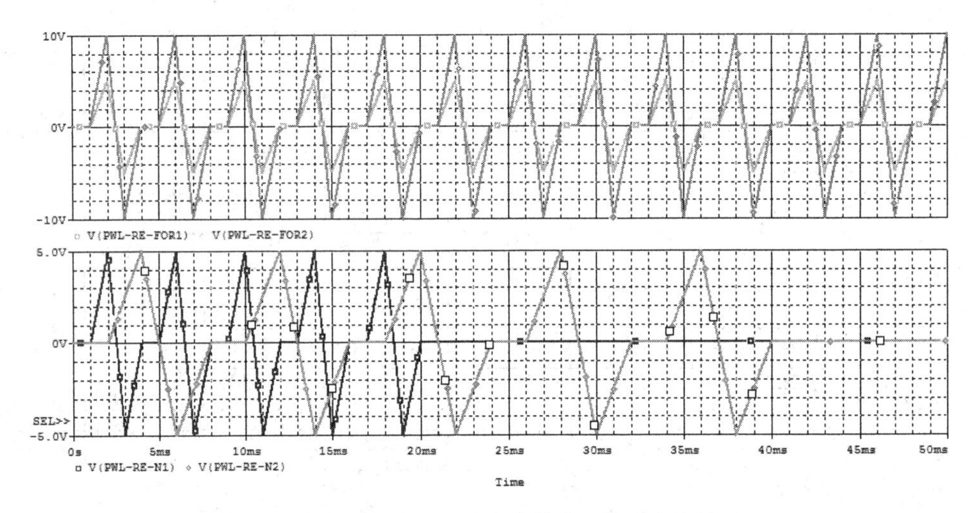

图 8-17　图 8-16 中周期分段线性电压源对应的波形

6. 单频调频信号源 VSFFM 和 ISFFM

PSpice 中单频调频电压源为 VSFFM，单频调频电流源为 ISFFM，其电路符号如图 8-18 所示，正弦信号源的参数及其含义如表 8-6 所示。

V15
VOFF =
VAMPL =
FC =
MOD =
FM =
I1
IOFF =
IAMPL =
FC =
MOD =
FM =

图 8-18　单频调频电压源 VSFFM 和单频调频电流源 ISFFM

表 8-6　单频调频信号源参数及其含义

参　数	含　义	单位	默认值
VOFF(IOFF)	中心值或直流偏移量	V 或 A	无，必须设置
VAMPL(IAMPL)	振幅	V 或 A	无，必须设置
FC	载波频率	Hz	无，必须设置
MOD	调制指数	无	0
FM	调制频率	Hz	无，必须设置

单频调频电压源表达式：

$$\text{VSFFM}(t) = \text{VOFF} + \text{VAMPL} \times \sin(2\pi \times \text{FC} \times t + \text{MOD} \times \sin(2\pi \times \text{FM} \times t))$$

单频调频电流源表达式：

$$\text{ISFFM}(t) = \text{IOFF} + \text{IAMPL} \times \sin(2\pi \times \text{FC} \times t + \text{MOD} \times \sin(2\pi \times \text{FM} \times t))$$

以电压源为例，单频调频电压源 V15、V16、V17 的设置如图 8-19 所示，其对应的波形如图 8-20 所示。

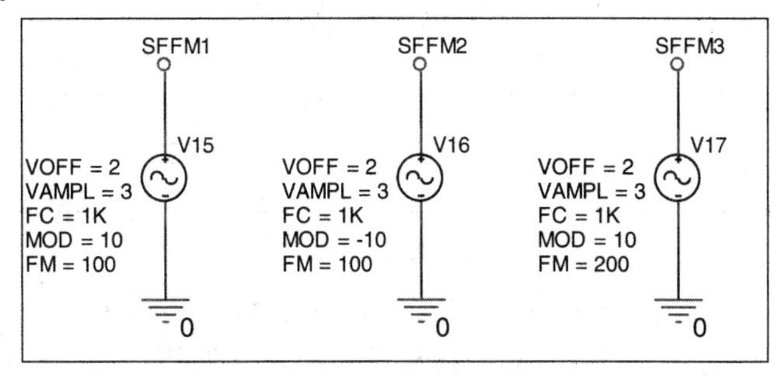

图 8-19　不同参数的单频调频电压源

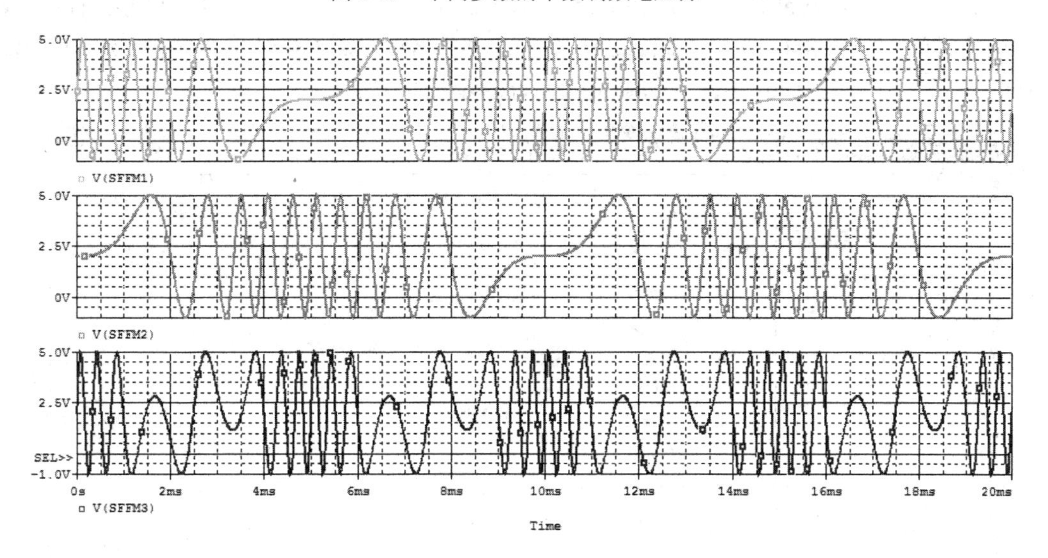

图 8-20　图 8-19 中单频调频电压源对应的波形

8.3 傅里叶分析

对于周期信号 $v(t)$可通过傅里叶级数展开，即

$$v(t) = C_0 + \sum_{n=1}^{\infty} C_n \sin(n\omega_0 + \theta_n)$$

其中：C_0 为直流分量，C_n 为第 n 次谐波幅值，θ_n 为第 n 次谐波幅值相位。

傅里叶分析必须在瞬态分析下进行，对输出的最后一个周期波形进行谐波分析，计算出直流分量 C_0、各次谐波的幅值 C_n 与相位 θ_n 以及谐波失真系数 THD。

新建工程，命名为 fourier analysis，画出图 8-21 所示的电路，以此电路为例介绍傅里叶分析。

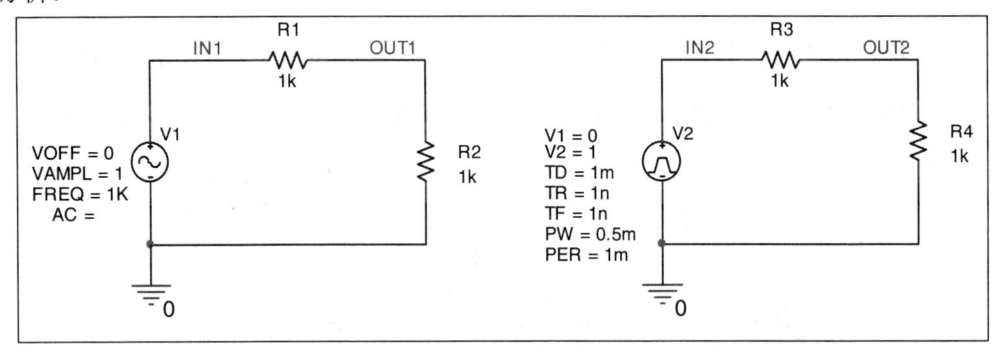

图 8-21　傅里叶分析电路

新建仿真文件命名为 fourier。傅里叶分析必须结合瞬态分析进行，瞬态分析相应的仿真参数设置如图 8-22 所示。在 Analysis Type 下拉列表中选择 Time Domain (Transient)，在 Options 中选择 General Settings。在 Run To Time: seconds(TSTOP)中输入仿真结束的时间 10 ms。Start saving data after: seconds 为默认值 0。在 Maximum Step Size seconds 中输入仿真最大允许的步长 0.01 ms。

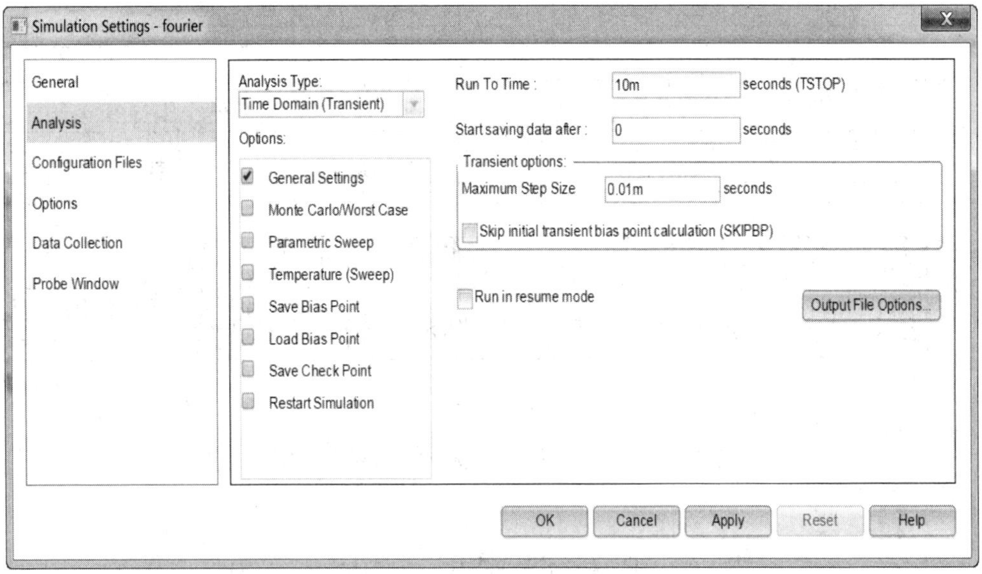

图 8-22　瞬态分析仿真设置

单击 Output File Options 设置傅里叶分析仿真参数如图 8-23 所示。选中 Perform Fourier Analysis，Center Frequency: hz 中输入周期信号的频率，此处为 1 K。在 Number of Harmonics: 中输入谐波分析的次数，一般设置为 9～11 次，此处设置为 9。在 Output Variables 中输入输出变量名称，在输出文档中会显示此输出变量的傅里叶分析结果，此处设置为 V(OUT1) V(OUT2)，多个输出变量用空格隔开。

Output File Options

Print values in the output file every: seconds

Perform Fourier Analysis

Center Frequency: 1K hz

Number of Harmonics: 9

Output Variables V(OUT1) V(OUT2)

Include detailed bias point information for nonlinear controlled sources and semiconductors[/OP]

OK

Cancel

图 8-23　傅里叶分析仿真设置

仿真参数设置完成之后运行仿真，仿真结束后在 Probe 界面调出 V(OUT1)与 V(OUT2)，其波形如图 8-24 所示。

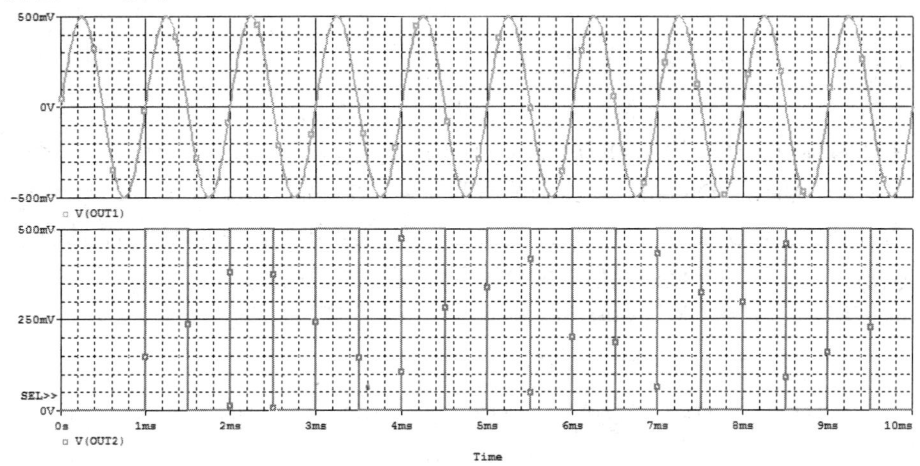

图 8-24　V(OUT1)、V(OUT2)波形

选择菜单 Trcae→Fourier，或者单击图标 FFT，即可对显示的波形进行傅里叶分析，分析结果如图 8-25 所示，局部放大之后如图 8-26 所示。可以看出正弦波 V(OUT1)的傅里叶分析结果只在基波处存在幅值，而方波 V(OUT2)的傅里叶分析结果只在直流分量与奇次谐波处存在幅值。

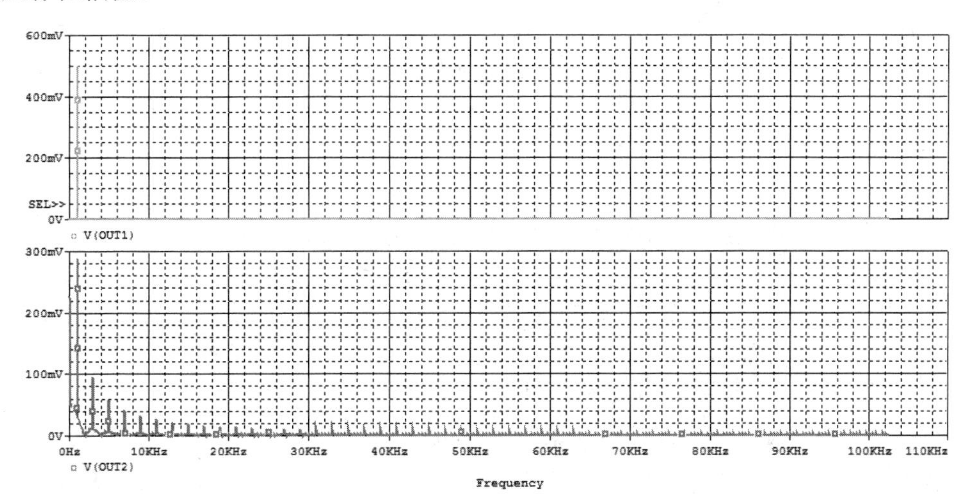

图 8-25　FFT 变换后的波形

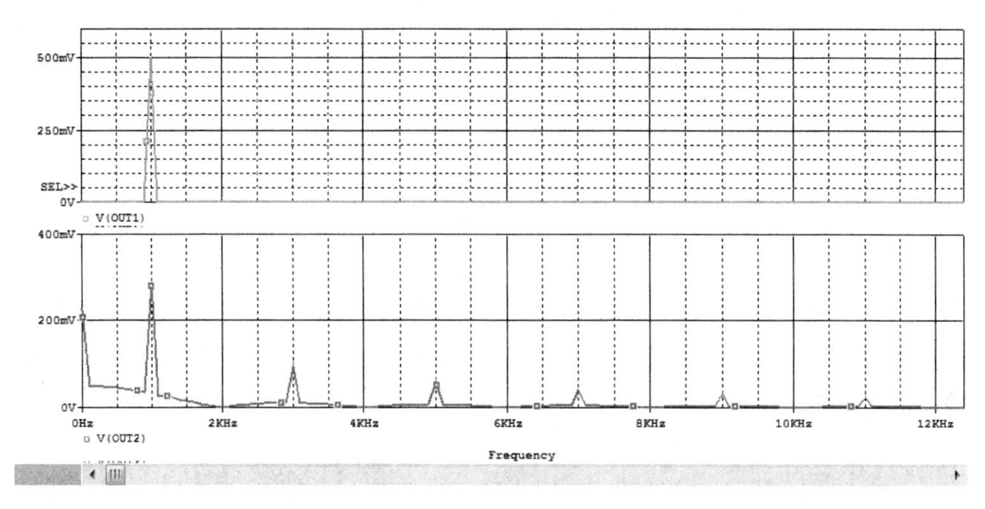

图 8-26　图 8-25 局部放大后的波形

若需要得到更为精确的 V(OUT1)、V(OUT2)的傅里叶分析结果，可以通过输出文档来查看。选择菜单 View→Output File 或者单击图标 打开输出文档，下拉文档，找到图 8-27 与图 8-28 所示的 V(OUT1)与 V(OUT2)的傅里叶分析结果，从中可以得出直流分量、各次谐波的幅值与相位、归一化的幅值与相位和总的谐波失真系数。

```
FOURIER COMPONENTS OF TRANSIENT RESPONSE V(OUT1)


 DC COMPONENT =   -1.7530E-05

 HARMONIC   FREQUENCY     FOURIER       NORMALIZED       PHASE        NORMALIZED
    NO         (HZ)       COMPONENT      COMPONENT       (DEG)       PHASE (DEG)

     1     1.0000E+03   4.9983E-01    1.0000E+00   -1.3286E-03    0.0000E+00
     2     2.0000E+03   4.9295E-05    9.8623E-05    9.2222E+00    9.2248E+00
     3     3.0000E+03   1.3787E-05    2.7584E-05    1.0763E+01    1.0767E+01
     4     4.0000E+03   8.1461E-06    1.6298E-05    1.4965E+01    1.4970E+01
     5     5.0000E+03   6.5923E-06    1.3189E-05    2.6900E+01    2.6906E+01
     6     6.0000E+03   5.7690E-06    1.1542E-05    4.3297E+01    4.3305E+01
     7     7.0000E+03   5.8454E-06    1.1695E-05    6.4147E+01    6.4157E+01
     8     8.0000E+03   5.1911E-06    1.0386E-05    8.2439E+01    8.2449E+01
     9     9.0000E+03   5.7885E-06    1.1581E-05    1.0149E+02    1.0150E+02


      TOTAL HARMONIC DISTORTION =     1.0695E-02 PERCENT

**** 06/15/19 08:36:37 ******* PSpice Lite (March 2016) ******* ID# 10813 ****
```

图 8-27　V(OUT1)的傅里叶分析结果

```
FOURIER COMPONENTS OF TRANSIENT RESPONSE V(OUT2)


 DC COMPONENT =    2.5248E-01

 HARMONIC   FREQUENCY     FOURIER       NORMALIZED       PHASE        NORMALIZED
    NO         (HZ)       COMPONENT      COMPONENT       (DEG)       PHASE (DEG)

     1     1.0000E+03   3.1832E-01    1.0000E+00    8.9111E-01    0.0000E+00
     2     2.0000E+03   4.9528E-03    1.5559E-02    9.1782E+01    9.0000E+01
     3     3.0000E+03   1.0614E-01    3.3344E-01    2.6733E+00   -6.5990E-08
     4     4.0000E+03   4.9600E-03    1.5582E-02    9.3564E+01    9.0000E+01
     5     5.0000E+03   6.3726E-02    2.0019E-01    4.4555E+00   -3.2969E-07
     6     6.0000E+03   4.9720E-03    1.5619E-02    9.5346E+01    9.0000E+01
     7     7.0000E+03   4.5563E-02    1.4313E-01    6.2377E+00   -9.2207E-07
     8     8.0000E+03   4.9890E-03    1.5673E-02    9.7129E+01    9.0000E+01
     9     9.0000E+03   3.5484E-02    1.1147E-01    8.0200E+00   -1.9728E-06


      TOTAL HARMONIC DISTORTION =    4.3029E+01 PERCENT
```

图 8-28　V(OUT2)的傅里叶分析结果

8.4 上机练习

【练习一】 电路如图 8-29 所示，修改三极管 Q2N3904 的放大倍数 Bf = 50，然后对电路进行如下仿真：

(1) 先做交流分析，查看电路在 10 kHz 处的电压放大倍数（采用倍为单位的电压放大倍数），然后做瞬态仿真与傅里叶分析，查看约 50 个周期波形，仿真结束后查看 V(OUT)波形，并回答以下问题：

① 10 kHz 处的放大倍数为多少？

② 查看电路静态工作点下的 VCEQ 是多少，此时静态工作点离饱和区近还是离截止区近，容易产生哪种失真？

③ 查看 V(OUT)的波形，其出现底部失真还是顶部失真？此种失真属于截止失真还是饱和失真？是由于静态工作点 Q 设置得过高还是过低造成的？如何消除这种失真(要具体到改变哪个元件及如何变化)？此时 V(OUT)总的谐波失真系数为多少？

④ 读取稳定状态下 V(OUT)波形的正半周幅值与负半周幅值，得到实际输出波形的正半周幅值与负半周幅值，计算电压放大倍数乘输入电压幅值，得到理想输出波形的正负半周幅值，由电路的静态工作点计算电路能够输出的正半周最大不失真输出电压与负半周最大不失真输出电压，将这三种情况下的输出电压幅值做对比，分析为什么实际输出波形的正半周幅度会远小于理想输出波形的正半周幅值？为什么实际输出波形的负半周幅度会大于理想输出波形的负半周幅度？

⑤ 将 VSIN 的 VAMPL 属性设置为 20 mV，输出波形是否失真？为什么会产生失真？此时 V(OUT)总的谐波失真系数为多少？

(2) 将 Rb2 的大小改为 20 k，VSIN 的 VAMPL 属性设置为 50 mV，先做交流分析，查看电路在 10 kHz 处的电压放大倍数（采用倍为单位的电压放大倍数），然后做瞬态仿真与傅里叶分析，查看约 50 个周期波形，仿真结束后查看 V(OUT)波形，并回答以下问题：

① 10kHz 处的放大倍数为多少？

② 查看电路静态工作点下的 V_{CEQ} 是多少，此时静态工作点离饱和区近还是离截止区近，容易产生哪种失真？

③ 查看 V(OUT)的波形，其出现底部失真还是顶部失真？此种失真属于截止失真还是饱和失真？是由于静态工作点 Q 设置得过高还是过低造成的？如何消除这种失真（要具体到改变哪个元件及如何变化）？此时 V(OUT)总的谐波失真系数为多少？

④ 读取稳定状态下 V(OUT)波形的正半周幅值与负半周幅值，得到实际输出波形的正半周幅值与负半周幅值，计算电压放大倍数乘输入电压幅值，得到理想输出波形的正负半周幅值，由电路的静态工作点计算电路能够输出的正半周最大不失真输出电压与负半周最大不失真输出电压，将这三种情况下的输出电压幅值进行对比，分析为什么实际输出波形负半周幅度会远小于理想输出波形负半周幅值？

⑤ 若 VSIN 的 VAMPL 属性设置为 20 mV，输出波形是否失真？为什么会产生失真？此时 V(OUT)总的谐波失真系数为多少？

(3) 将 Rb2 的大小改为 10 k，VSIN 的 VAMPL 属性设置为 20 mV，先做交流分析，查看电路在 10 kHz 处的电压放大倍数(采用倍为单位的电压放大倍数)，然后做瞬态仿真与傅里叶分析，查看约 50 个周期波形，仿真结束后查看 V(OUT)波形，并回答以下问题：

① 10kHz 处的放大倍数为多少？

② 查看电路静态工作点下的 V_{CEQ} 是多少，此时静态工作点是否合适？

③ 查看 V(OUT)的波形，其是否还失真？此时 V(OUT)总的谐波失真系数为多少？

④ 读取稳定状态下 V(OUT)波形的正半周幅值与负半周幅值，得到实际输出波形的正半周幅值与负半周幅值，计算电压放大倍数乘输入电压幅值，得到理想输出波形的正负半周幅值，由电路的静态工作点计算电路能够输出的正半周最大不失真输出电压与负半周最大不失真输出电压，将这三种情况下的输出电压幅值进行对比，此时电路的静态工作点还可以往哪边调节？

(4) 试总结放大电路输出波形产生失真的因素。

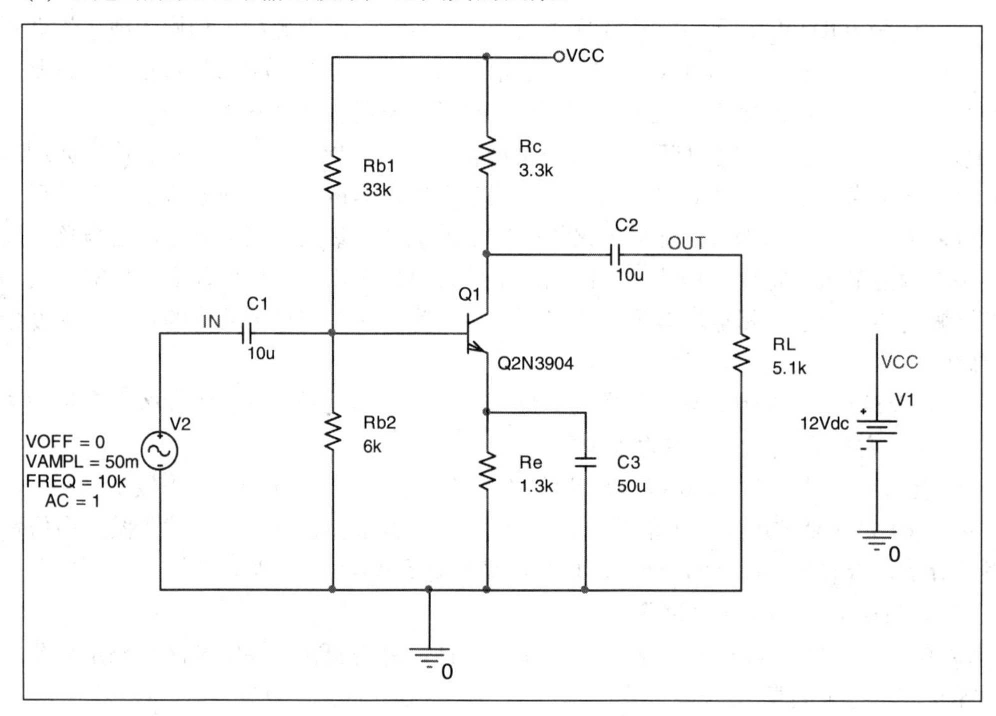

图 8-29 练习一电路

【练习二】 如图 8-30 所示的乙类互补对称电路，输入正弦波的频率为 1 kHz，幅值为 5 V，对电路进行如下仿真：

(1) 做瞬态分析与傅里叶分析，查看 V(out)波形，其发生了哪种失真？为何会产生此种失真？并查看 V(out)的直流分量、一次谐波幅值、二次谐波幅值和总的谐波失真系数。

(2) 对图 8-30 电路进行改进，改进后的电路如图 8-31 所示，做瞬态分析与傅里叶分析，查看 V(out)波形，其失真是否消除？为何能够消除这种失真？并查看 V(out)的直流分量、一次谐波幅值、二次谐波幅值和总的谐波失真系数。

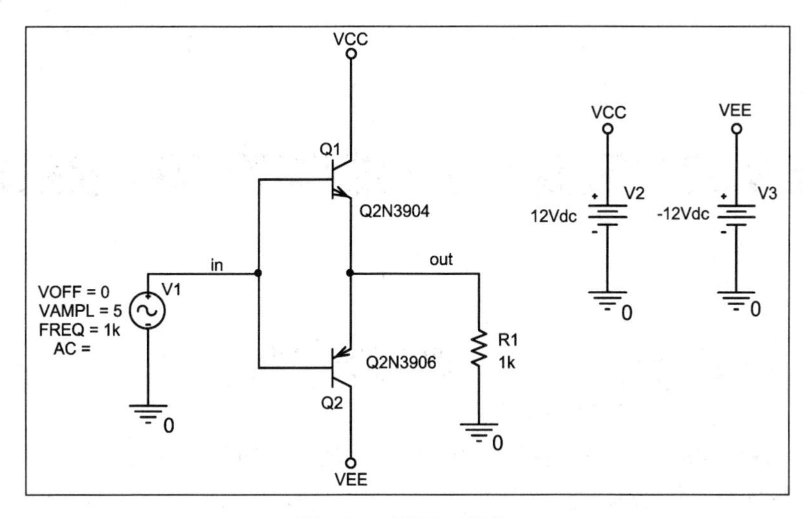

图 8-30　练习二电路

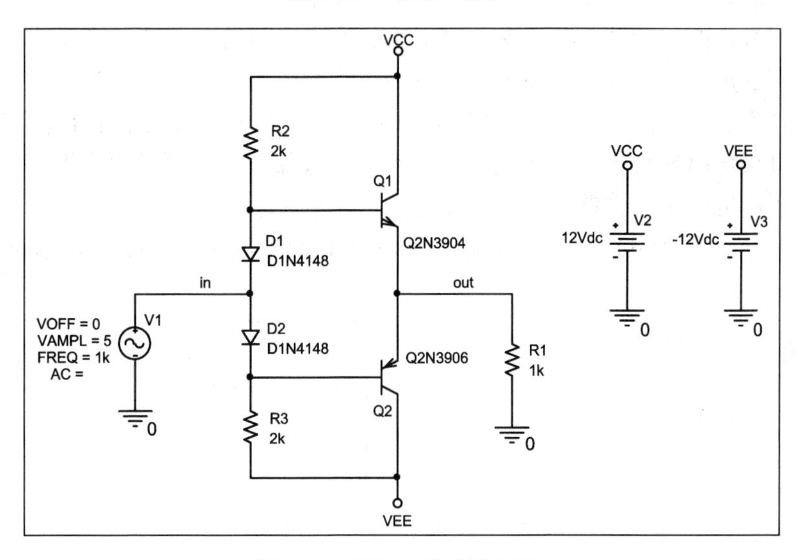

图 8-31　练习二的改进电路

【练习三】 分别用脉冲信号源与分段周期信号源实现三角波与锯齿波，周期为 1 ms。

第 9 章　蒙特卡洛分析与最坏情况分析

9.1　蒙特卡洛分析

实际中，各元件的参数并不为理想值，也并不能确切地知道各元件参数的实际改变量，但是知道各参数的变化范围与随机分布规律，因此需要采用概率统计的方法来预测电路性能的变化，一般采用蒙特卡洛法。蒙特卡洛分析本质上是一种数学统计分析，分析电路中元件参数按照规定的统计分布随机变化时电路的响应(如电阻容差为 ±10%呈高斯分布)，并可通过直方图的形式显示输出变量的统计分布、平均值、平均误差、最大值、最小值、中间值、10%的输出值小于该值、10%的输出值大于该值(90%的输出值小于该值)。蒙特卡洛分析可用于分析电路元件参数在规定容差范围内的成品率，也可以用于保证电路在性能指标范围内尽可能地扩大元件参数容差，以便降低成本。

新建工程，命名为 monte carlo，画出图 9-1 所示的电路，下面以此电路为例介绍蒙特卡洛分析。

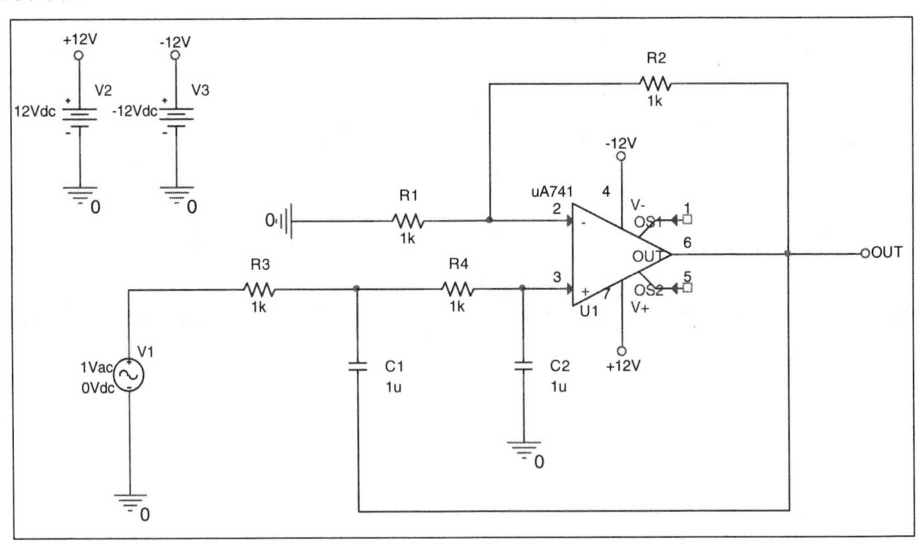

图 9-1　二阶低通滤波器

1. 理想值元件电路仿真

电路中的电阻与电容全部取理想值，不存在误差。新建仿真文件命名为 ac，仿真滤波器的频率特性，相应的仿真参数设置如图 9-2 所示。选择交流分析，起始频率为 0.1 Hz，结束频率为 10 kHz，10 倍对数扫描，每个 10 倍频仿真 100 个点。仿真参数设置完成之后运行仿真，仿真结束后在 Probe 界面调出 DB(V(OUT))与滤波器的上限截止频率 Cutoff_Lowpass_3dB(V(OUT))，其结果如图 9-3 所示。

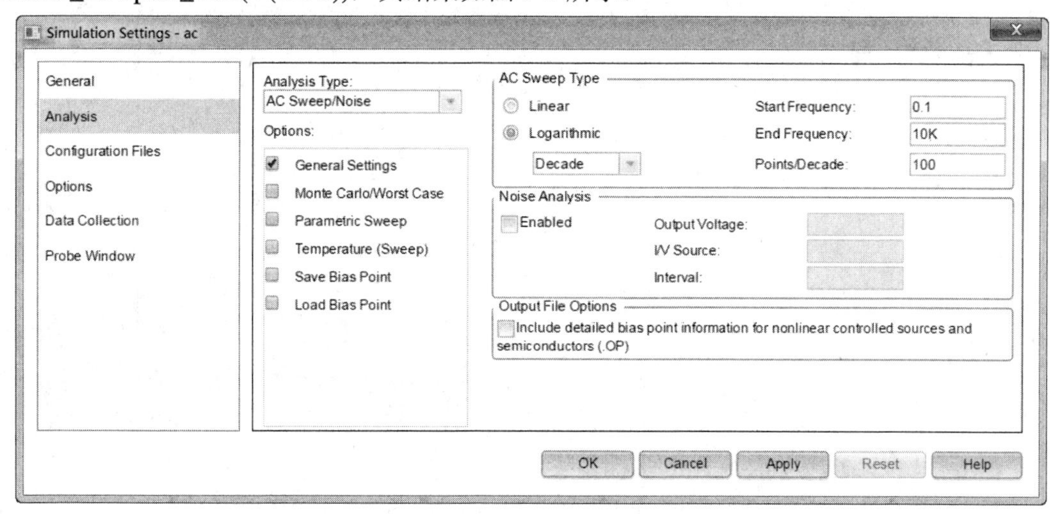

图 9-2　交流分析参数设置

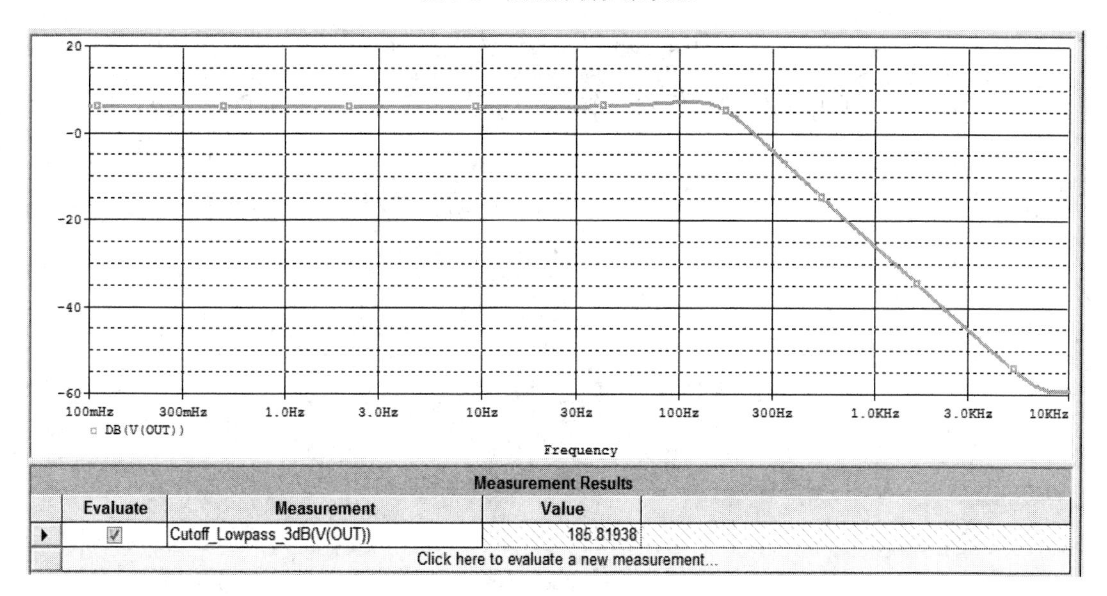

图 9-3　幅频特性与上限截止频率

2. 设置元件容差

在实际中，由于工艺或老化的原因，元件器件的实际值与理想值之间会存在一定的偏差。例如，电阻理想值为 1 kΩ，如果误差为 ±10%，那么实际的电阻值为 900～1100 Ω 的某一个值。容差包括元件容差 DEV 与批容差 LOT，元件容差独立变化，相同类型元件的批容差为同时增大或减小相同的误差。DEV 一般会比 LOT 大，总的容差范围为 DEV + LOT。因此在进行蒙特卡洛仿真前需要设置元件容差，本电路中将电阻容差设置为 10%，电容容差设置为 5%。设置步骤如下：

(1) 选中需要设置元件容差的元件，如图 9-4 所示。

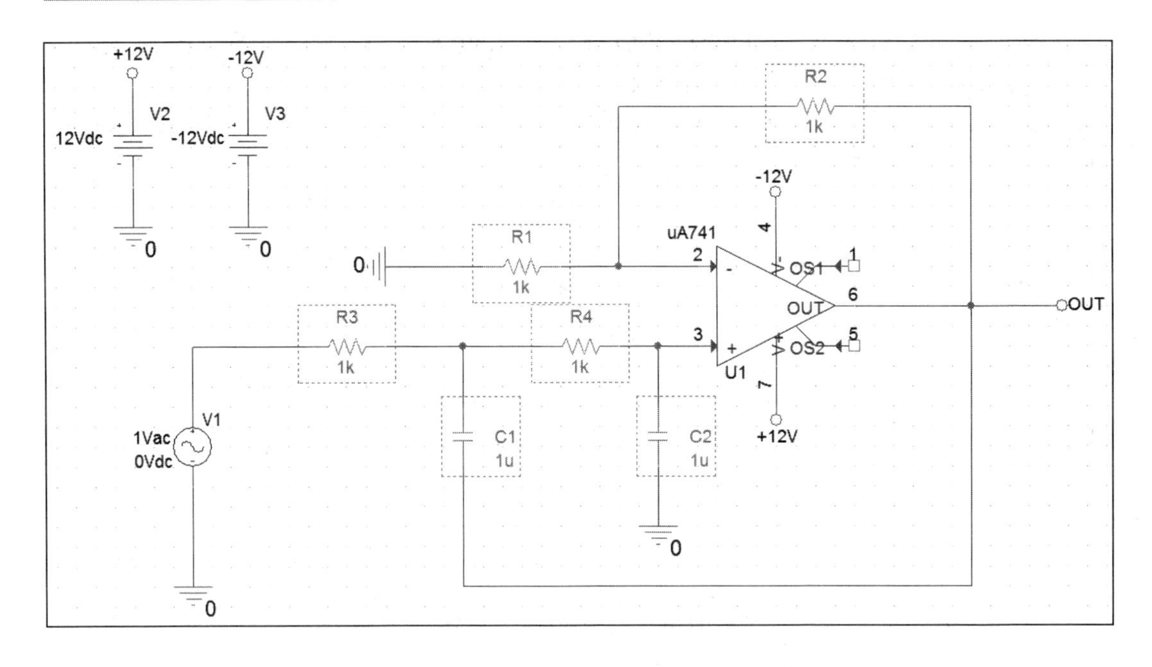

图 9-4　选中需要设置容差的元件

(2) 鼠标移动到选中元件中的任意一个，然后右键，选择菜单 Edit Properties，如图 9-5 所示。

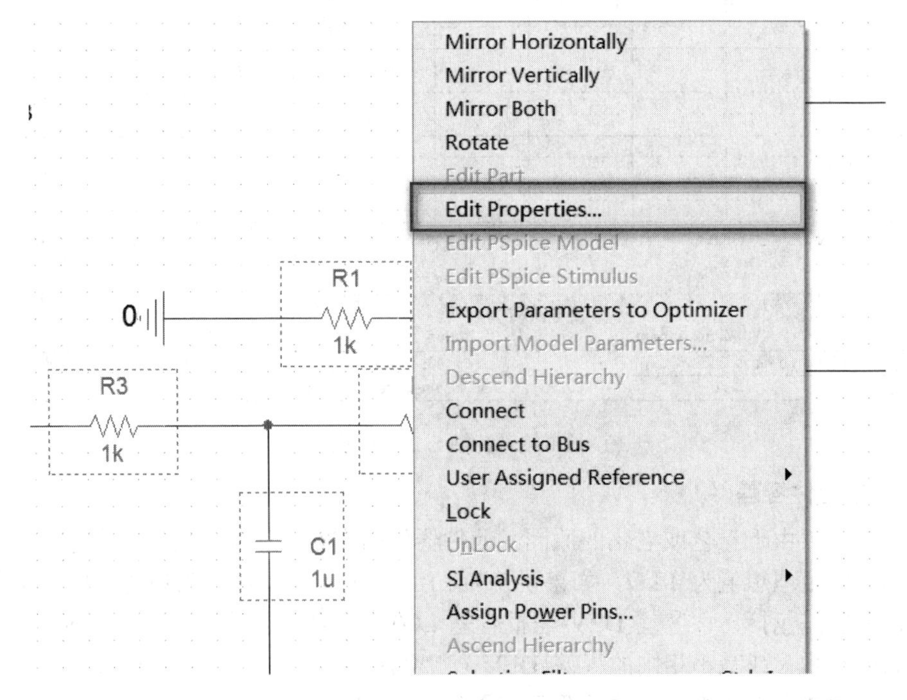

图 9-5　右键选择菜单 Edit Properties

(3) 在弹出的界面中选择 TOLERANCE 栏(TOLERANCE 为 DEV)，在其参数框中输入元件的容差值并显示，电阻为 10%、电容为 5%(一定要输入%)，如图 9-6 所示。

monte carl..*　PAGE1*　SCHEMATI..*

New Property...　Apply　Display...　Delete Property　Pivot　Filter by: < Current properties >

	A	B	C	D	E	F
	SCHEMATIC1 : PA	SCHEMATIC1 : PA	SCHEMATIC1 : PA	SCHEMATIC1 : PA	SCHEMATIC1 : PA	SCHEMATIC1 : PA
Implementation						
Implementation Path						
Implementation Type	<none>	<none>	<none>	<none>	<none>	<none>
KNEE	CBMAX	CBMAX				
Location X-Coordinate	420	520	450	600	360	480
Location Y-Coordinate	320	320	230	150	270	270
MAX_TEMP	CTMAX	CTMAX	RTMAX	RTMAX	RTMAX	RTMAX
Name	INS180	INS196	INS98	INS114	INS139	INS155
Part Reference	C1	C2	R1	R2	R3	R4
PCB Footprint	cap196	cap196	AXRC05	AXRC05	AXRC05	AXRC05
POWER			RMAX	RMAX	RMAX	RMAX
Power Pins Visible						
Primitive	DEFAULT	DEFAULT	DEFAULT	DEFAULT	DEFAULT	DEFAULT
PSpiceTemplate	C^@REFDES %1 %2 ?	C^@REFDES %1 %2 ?	R^@REFDES %1 %2 ?	R^@REFDES %1 %2 ?	R^@REFDES %1 %2 ?	R^@REFDES %1 %2 ?
Reference	C1	C2	R1	R2	R3	R4
SLOPE	CSMAX	CSMAX	RSMAX	RSMAX	RSMAX	RSMAX
Source Library	C:\CADENCE\SPB_	C:\CADENCE\SPB_	C:\CADENCE\SPB_	C:\CADENCE\SPB_	C:\CADENCE\SPB_	C:\CADENCE\SPB_
Source Package	C	C	R	R	R	R
Source Part	C.Normal	C.Normal	R.Normal	R.Normal	R.Normal	R.Normal
TC1	0	0	0	0	0	0
TC2	0	0	0	0	0	0
TOLERANCE	5%	5%	10%	10%	10%	10%
Value	1u	1u	1k	1k	1k	1k
VC1	0	0				
VC2	0	0				
VOLTAGE	CMAX	CMAX	RVMAX	RVMAX	RVMAX	RVMAX

图 9-6　在 TOLERANCE 栏中输入容差

(4) 保存并关闭元件参数设置窗口，最终容差设置完成的电路如图 9-7 所示。

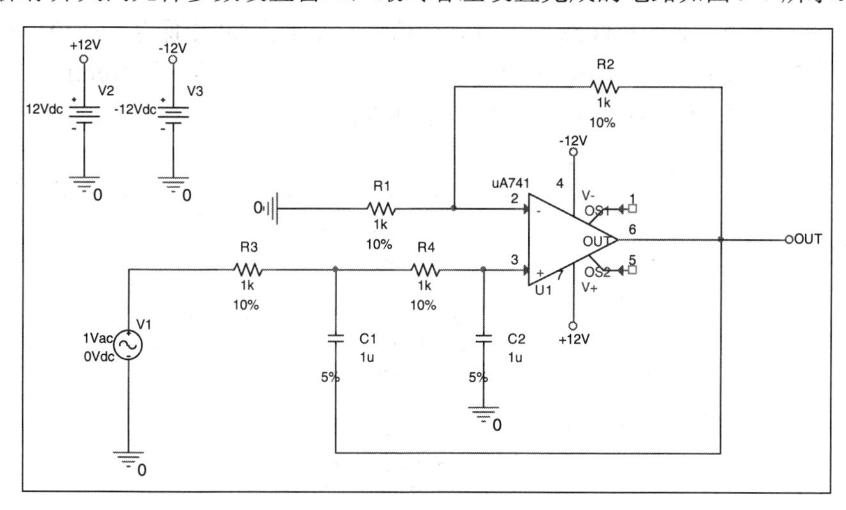

图 9-7　容差设置完成后的电路

3. 对设置了容差的电路进行蒙特卡洛分析

新建仿真文件命名为 ac_mc，对滤波器的频率特性进行蒙特卡洛分析。在 Analysis Type 下拉列表中选择 AC Sweep/Noise，在 Options 中选择 General Settings，设置起始频率为 0.1 Hz，结束频率为 10 kHz，10 倍对数扫描，每个 10 倍频仿真 100 个点，如图 9-8 所示。

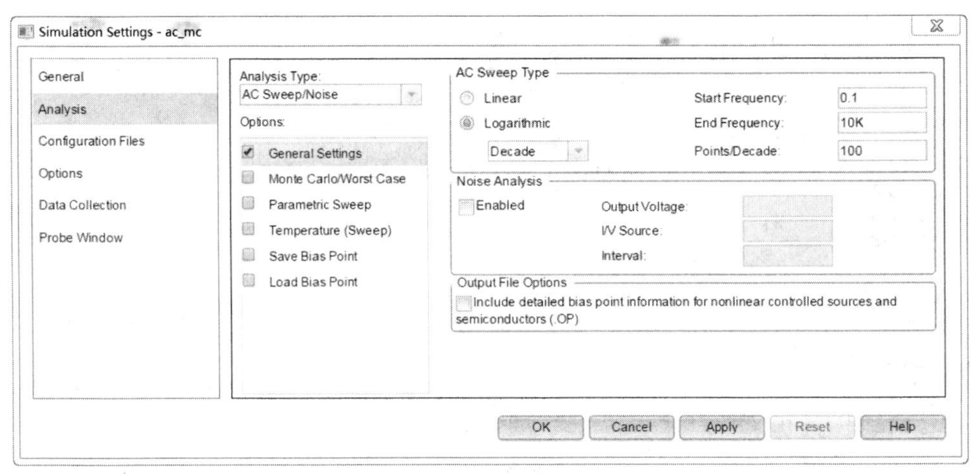

图 9-8　交流分析参数设置

在 Options 中选择 Monte Carlo/Worst Case。在右侧界面中选择 Monte Carlo，在 Output Variable: 中输入输出变量名称 V(OUT)。然后在 Monte Carlo Options 中设置蒙特卡洛仿真参数，在 Number of runs: 中输入分析次数 200(次数越多仿真越精确，但所需的时间越长，第一次分析使用元件的标称值进行仿真)。在 Use Distribution 下拉菜单中选择参数的分布类型 Gaussian(Uniform 为均匀分布；Gaussian 为高斯分布或正态分布，误差范围为 ±4σ；GaussUser 可自己设置高斯分布误差范围 ±nσ；对于生产制造一般都为高斯分布)。Random number seed: [1.32767]中可设置随机种子数，此处无须设置，取默认值 17 533(自己设置必须取 1～32 767 中的奇数)。Save Data From 可设置数据保存形式，此处取默认值 All(none 只保存理想值运行结果，All 为保存所有分析次数结果，Frist 为保存前多少次的仿真结果，Every 为每隔多少次保存一次数据，Run(list)为只保存列出次数点的数据)。蒙特卡洛分析仿真设置如图 9-9 所示。

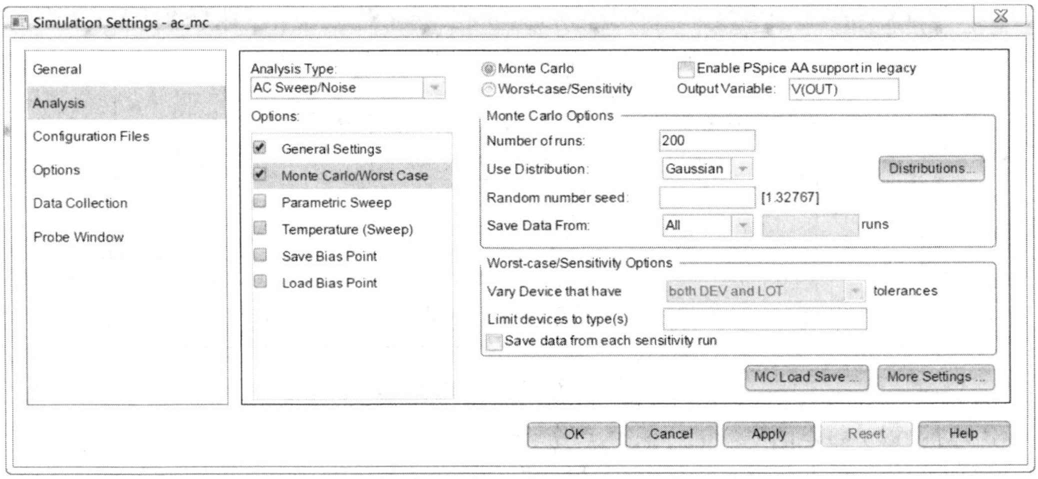

图 9-9　蒙特卡洛分析参数设置

4. 查看蒙特卡洛仿真结果

参数设置完成之后运行仿真，仿真结束后出现图 9-10 所示的界面，然后单击 OK 按键。

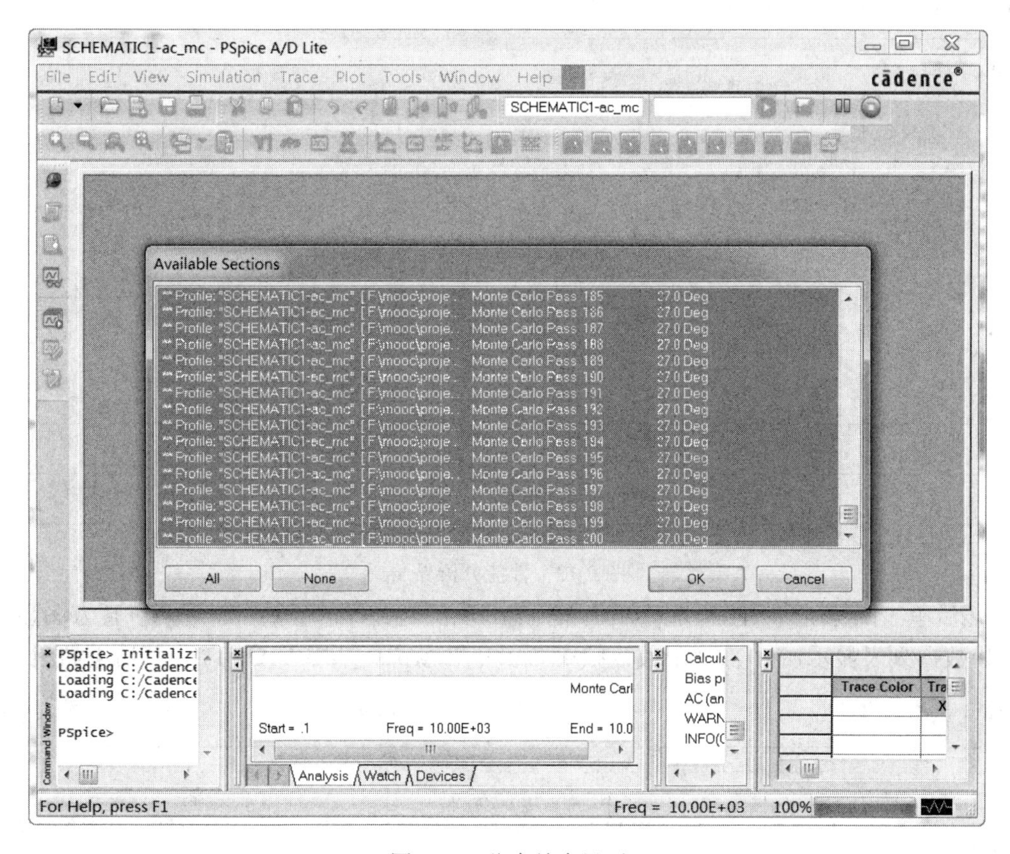

图 9-10　仿真结束界面

在 Probe 界面调出 DB(V(OUT))，其结果如图 9-11 所示。

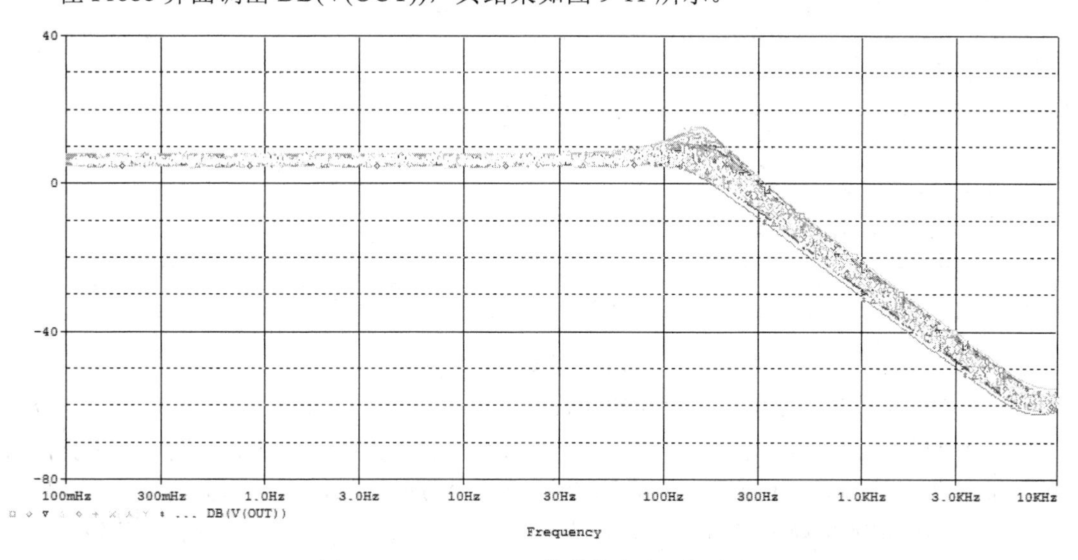

图 9-11　DB(V(OUT))的蒙特卡洛分析结果

采用性能分析以直方图显示某一具体参数值的仿真结果，比如查看上限截止频率的蒙特卡洛仿真结果。在 Probe 界面选择菜单 Trace→Performance Analysis 或者单击图标，出现图 9-12 所示的界面。

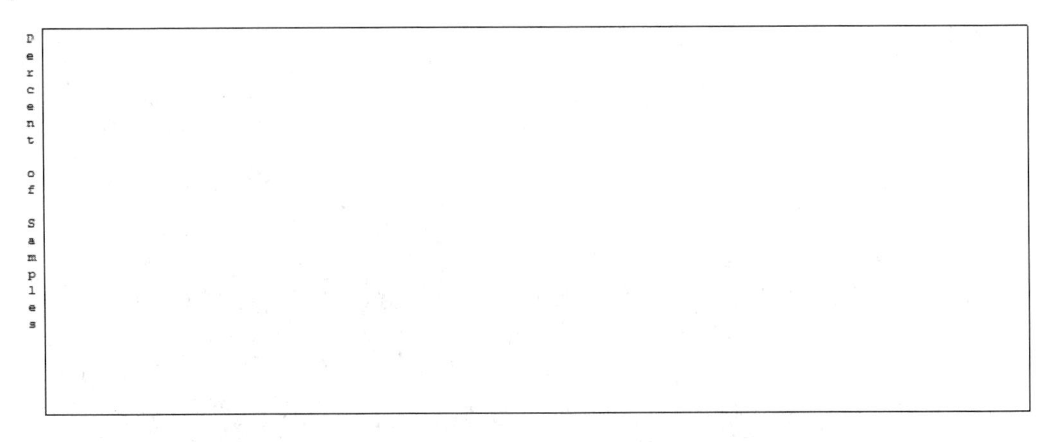

图 9-12　性能分析界面

然后单击图标 (注意是 不是 ，虽然是一样的函数，但 以直方图显示， 以数据列表显示)，添加上限截止频率 Cutoff_Lowpass_3dB(V(OUT))，其结果如图 9-13 所示。

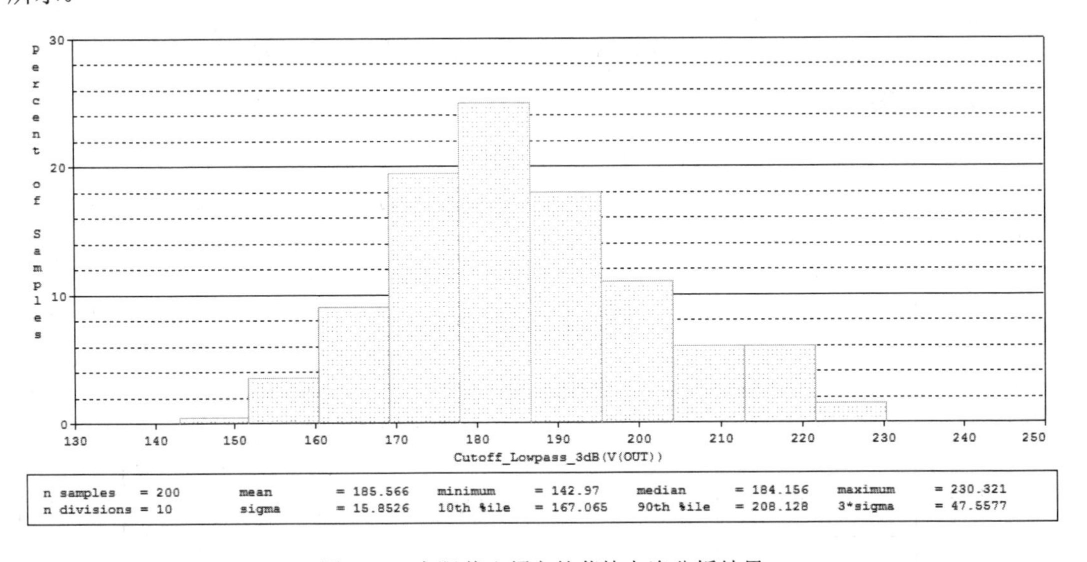

图 9-13　上限截止频率的蒙特卡洛分析结果

从直方图可以看出上限截止频率的大致分布情况，也可由直方图底部的蒙特卡洛分析参数得到上限截止频率的具体分布情况。几个参数的含义为：n samples 为蒙特卡洛分析次数，mean 为输出变量平均值，minimum 为输出变量最小值，median 为输出变量中间值，maximum 为输出变量最大值，n divisions 为直方图个数，sigma 为输出变量的 1σ 误差，10th %ile 为 10%的输出变量小于该值，90th %ile 为 90%的输出变量小于该值(也可理解为 10%的输出变量大于该值)，3*sigma 为输出变量的 3σ 误差。

直方图个数可单击 Probe 界面中的 Tools→Option→Histogram Divisons 进行设置，如图 9-14 所示。直方图个数越多图形显示越精确，但是不会影响蒙特卡洛分析结果的参数。

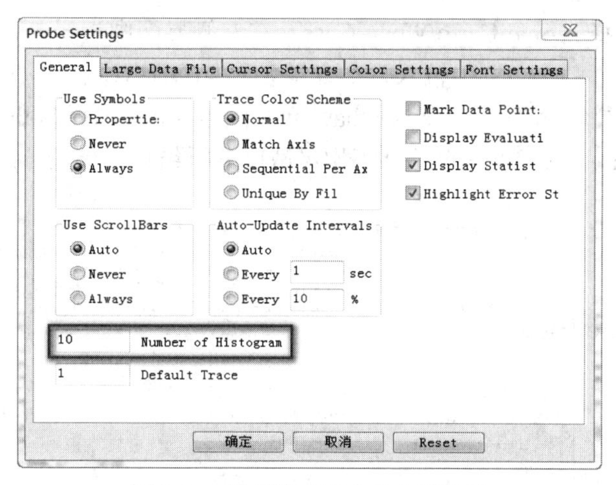

图 9-14　设置直方图中长方形数目

9.2　最坏情况分析

最坏情况是指电路中的元件在参数容差边界点上取某种组合时引起电路性能的最大偏差。最坏情况分析先对理想值电路进行分析，然后对每个容差元件进行灵敏度分析。每一次分析只改变一个元件参数，其他均取理想值，按照设定的相对容差(默认为 0.1%)在正负两个方向上进行仿真计算，以确定正负容差哪个对最坏情况下的输出影响比较大。最后，将每一个元件参数的值取使输出最坏对应的最大容差值，此时仿真得出的结果就是最坏情况。最坏情况仿真无须设置仿真次数，仿真次数 = 容差变量的个数 + 2(理想值一次，每个容差元件各一次，最坏情况一次)。

新建工程，命名为 worst case，电路如图 9-7 所示，下面以此电路为例介绍最坏情况分析。

新建仿真文件命名为 ac_wc，对滤波器的频率特性进行最坏情况分析。先在 Analysis Type 下拉列表中选择 AC Sweep/Noise，在 Options 中选择 General Settings，设置起始频率为 0.1 Hz，结束频率为 10 kHz，10 倍对数扫描，每个 10 倍频仿真 100 个点，如图 9-15 所示。

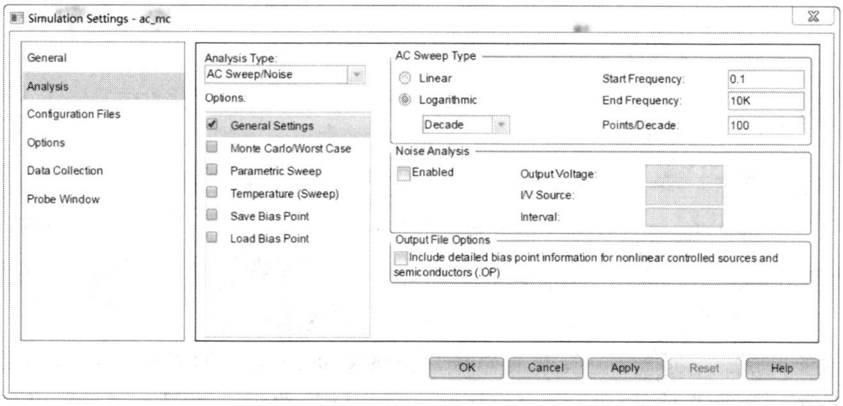

图 9-15　交流分析参数设置

在 Options 中选择 Monte Carlo/Worst Case。在右侧界面中选择 Worst-case/Sensitivity，在 Output Variable: 中输入输出变量名称 V(OUT)。然后在 Worst-case/Sensitivity Options 中设置仿真参数，在 Vary Device that have 下拉菜单中选择 both DEV and LOT。Save data from each sensitivity run 为是否保存每次灵敏度分析结果，此处不选。最坏情况分析仿真设置如图 9-16 所示。

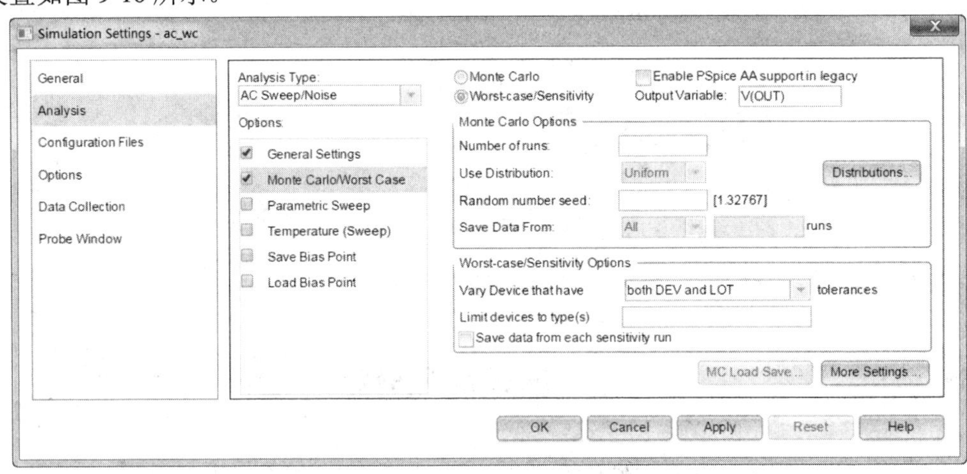

图 9-16　最坏情况分析参数设置

再单击 More Settings，出现图 9-17 所示的界面。在 Find 下拉菜单中选择 YMAX(YMAX 表示查询每个波形仿真结果与元件理想值仿真结果在 Y 方向上的最大差值，MAX 表示查询每个波形的最大值，MIN 表示查询每个波形的最小值，RISE_EDGE 表示查询波形第一次以上升方式穿过阈值(Threshold Value)的时间值，FALL_EDGE 表示查询波形第一次以下降方式穿过阈值的时间值。在 Worst-Case direction 中选择 Hi(Hi 为增大方向或正向，Low 为降低方向或负向)。

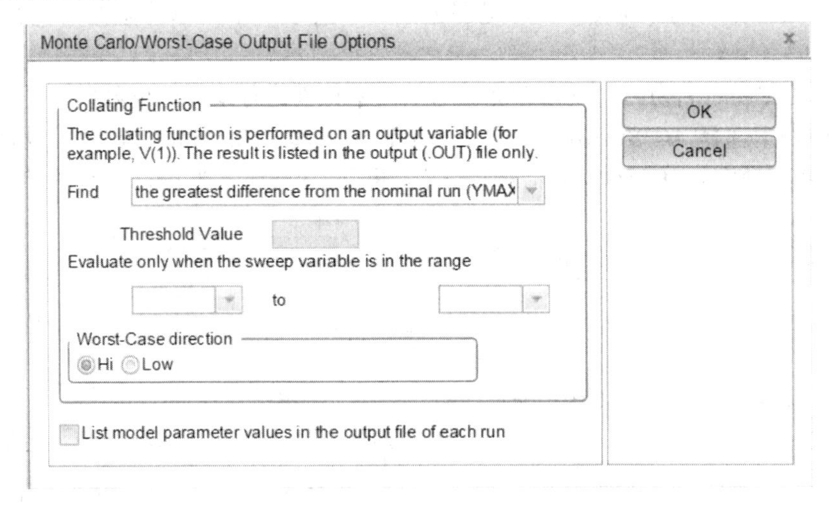

图 9-17　More Settings 设置界面

参数设置完成之后运行仿真，仿真结束后出现图 9-18 所示的界面，表示存在两条曲线，一条为标称值仿真结果曲线，一条为最坏情况仿真结果曲线。若保存了灵敏度仿真结果，此处还会增加每次灵敏度的仿真结果曲线，然后单击 OK 按键。

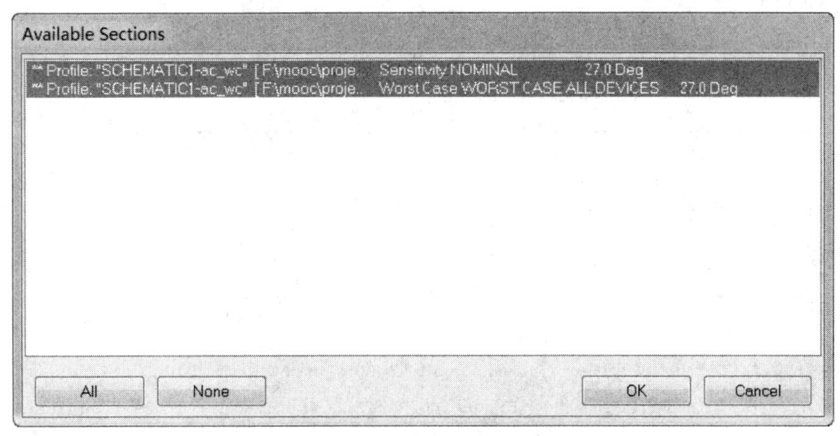

图 9-18　仿真结束界面

在 Probe 界面添加 DB(V(OUT))与 Cutoff_Lowpass_3dB(V(OUT))，其结果如图 9-19 所示，可以看到理想值的结果与最坏情况结果。

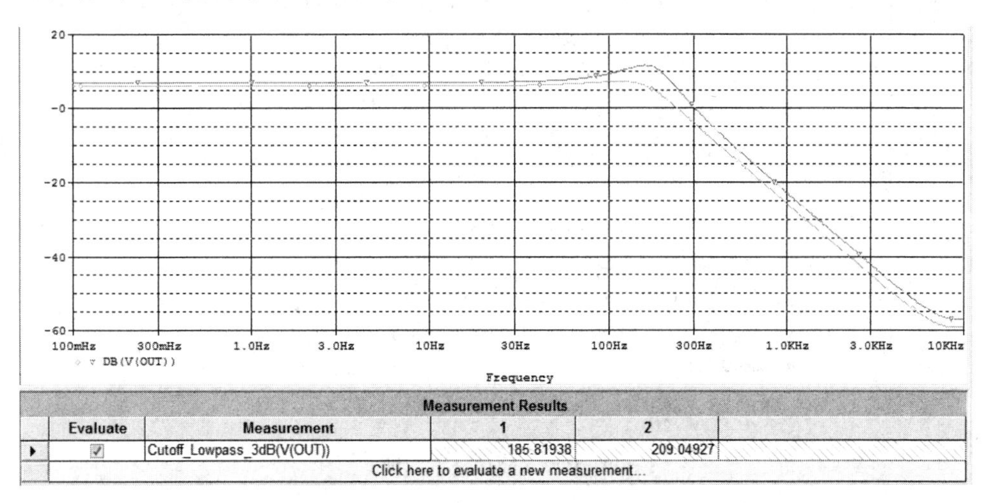

图 9-19　Hi 幅频特性曲线与上限截止频率

也可从输出文件中查看灵敏度与最坏情况的分析结果，如图 9-20～图 9-22 所示，可以查看哪个元件对输出的影响最大，各元件参数是朝哪个方向变化产生最坏情况。

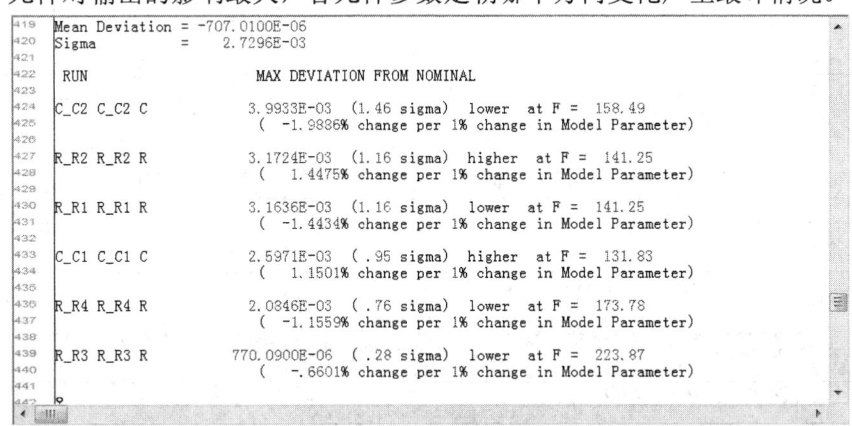
```
419 Mean Deviation = -707.0100E-06
420 Sigma          =    2.7296E-03
421
422  RUN                      MAX DEVIATION FROM NOMINAL
423
424 C_C2 C_C2 C              3.9933E-03  (1.46 sigma)  lower  at F =  158.49
425                            (  -1.9886% change per 1% change in Model Parameter)
426
427 R_R2 R_R2 R              3.1724E-03  (1.16 sigma)  higher  at F =  141.25
428                            (   1.4475% change per 1% change in Model Parameter)
429
430 R_R1 R_R1 R              3.1636E-03  (1.16 sigma)  lower  at F =  141.25
431                            (  -1.4434% change per 1% change in Model Parameter)
432
433 C_C1 C_C1 C              2.5971E-03  ( .95 sigma)  higher  at F =  131.83
434                            (   1.1501% change per 1% change in Model Parameter)
435
436 R_R4 R_R4 R              2.0846E-03  ( .76 sigma)  lower  at F =  173.78
437                            (  -1.1559% change per 1% change in Model Parameter)
438
439 R_R3 R_R3 R            770.0900E-06  ( .28 sigma)  lower  at F =  223.87
440                            (   -.6601% change per 1% change in Model Parameter)
441
442
```

图 9-20　灵敏度分析结果

```
497
498
499  ****     UPDATED MODEL PARAMETERS         TEMPERATURE =   27.000 DEG C
500
501                          WORST CASE ALL DEVICES
502
503  ******************************************************************************
504
505
506
507  Device        MODEL         PARAMETER     NEW VALUE
508  C_C1          C_C1          C                  1.05        (Increased)
509  C_C2          C_C2          C                   .95        (Decreased)
510  R_R4          R_R4          R                   .9         (Decreased)
511  R_R2          R_R2          R                  1.1         (Increased)
512  R_R1          R_R1          R                   .9         (Decreased)
513  R_R3          R_R3          R                   .9         (Decreased)
514
515  ♀
516  **** 06/28/19 13:01:31 ******* PSpice Lite (March 2016) ******* ID# 10813 ****
517
518   ** Profile: "SCHEMATIC1-ac_wc"  [ F:\mooc\project\14worst case\worst case-PSpiceFiles\SCHEM
519
520
```

图 9-21　最坏情况下各元件参数值及变化方向

```
521   ****     SORTED DEVIATIONS OF V(OUT)      TEMPERATURE =   27.000 DEG C
522
523                          WORST CASE SUMMARY
524
525  ******************************************************************************
526
527
528
529
530
531  Mean Deviation =    1.8604
532  Sigma          =    0
533
534   RUN                      MAX DEVIATION FROM NOMINAL
535
536  WORST CASE ALL DEVICES
537                            1.8604  higher  at F =  169.82
538                            ( 200.11% of Nominal)
539
540
541
542            JOB CONCLUDED
543  ♀
544
```

图 9-22　最坏情况概要

其余仿真参数不变，在 Worst-Case direction 选择 Low，重新运行仿真，其结果如图 9-23 所示。

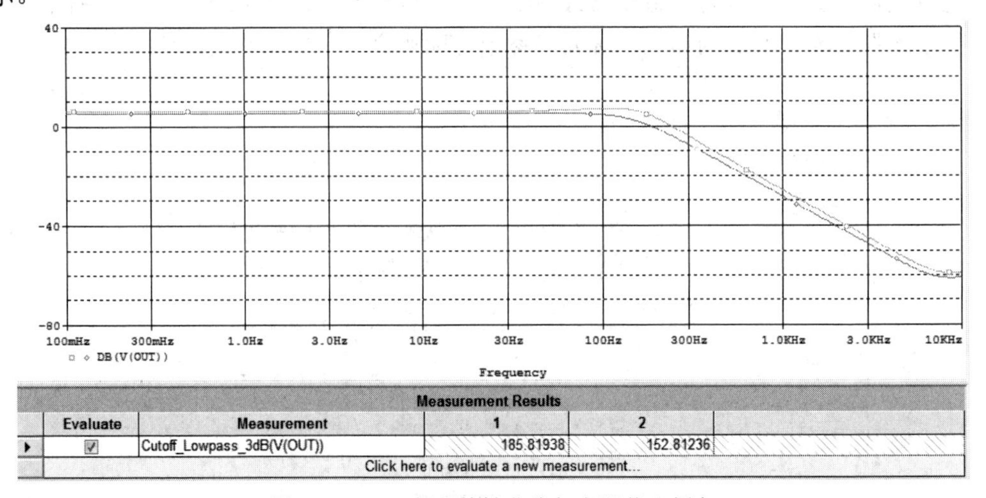

Measurement Results

	Evaluate	Measurement	1	2
▸	☑	Cutoff_Lowpass_3dB(V(OUT))	185.81938	152.81236
	Click here to evaluate a new measurement...			

图 9-23　Low 幅频特性曲线与上限截止频率

9.3 上机练习

【练习一】 对图 9-24 所示带通滤波器电路的频率特性进行蒙特卡洛仿真。

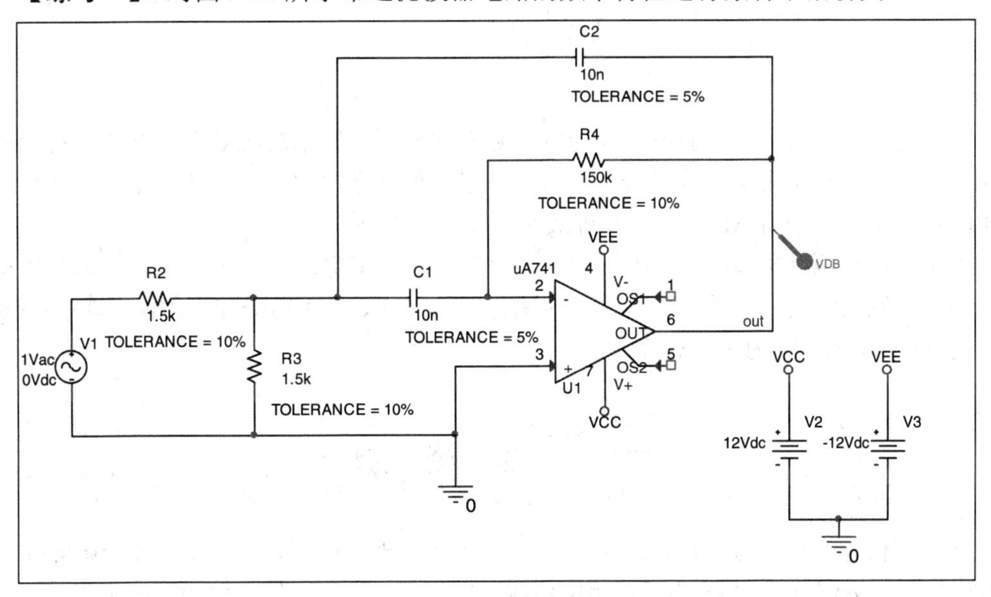

图 9-24　练习一电路

(1) 取样 100，采用高斯分布。观察仿真结果，找出中心频率的最大值、最小值、平均值、中间值、90th %ile、10th %ile、3*sigma，峰值增益的最大值、最小值、平均值、中间值、90th %ile、10th %ile、3*sigma，−3 dB 带宽的最大值、最小值、平均值、中间值、90th %ile、10th %ile、3*sigma。

(2) 取样 100，采用均匀分布。观察仿真结果，找出中心频率的最大值、最小值、平均值、中间值、90th %ile、10th %ile、3*sigma，中心频率对应的放大倍数的最大值、最小值、平均值、中间值、90th %ile、10th %ile、3*sigma，−3 dB 带宽的最大值、最小值、平均值、中间值、90th %ile、10th %ile、3*sigma。

【练习二】 对图 9-24 所示的电路进行最坏情况分析，找出峰值增益的区间范围，并回答以下问题：

(1) 中心频率的测量方法有哪些？

(2) 最坏情况分析是如何找出最差值的？

第 10 章　行为模型创建及其仿真

行为模型(ABM)为传统的电压控制电压源 E 和电压控制电流源 G 的扩展型，行为模型利用传递函数、数学表达式或者查表方式对电子元件或者电路进行描述，常用于元件建模和电路系统建模，采用 ABM 元件来等效实际元件或电路。

PSpice 中有两种类型的 ABM 元件：一种为 PSpice 等效元件，差分输入、差分输出；另一种为控制系统元件，单端输入、单端输出。E、F、G、H 为受控源，保存在 analog 库中，而 ABM 元件保存在 ABM 库中。

10.1 受 控 源

受控源包含 4 种，即电压控制电压源 E、电流控制电流源 F、电压控制电流源 G 和电流控制电压源 H,其中 E 与 G 为最常用的两种。4 种受控源的电路符号如图 10-1 所示，GAIN 可设置受控源的增益系数。

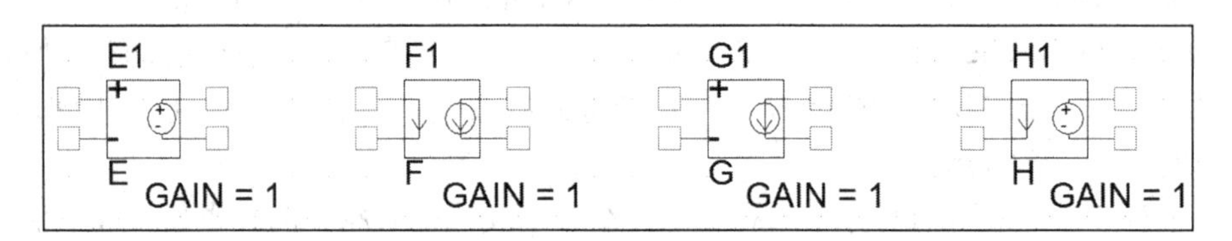

图 10-1　4 种受控源电路符号

10.2 ABM 器 件

10.2.1 基本器件

ABM 基本器件如表 10-1 所示，包括常数器件、乘法器件、减法器件、加法器件与增益(放大)器件。

CONST 为常数器件，可输出一个常数，常数值通过 VALUE 设置。MULT 为乘法器件，将两个输入信号相乘(IN1 × IN2)，输出(OUT)为两个输入之积。DIFF 为减法器件，将两个输入信号相减(IN2 − IN1)，输出(OUT)为两输入之差。SUM 为加法器件，将两个输入信号相加(IN2 + IN1)，输出(OUT)为两输入之和。GAIN 为增益(放大)器件，输出为输入的放大，放大倍数通过 GAIN 设置。

表 10-1　ABM 基本器件

器件名称	符　号	功　能
CONST	1.000 OUT	常数
MULT	IN1 IN2 OUT	相乘
DIFF	IN1 IN2 OUT	相减
SUM	IN1 IN2 OUT	相加
GAIN	1E3	放大

图 10-2 为 ABM 基本器件构成的模型，图 10-3 为其仿真结果。

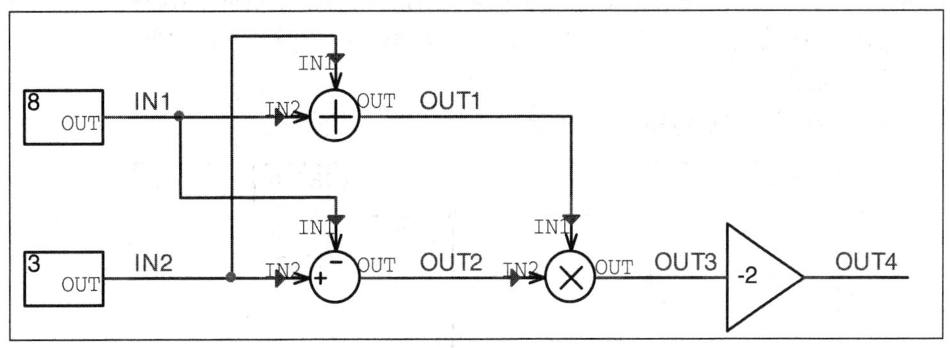

图 10-2　ABM 基本器件构成的模型

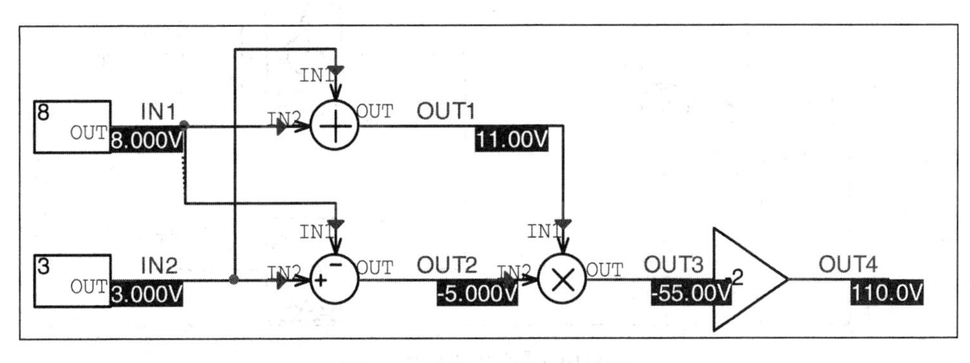

图 10-3　图 10-2 的仿真结果

10.2.2 限幅器元件

限幅器元件用于限制输入信号幅值，使其输出在设定范围，ABM 库中包含 3 种限幅器，如表 10-2 所示。

表 10-2 3 种限幅器

器件名称	符 号	功 能
LIMIT	10 IN OUT 0	硬限幅
GLIMIT	10 IN 1k OUT 0	增益限幅
SOFTLIM	10 1k IN OUT 0	软限幅

LIMIT 为硬限幅器，将输出电压限制在设定的上限与下限之间。GLIMIT 为增益限幅，先对输入电压进行放大，然后再将输出电压限制在设定的上限与下限之间。SOFTLIM 为软限幅，先限幅再增益。

图 10-4 为限幅器仿真电路，图 10-5 为其对应的输出波形。

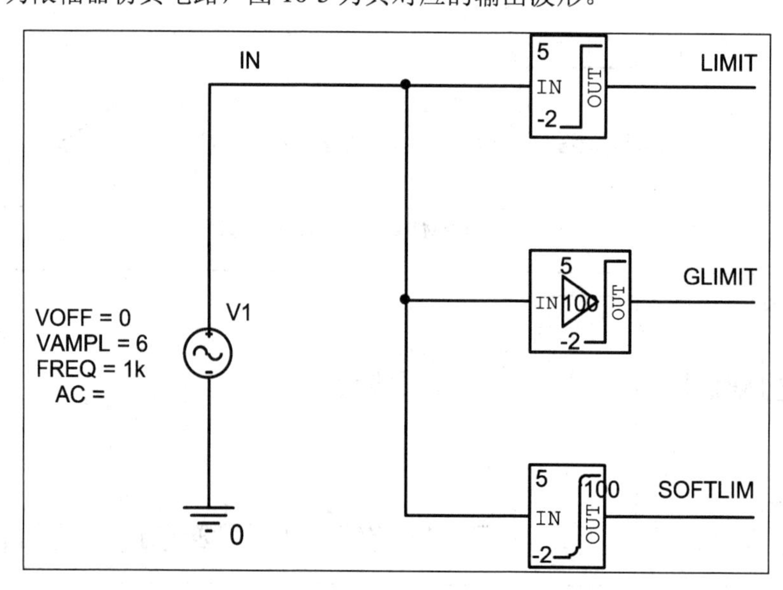

图 10-4 限幅器仿真电路

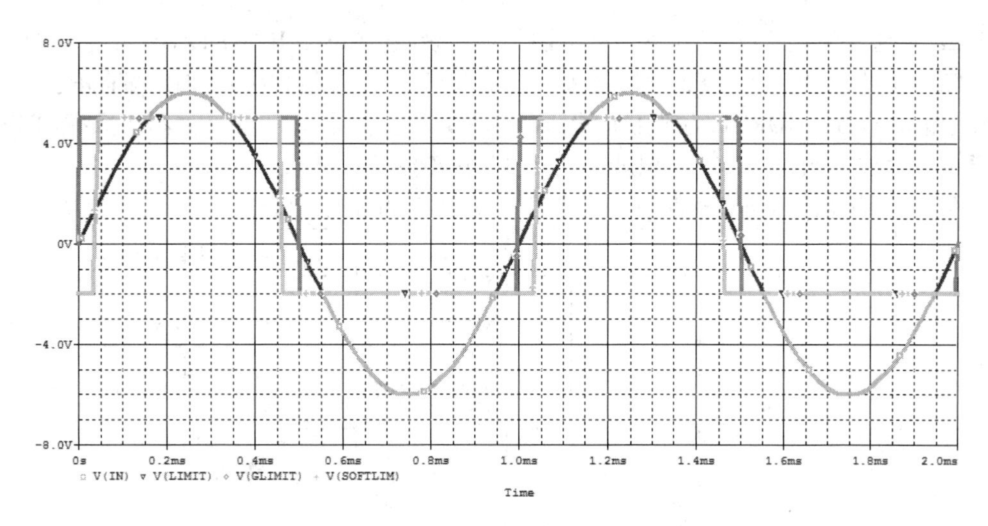

图 10-5　图 10-4 电路对应波形

10.2.3　切比雪夫滤波器元件

切比雪夫滤波器元件主要包括 4 种：低通滤波器、高通滤波器、带通滤波器和带阻滤波器。通过通带频率、阻带频率、通带最大纹波、阻带最小衰减可以设置滤波器的频率特性。ABM 库中的 4 种滤波器如表 10-3 所示。

表 10-3　切比雪夫滤波器列表

器件名称	电路符号	参　数	功　能
LOPASS	IN OUT 10Hz 1dB 100Hz 50dB	FP、FS、RIPPLE、STOP	低通滤波器
HIPASS	IN OUT 10Hz 1dB 100Hz 50dB	FP、FS、RIPPLE、STOP	高通滤波器
BANDPASS	1000Hz 300Hz 100Hz 10Hz 1dB 50dB	F0、F1、F2、F3、RIPPLE、STOP	带通滤波器
BANDREJ	1000Hz 300Hz 100Hz 10Hz 1dB 50dB	F0、F1、F2、F3、RIPPLE、STOP	带阻滤波器

LOPASS 为低通滤波器，FP 为通带频率，FS 为阻带频率，RIPPLE 为通带最大纹波(dB)，STOP 为阻带最小衰减值(dB)。HIPASS 为高通滤波器，FP 为阻带频率，FS 为通带频率，

RIPPLE 为通带最大纹波(dB)，STOP 为阻带最小衰减值(dB)。BANDPASS 为带通滤波器，F0、F3 为阻带频率，F1、F2 为通带频率，RIPPLE 为通带最大纹波(dB)，STOP 为阻带最小衰减值(dB)。BANDREJ 为带阻滤波器，F0、F3 为通带频率，F1、F2 为阻带频率，RIPPLE 为通带最大纹波(dB)，STOP 为阻带最小衰减值(dB)。

图 10-6 为滤波器仿真电路及相应参数，图 10-7 为其对应波形。

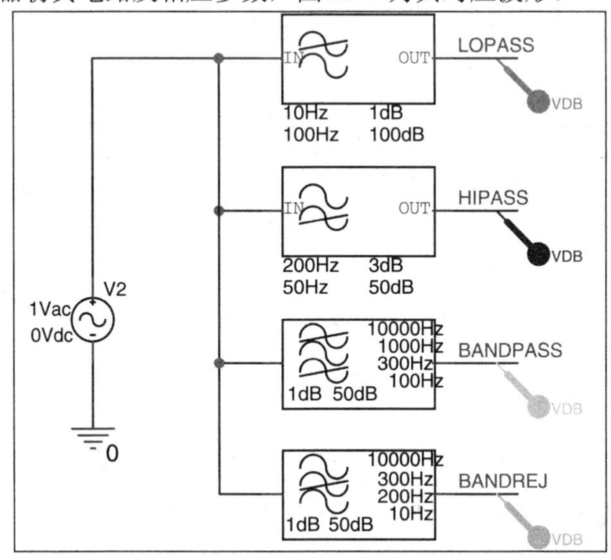

图 10-6 滤波器仿真电路及相应参数

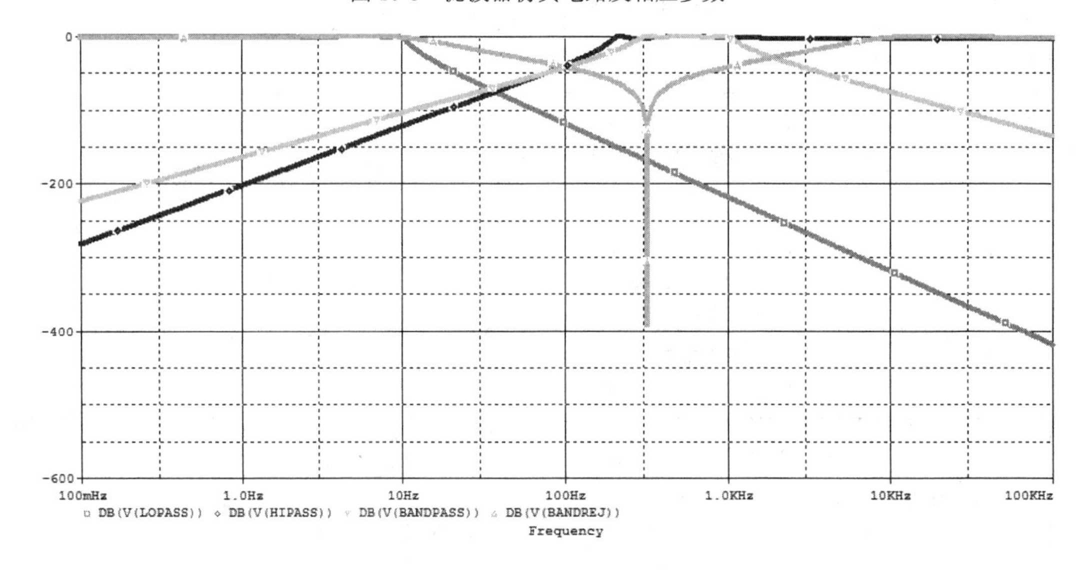

图 10-7 图 10-6 电路对应波形

10.2.4 数学运算元件

ABM 库中的数学运算元件如表 10-4 所示，包括拉普拉斯行为模型、积分器、微分器、绝对值、平方根、自然对数、以 10 为底对数、自然指数、x 绝对值的 y 次方、x 的 y 次方、SIN、COS、TAN、ATAN。

表 10-4　数学运算元件列表

元件名称	电路符号	功　能
LAPLACE	IN $\frac{1}{1+s}$ OUT	用拉普拉斯方程表示传递函数
INTEG	1.0 0V	积分 $\int x\,\mathrm{d}t$
DIFFER	d/dt IN OUT 1.0	微分 $\frac{\mathrm{d}x}{\mathrm{d}t}$
ABS	ABS IN OUT	取绝对值 $\lvert x\rvert$
SQRT	SQRT IN OUT	取平方根 $\sqrt{x}$
LOG	LOG IN OUT	取自然对数 $\ln x$
LOG10	LOG10 IN OUT	取以 10 为底对数 $\lg x$
EXP	EXP IN OUT	取自然指数 e^x
PWR	PWR1.0 IN OUT	取 x 绝对值的 y 次方 $\lvert x\rvert^y$
PWRS	PWRS1.0 IN OUT	取 x 的 y 次方 x^y
SIN	SIN IN OUT	取 sin 运算 $\sin x$
COS	COS IN OUT	取 cos 运算 $\cos x$
TAN	TAN IN OUT	取正切运算 $\tan x$
ATAN	ATAN IN OUT	取反正切运算 $\arctan x$

图 10-8 为 LAPLACE 元件与实际元件构成的低通滤波器对比电路，图 10-9 为其对应波形，滤波器的截止频率为

$$f_{\mathrm{H}}=\frac{1}{2\pi RC}=\frac{1}{2\times3.14\times10^{3}\times10^{-5}}\approx15.9\ \mathrm{Hz}$$

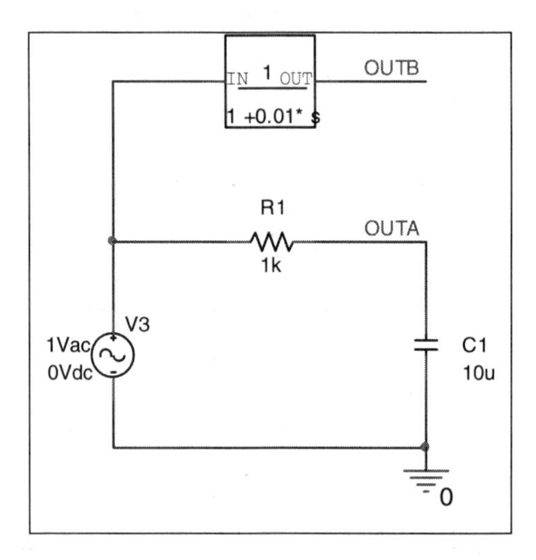

图 10-8　LAPLACE 元件与 RC 构成的低通滤波器

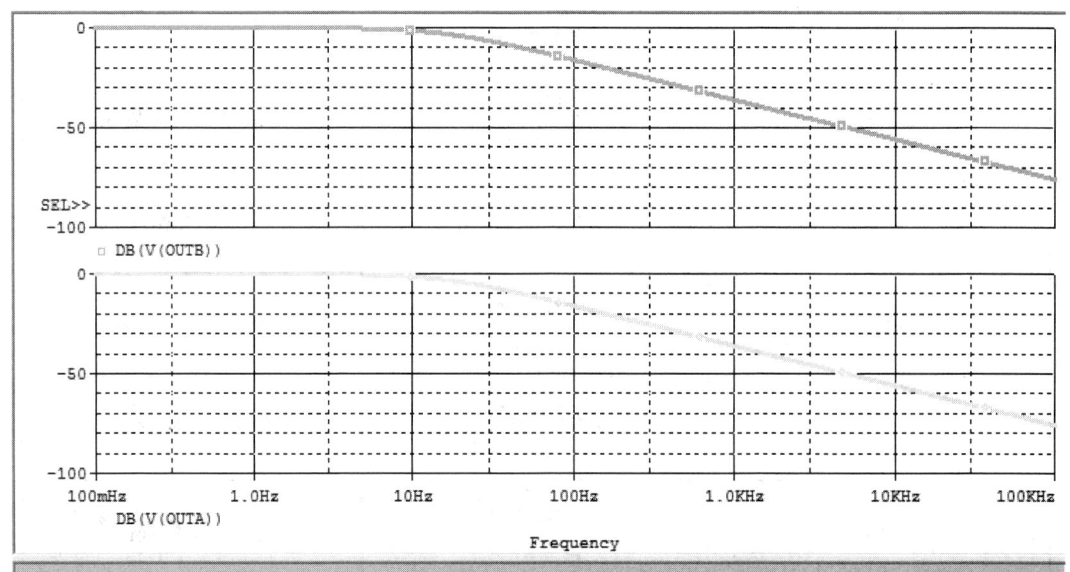

Measurement Results			
Evaluate	Measurement	Value	
☑	Cutoff_Lowpass_3dB(V(OUTB))	15.87838	
☑	Cutoff_Lowpass_3dB(V(OUTA))	15.87838	
Click here to evaluate a new measurement...			

图 10-9　图 10-8 电路对应波形

10.2.5　表达式元件

ABM 库中的表达式元件如表 10-5 所示，包括电压输出 ABM 与电流输出 ABM/I。

表 10-5　表达式元件列表

元 件 名 称	电 路 符 号	功　能
ABM	3.14159265 OUT	无输入电压输出
ABM/I	1.4142136 OUT+ OUT−	无输入电流输出

ABM 元件能够通过编写函数实现多种功能，在 ABM 元件编写函数时每种运算对应的函数如表 10-6 所示。

表 10-6　表达式元件中使用的函数列表

函数名称	功 能	函数名称	功 能
SDT(x)	积分 $\int x\,\mathrm{d}t$	DDT(x)	微分 $\frac{\mathrm{d}x}{\mathrm{d}t}$
ABS(x)	取绝对值 $\lvert x\rvert$	SQRT(x)	取平方根 $\sqrt{x}$
LOG(x)	取自然对数 $\ln x$	LOG10(x)	取以 10 为底对数 $\lg x$
EXP(x)	取自然指数 e^x	IF(t, x, y)	逻辑判断，t 为真，输出 x；t 为假，输出 y
PWR(x, y)	取 x 绝对值的 y 次方 $\lvert x\rvert^y$	PWRS(x, y)	取 x 的 y 次方 x^y
SIN(x)	取正弦运算 $\sin x$	ASIN(x)	取反正弦运算 $\arcsin x$
COS(x)	取余弦运算 $\cos x$	ACOS(x)	取反余弦运算 $\arccos x$
TAN(x)	取正切运算 $\tan x$	ATAN(x)	取反正切运算 $\arctan x$
SINH(x)	取双曲正弦函数 $\sinh x$	COSH(x)	取双曲余弦函数 $\cosh x$
TANH(x)	取双曲正切函数 $\tanh x$	ATAN2(x, y)	取 y 与 x 比值的反正切 $\arctan(y/x)$
M(x)	取 x 的幅值	P(x)	取 x 的相位
R(x)	取 x 的实部	IMG(x)	取 x 的虚部

图 10-10 为使用数学运算元件与表达式元件的对比电路，两者都是对 V4 积分然后再乘以 2，图 10-11 为两者仿真波形。正弦波积分后还是正弦波，幅度变为原来的 $2\times\frac{1}{2\pi f}=2\times\frac{1}{2\times3.14\times10}=0.031\,847$，即约为 32 mV，而输出正弦波相位滞后输入正弦波相位 90°。

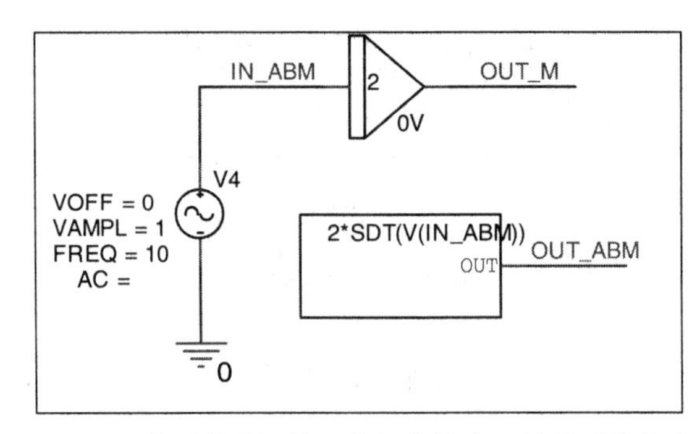

图 10-10　使用数学运算元件与表达式元件的对比电路

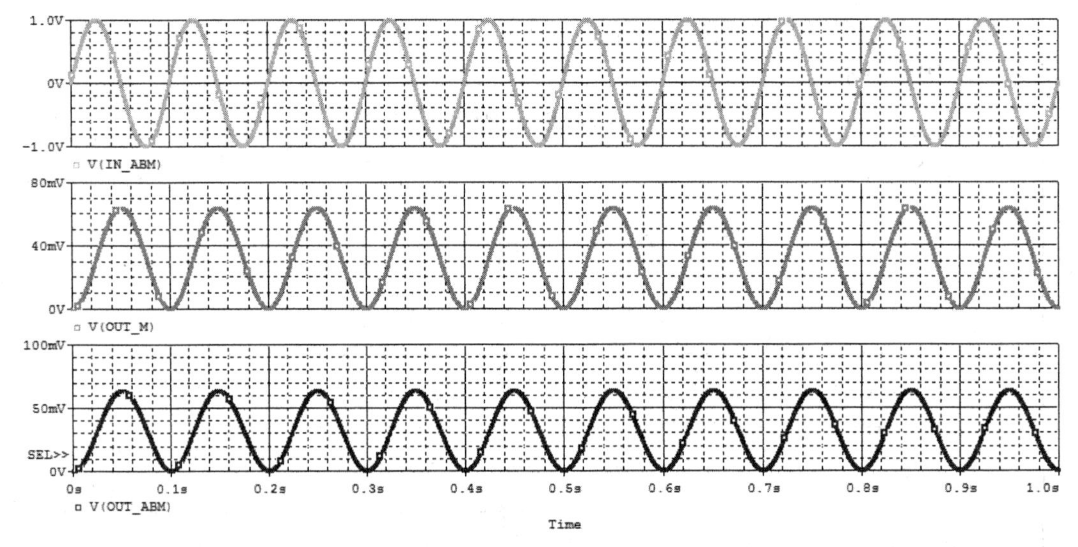

图 10-11　图 10-10 电路对应波形

10.2.6　等效元件

等效元件为差分输入、差分输出，ABM 库中所有的等效元件都被划分为 E 型和 G 型，E 型器件输出电压，G 型器件输出电流，等效元件如表 10-7 所示。

表 10-7　等效元件列表

元 件 名 称	电 路 符 号	功　能
EVALUE	E1 IN+ OUT+ IN- OUT- EVALUE V(%IN+, %IN-)	表达式元件、电压输出
GVALUE	G1 IN+ OUT+ IN- OUT- GVALUE V(%IN+, %IN-)	表达式元件、电流输出
ESUM	E2 IN1+ IN1- OUT+ ESUM IN2+ OUT- IN2-	差分求和，电压输出

续表

元件名称	电路符号	功能
GSUM	G2 IN1+ IN1- IN2+ IN2- GSUM OUT+ OUT-	差分求和，电流输出
EMULT	E3 IN1+ IN1- IN2+ IN2- EMULT OUT+ OUT-	差分相乘，电压输出
GMULT	G3 IN1+ IN1- IN2+ IN2- GMULT OUT+ OUT-	差分相乘，电流输出
ELAPLACE	E4 IN+ IN- OUT+ OUT- ELAPLACE V(%IN+, %IN-)	拉普拉斯传递函数，电压输出
GLAPLACE	G4 IN+ IN- OUT+ OUT- GLAPLACE V(%IN+, %IN-)	拉普拉斯传递函数，电流输出

图 10-12 为表达式形式的等效元件，其仿真结果如图 10-13 所示，等效元件的差分输出电压为 2 V(IN_EV)。

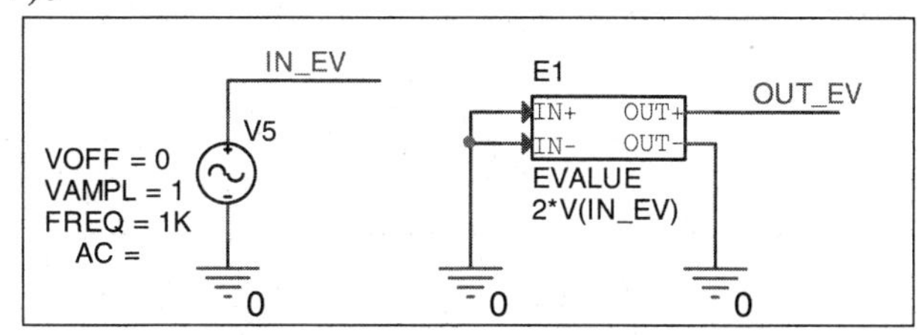

图 10-12　表达式形式等效元件仿真电路

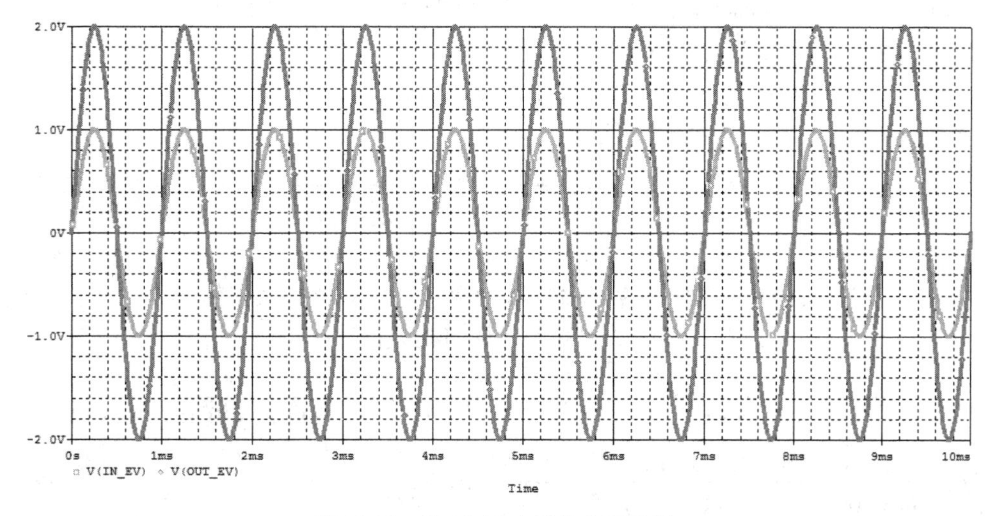

图 10-13　图 10-12 电路的仿真结果

10.3 上机练习

【练习一】 试分析图 10-14 所示(a)～(e)电路实现的功能或运算，并采用仿真验证。

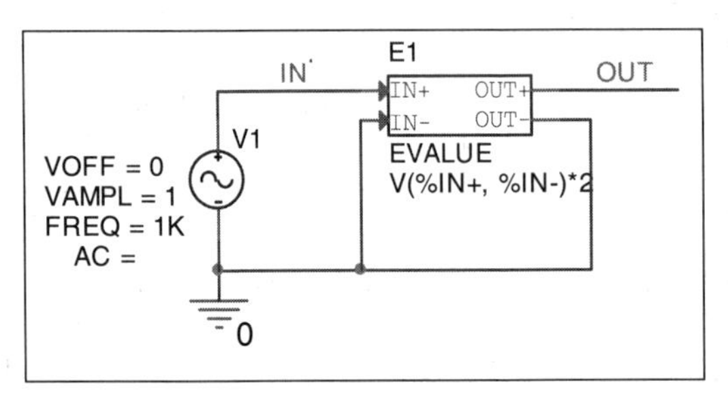

(a)

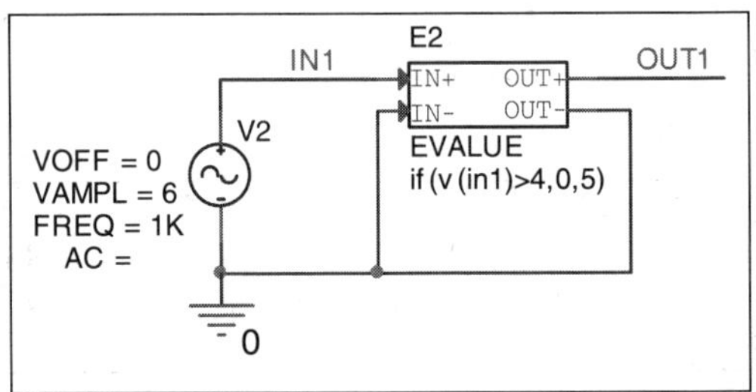

(b)

(c)

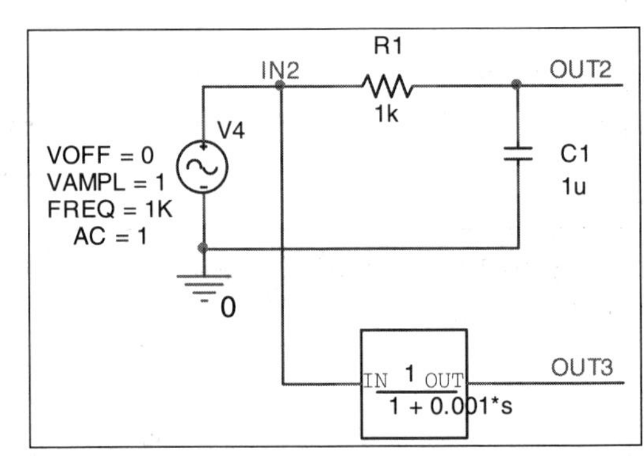

(d)

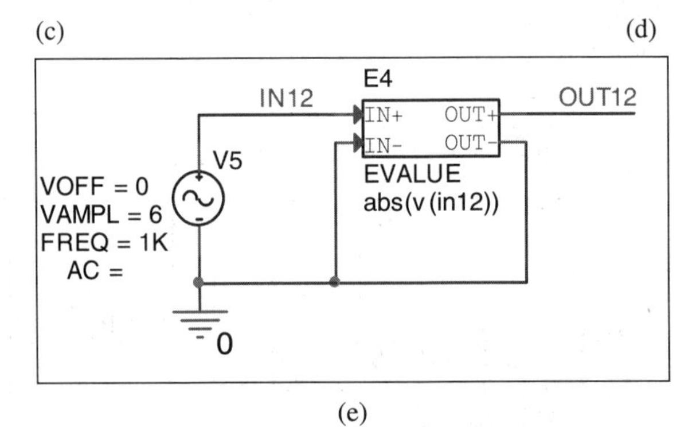

(e)

图 10-14　练习一电路

【练习二】 用两种方法实现 Y = sdt(2*x_1+6*x_2−3*x_3)，并将实现的 ABM 模型画出来。

【练习三】 仿真如下传递函数的幅频特性与相频特性：

(1) $\dfrac{1000}{(s+1000)\times(s+1\times10^5)}$；　(2) $\dfrac{1000}{(s+1000)\times(s+1\times10^5)\times(s+1\times10^7)}$；

(3) $\dfrac{1000\times(s+1\times10^6)}{(s+1000)\times(s+1\times10^5)\times(s+1\times10^7)}$；　(4) $\dfrac{1}{\text{pwrs}(s,\ 2)+1}$。

第 11 章 元件模型下载与使用

在 PSpice 中已经包含了很多常用的电子元件符号及其对应的模型。随着科技的发展，有更多的元件相继问世，但已有的元件库中没有相应的元件模型，此时需要下载元件厂家提供的模型，并生成运行 PSpice 仿真所需的.lib 与.olb 文件。有的厂家提供的模型文件包含了 .lib 与 .olb 文件，PSpice 可以直接使用；有的厂家提供的模型文件只有 Spice 模型，需要自己生成 .lib 与 .olb 文件，再供 PSpice 使用。

11.1 下载的模型文件包含 .lib 与 .olb 文件

11.1.1 元件模型下载

元件模型一般从生产厂家的官网下载，以 TI 的 THS4031 芯片为例介绍下载的模型包含 .lib 与 .olb 文件情况。从 TI 官网找到 THS4031 对应的网页，打开“设计和开发”，在“模型”位置单击“THS4031 High Speed Amplifier SPICE model”下载 Zip 格式的模型文件，如图 11-1 所示。

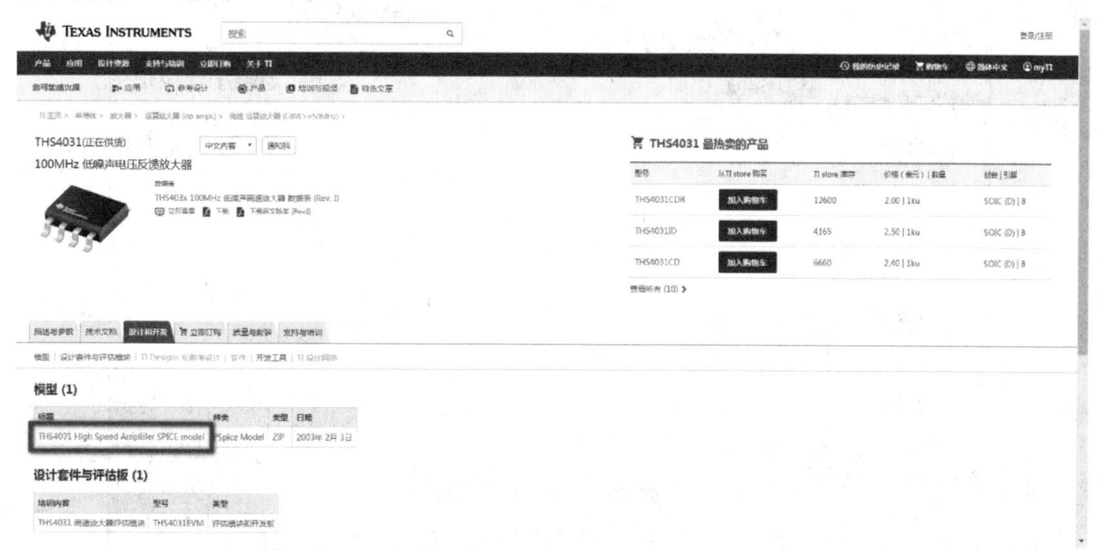

图 11-1 THS4031 芯片对应的网页

下载完成后的模型文件如图 11-2 所示，解压此压缩文件，解压之后的文件如图 11-3 所示，主要包含 3 个文件：ths4301.lib、THS4031.OLB 和 ths4031.txt。其中，ths4301.lib 为库文件，用于添加到仿真设置文件中(Configuration Files/Library 下添加)；THS4031.OLB 为图形库，在“add library”中进行添加；ths4031.txt 为 Spice 模型文件。当解压的文件同时包含 .lib 文件与 .olb 文件时，不需要再建立 PSpice 模型，在仿真设置时直接添加；当解压的文件只存在 .txt 文件时，需建立 PSpice 模型(生成 .lib 文件与 .olb 文件)。

sloj005a.zip

图 11-2 下载的 THS4031 模型文件

图 11-3 解压之后的 THS4031 模型文件

11.1.2 加载 PSpice 模型

新建工程命名为 inverting amplifier，使用 THS4031 设计一个反相放大器。在原理图绘制界面先选择放置元件，然后添加元件库，再选择刚才解压后的文件，单击 THS4031.OLB 进行添加，如图 11-4 所示。

图 11-4 添加.olb 文件

在原理图绘制界面，以 THS4031 绘制图 11-5 所示的反相放大电路。

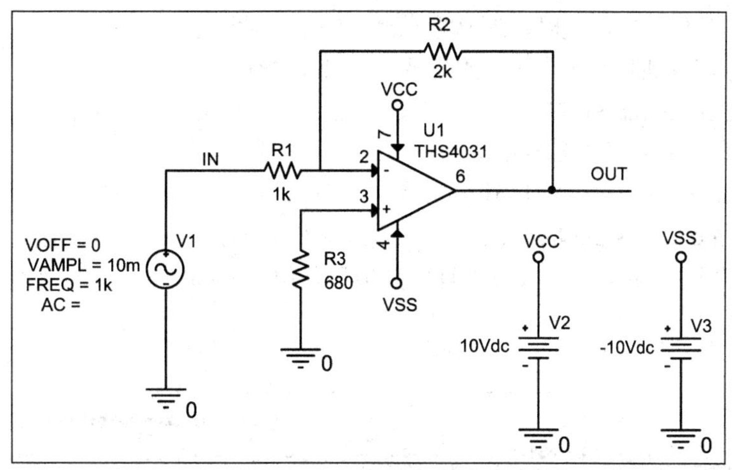

图 11-5　反相放大电路

新建仿真类型，命名为 tran，仿真参数设置如图 11-6 所示。直接运行仿真，会出现图 11-7 所示的界面，提示错误“Subcircuit THS4031 used by X_U1 is undefined”，表示 THS4031 未定义。

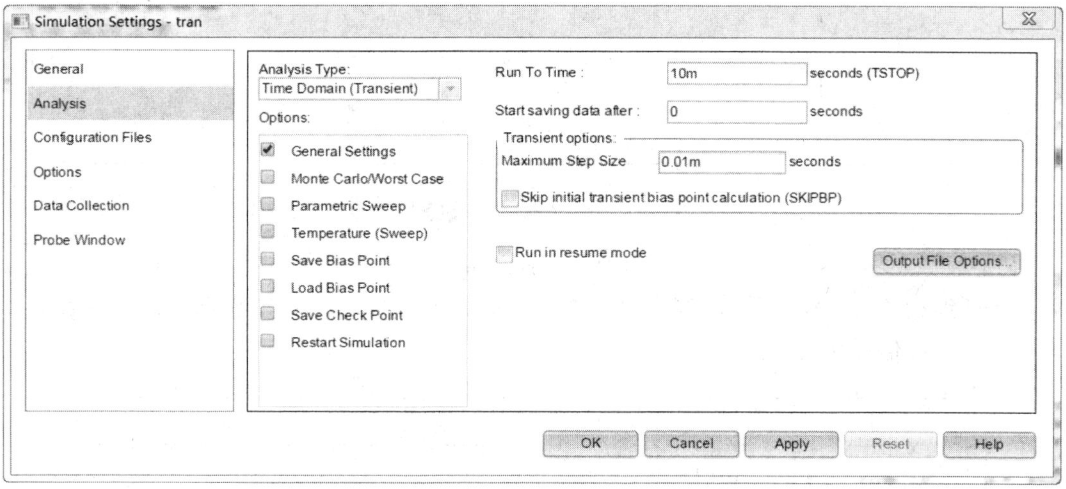

Simulation Settings - tran

General
Analysis
Configuration Files
Options
Data Collection
Probe Window

Analysis Type:
Time Domain (Transient)
Options:
General Settings
Monte Carlo/Worst Case
Parametric Sweep
Temperature (Sweep)
Save Bias Point
Load Bias Point
Save Check Point
Restart Simulation

Run To Time : 10m seconds (TSTOP)
Start saving data after : 0 seconds
Transient options:
Maximum Step Size 0.01m seconds
Skip initial transient bias point calculation (SKIPBP)
Run in resume mode
Output File Options...

OK　Cancel　Apply　Reset　Help

图 11-6　仿真参数设置

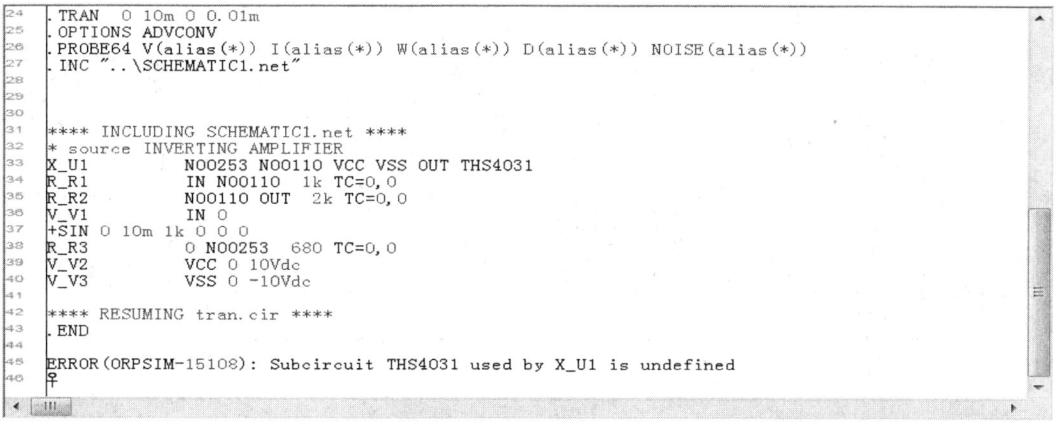

```
24 .TRAN  0 10m 0 0.01m
25 .OPTIONS ADVCONV
26 .PROBE64 V(alias(*)) I(alias(*)) W(alias(*)) D(alias(*)) NOISE(alias(*))
27 .INC "..\SCHEMATIC1.net"
28
29
30
31 **** INCLUDING SCHEMATIC1.net ****
32 * source INVERTING AMPLIFIER
33 X_U1          N00253 N00110 VCC VSS OUT THS4031
34 R_R1          IN N00110  1k TC=0,0
35 R_R2          N00110 OUT  2k TC=0,0
36 V_V1          IN 0
37 +SIN 0 10m 1k 0 0 0
38 R_R3          0 N00253  680 TC=0,0
39 V_V2          VCC 0 10Vdc
40 V_V3          VSS 0 -10Vdc
41
42 **** RESUMING tran.cir ****
43 .END
44
45 ERROR(ORPSIM-15108): Subcircuit THS4031 used by X_U1 is undefined
46
```

图 11-7　仿真提示错误

当提示 THS4031 未定义时，需要将 ths4301.lib 文件添加到仿真设置文件中，先打开仿真设置窗口，然后按照图 11-8 所示的步骤添加 .lib 文件：

(1) 选择 Configuration Files。

(2) 选择 Category 下的 Library。

(3) 在 Filename 中导入 ths4301.lib 文件。

(4) 选择 Add to Design(Add to Design 添加为本项目元件库，只能使用于本项目，Add as Global 添加为全局元件库，可以被所有仿真项目使用，nomd.lib 为全局元件库)。

(5) 选择 OK，完成 .lib 库文件添加。

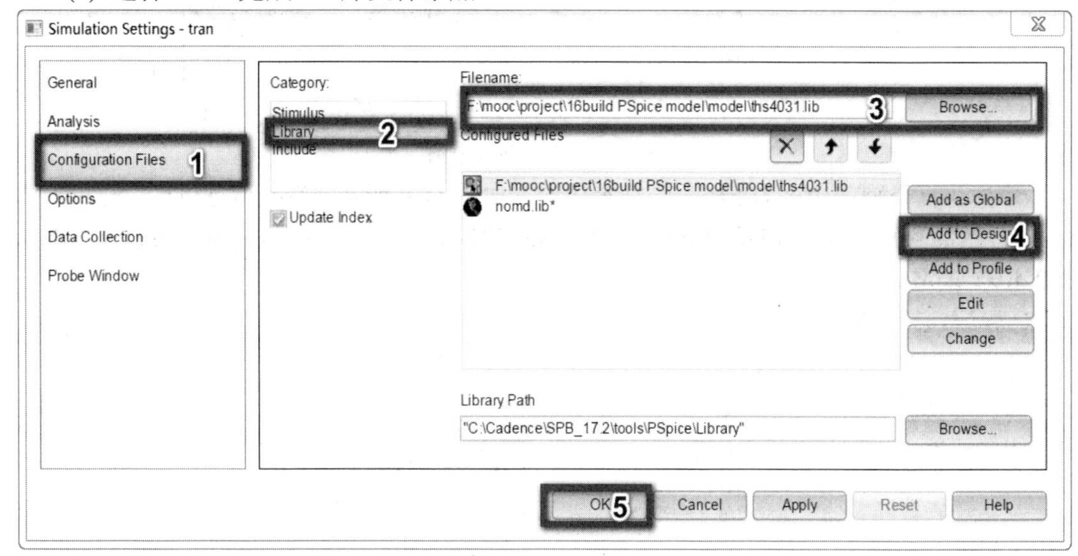

图 11-8　添加 .lib 库文件

重新运行仿真，并查看 V(IN)与 V(OUT)波形，仿真结果如图 11-9 所示，可以看出本电路实现了两倍反相放大。

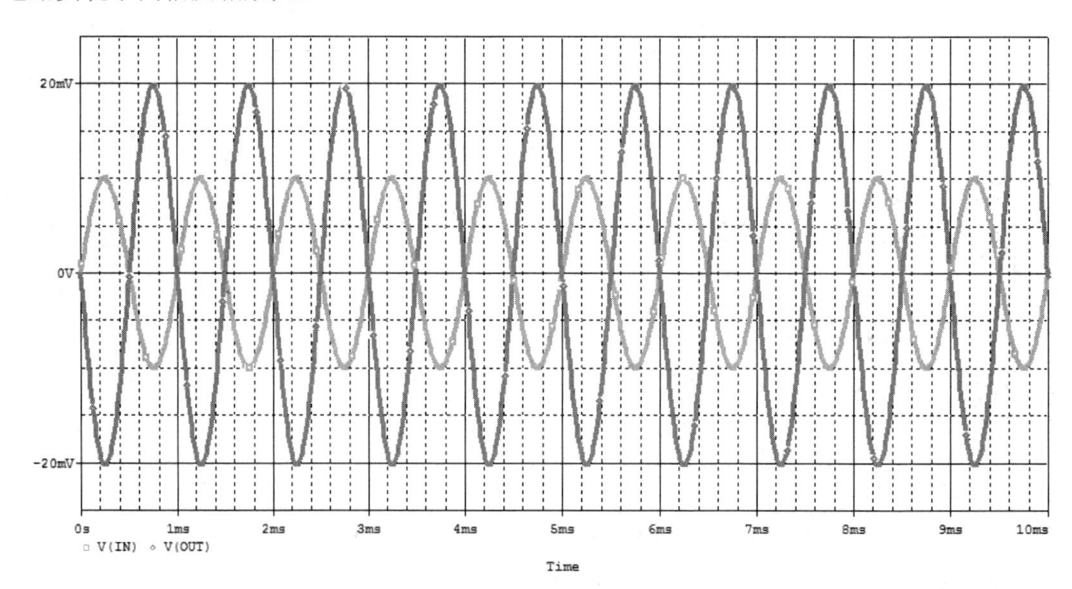

图 11-9　反相放大器仿真结果

11.2　下载的模型文件只有 Spice 模型

11.2.1　元件模型下载

以 ADI 的 ADA4891 为例介绍下载的模型只有 Spice 模型情况。打开 ADI 官网，搜索 ADA4891，并找到图 11-10 所示的界面。在“SPICE 模型”位置下载 ADA4891 的 Spice 模型，下载完成后的文件为 ada4891.cir，ada4891.cir 与上述 ths4031.txt 都为 Spice 模型文件，使用记事本打开后如图 11-11 所示，两个文件都是用 Spice 语言编写的模型文件。

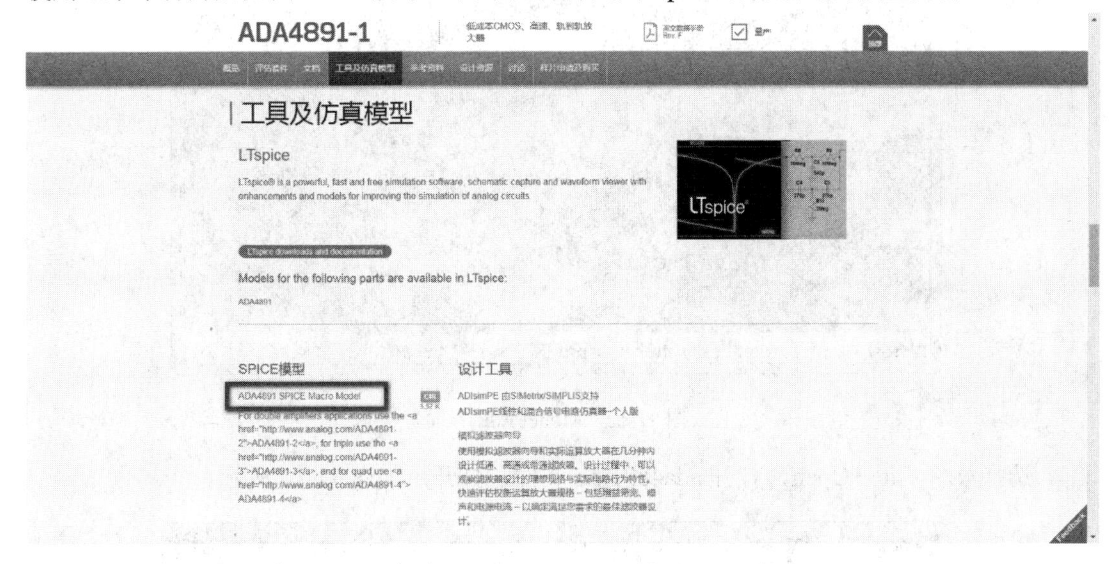

图 11-10　ADA4891 的 Spice 模型下载位置

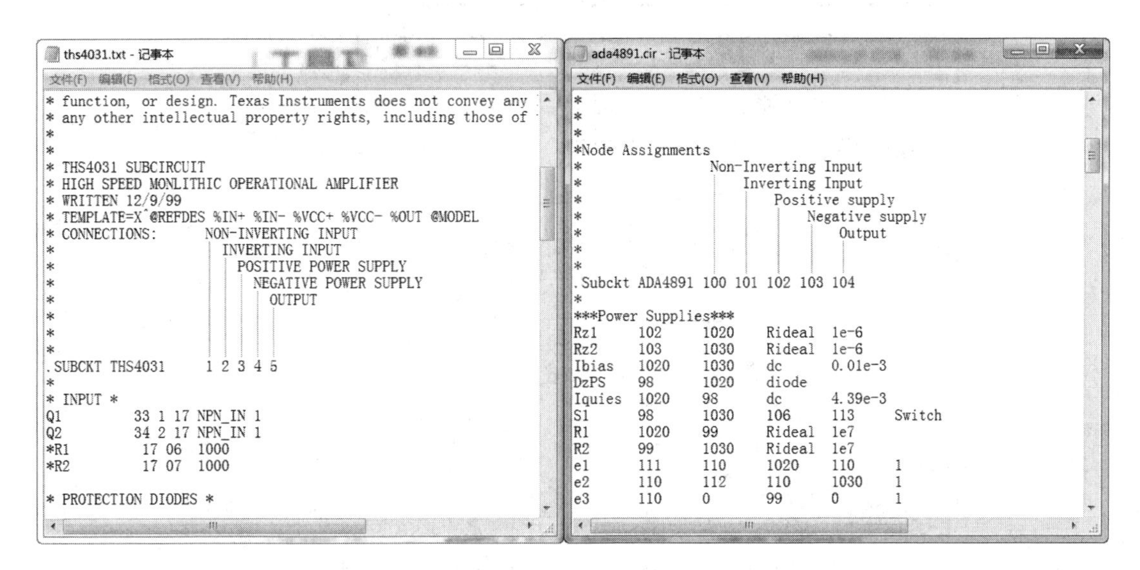

图 11-11　ada4891.cir 与 ths4031.txt 的内容

11.2.2 生成 .lib 与 .olb 文件

打开 Model Edit，路径为：开始→所有程序→Cadence Release17.2-2011→Product Utilities→PSpice Utilities→Model Edit，Model Edit 打开后如图 11-12 所示。

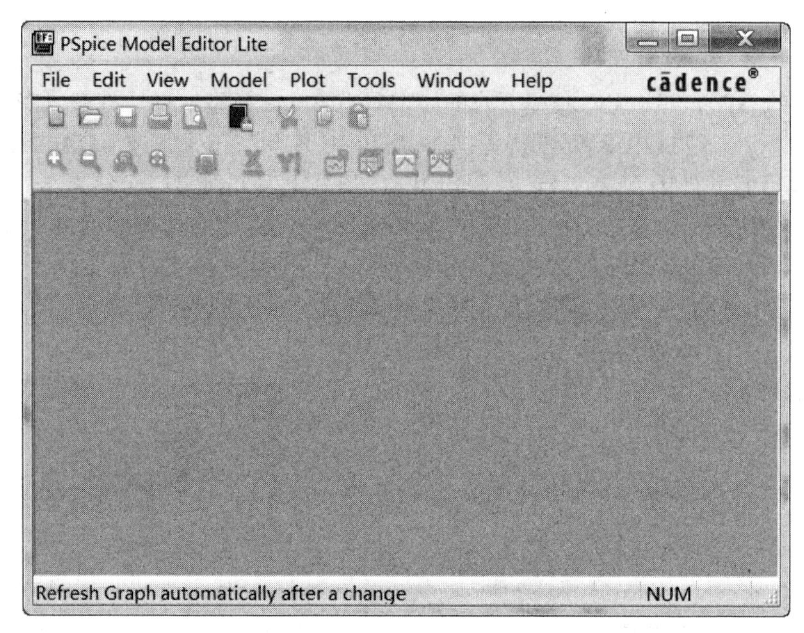

图 11-12 Model Edit 界面

选择菜单 File→Open，打开 ada4891.cir 文件，打开后如图 11-13 所示。

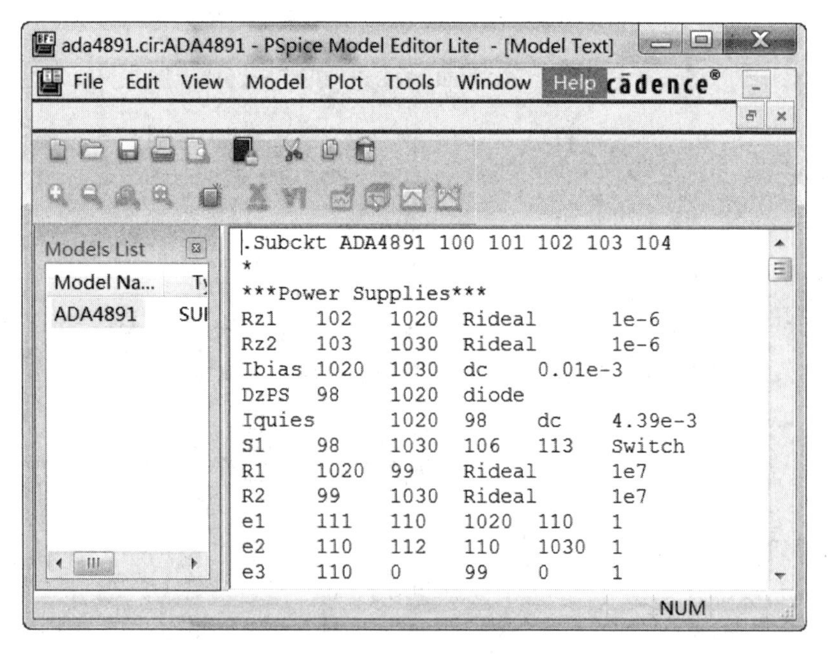

图 11-13 用 Model Edit 打开 ada4891.cir 文件

选择菜单 File→Save As，选择要保存的位置，将文件命名为 ada4891，保存类型为 Model Library Files(*.lib)，然后单击保存，如图 11-14 所示，保存完成后文件为 ada4891.lib ，此文件为仿真必需的模型库。

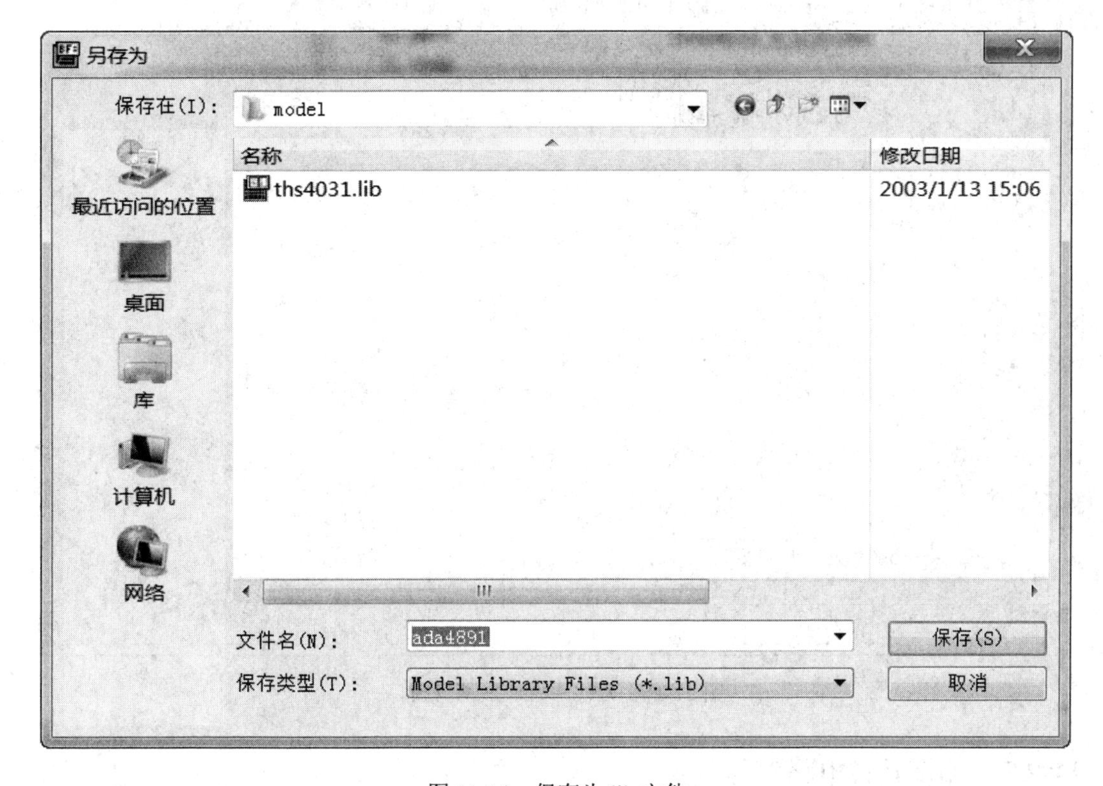

图 11-14 保存为.lib 文件

单击 Model Edit 界面的 File 菜单，选择 Export to Part Library，出现图 11-15 所示的对话框，选择保存位置(保存为元件库.olb)，单击 OK 按键，当元件库生成后出现图 11-16 所示的消息窗口，单击 OK 按键。

Create Parts for Library

Enter Input Model Library:

\mooc\project\16build PSpice model\model\ada4891.lib Browse...

Enter Output Part Library:

mooc\project\16build PSpice model\model\ada4891.olb Browse...

OK Cancel Help

图 11-15 建立元件库

回到 .olb 文件保存位置，可以看到生成了 ADA4891.OLB 文件，此文件为仿真必需的元件库。

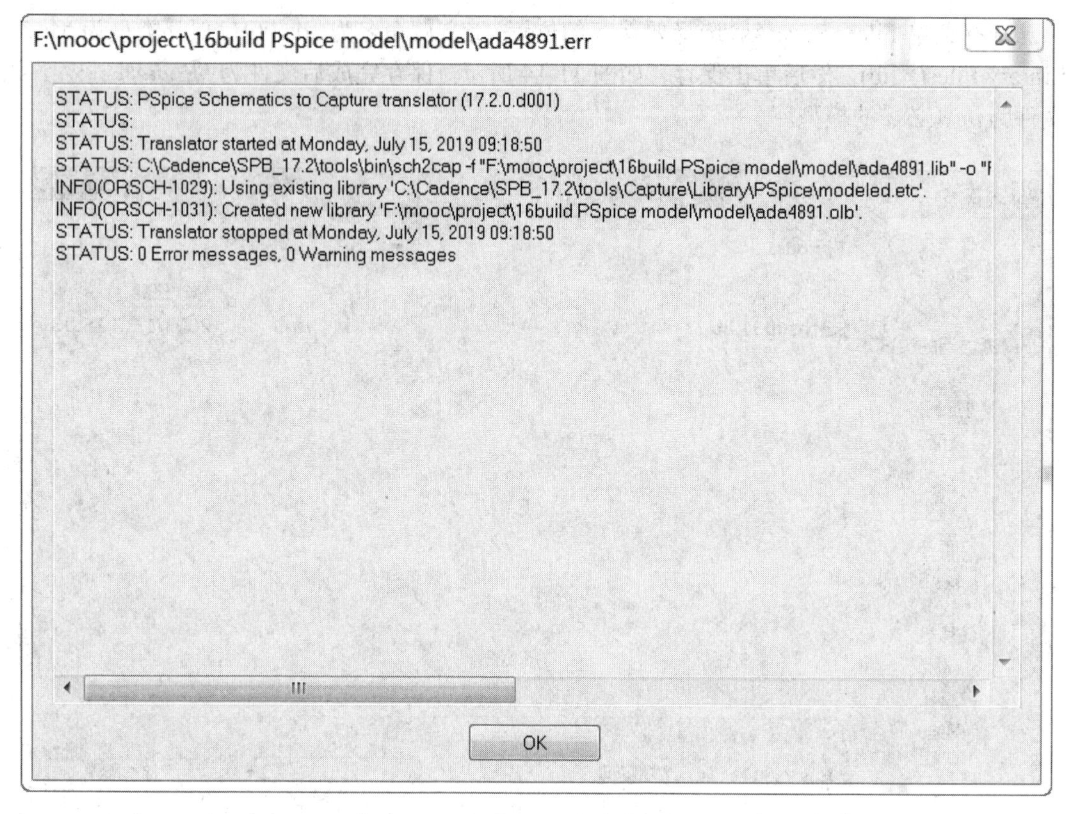

图 11-16　元件库生成后消息窗口

11.2.3　编辑元件电路符号

在文件夹中双击 ADA4891.OLB 或者在 PSpice 原理图绘制界面选择菜单 File→Open→Library，打开 ADA4891.OLB，出现图 11-17 所示的界面，双击 ADA4891，出现图 11-18 所示的元件电路符号编辑界面。

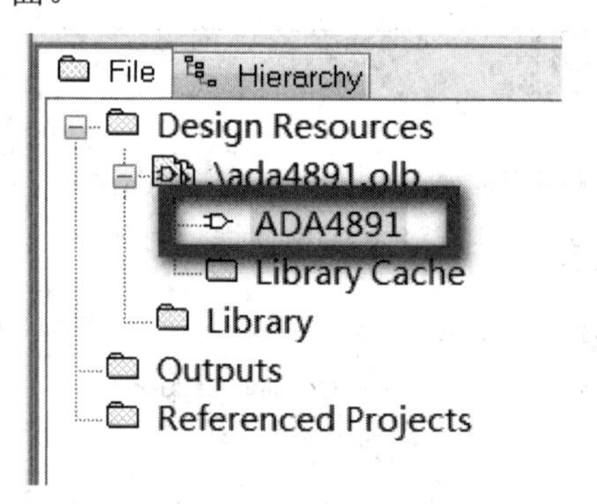

图 11-17　打开 ADA4891.OLB 文件

ADA4891 为运算放大器，习惯用三角形符号表示，其中 1 为同相输入端，2 为反相输入端，3 为正电源，4 为负电源，5 为输出端，若不清楚引脚属性可查看.cir 或.txt 文件与右侧 Section Pins，如图 11-19 所示，ADA4891-1 封装如图 11-20 所示。

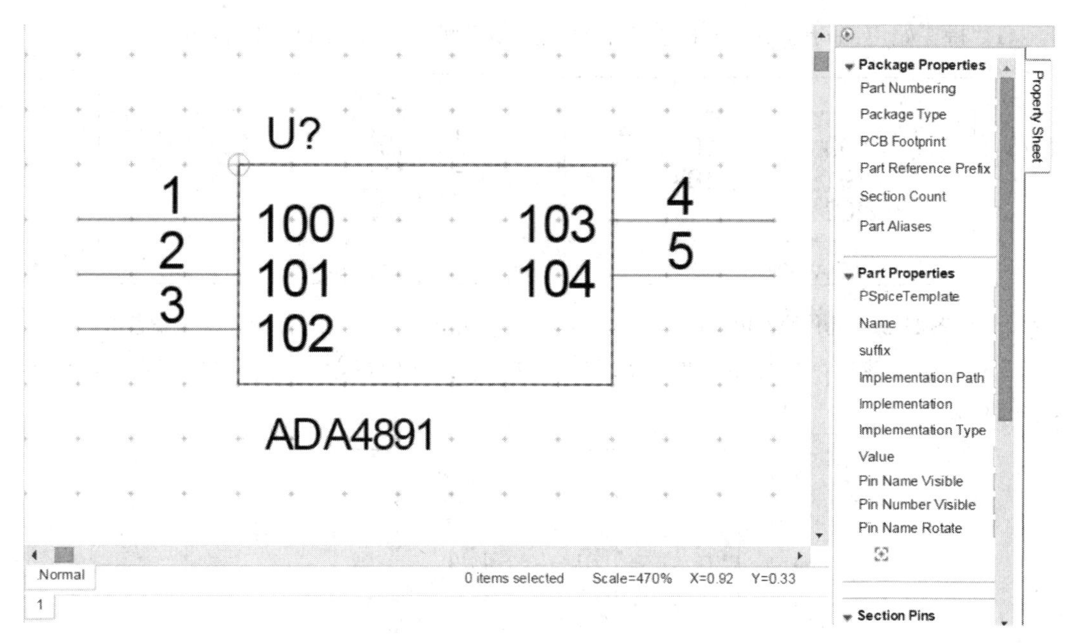

图 11-18　元件电路符号编辑界面

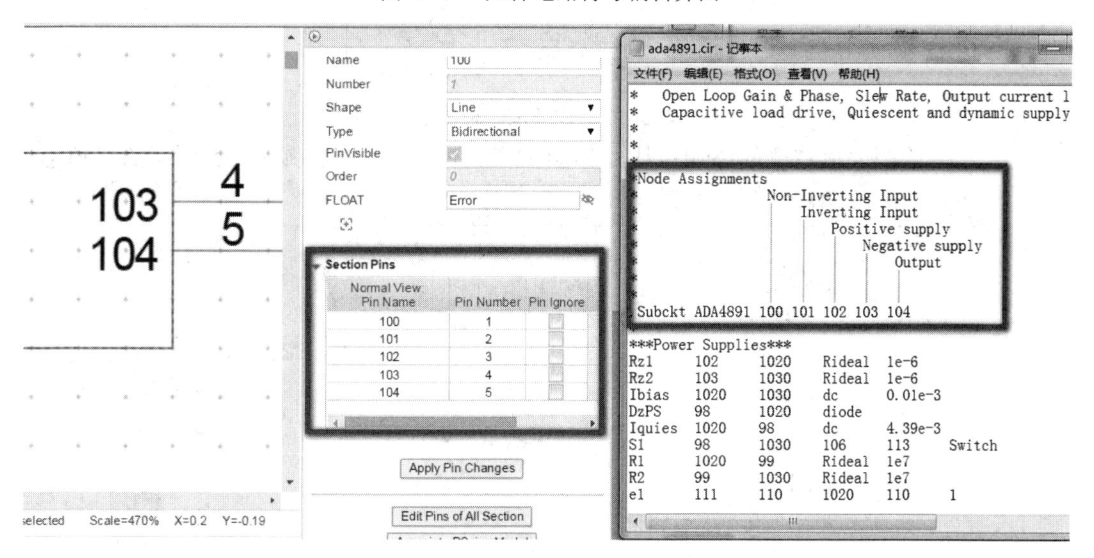

图 11-19　查看引脚属性

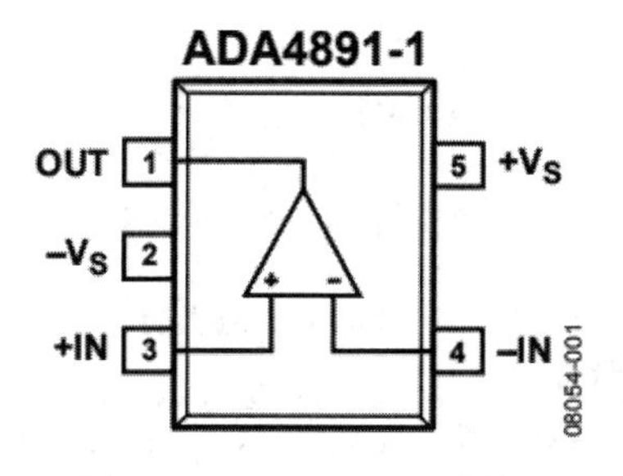

图 11-20　ADA4891-1 封装

元件原始电路符号如图 11-21 所示，其元件符号的编辑过程如下：

(1) 将原始电路符号中外围的实线框(蓝色框)先删除，如图 11-22 所示。

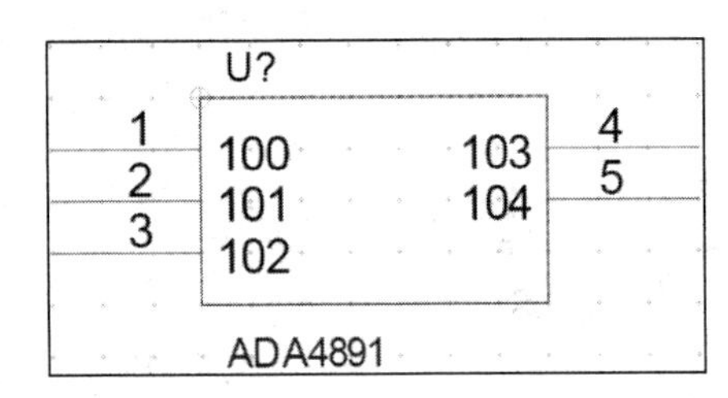

图 11-21　元件原始电路符号

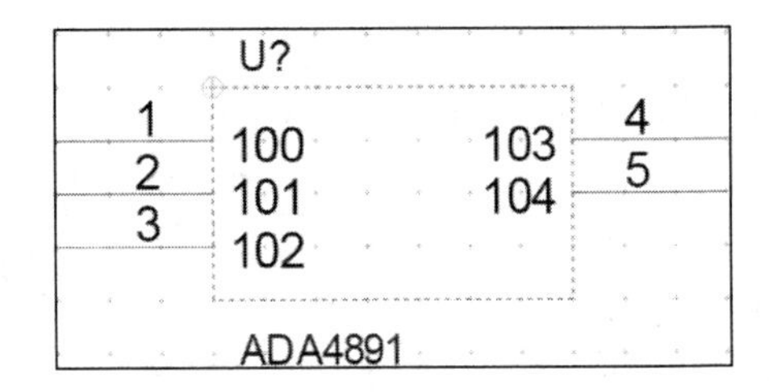

图 11-22　删除外围的实线框(蓝色框)

(2) 选中虚线框，按住框图四个角的圆点移动可改变虚线框大小，移动到合适大小，如图 11-23 所示。

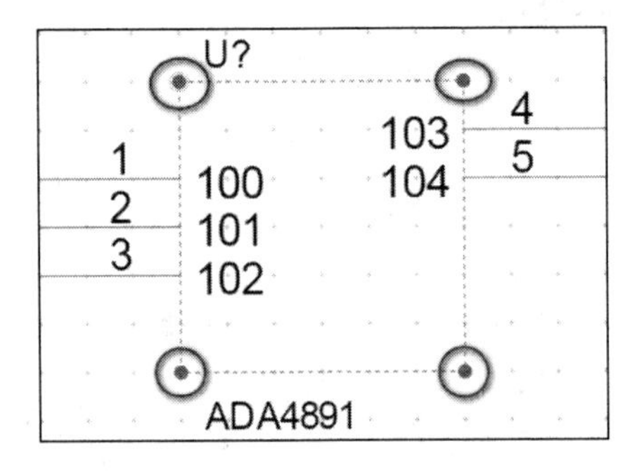

图 11-23　改变虚线框大小

(3) 选中绘图面板右侧的添加直线，如图 11-24 所示，并绘制图 11-25 所示的三角形。

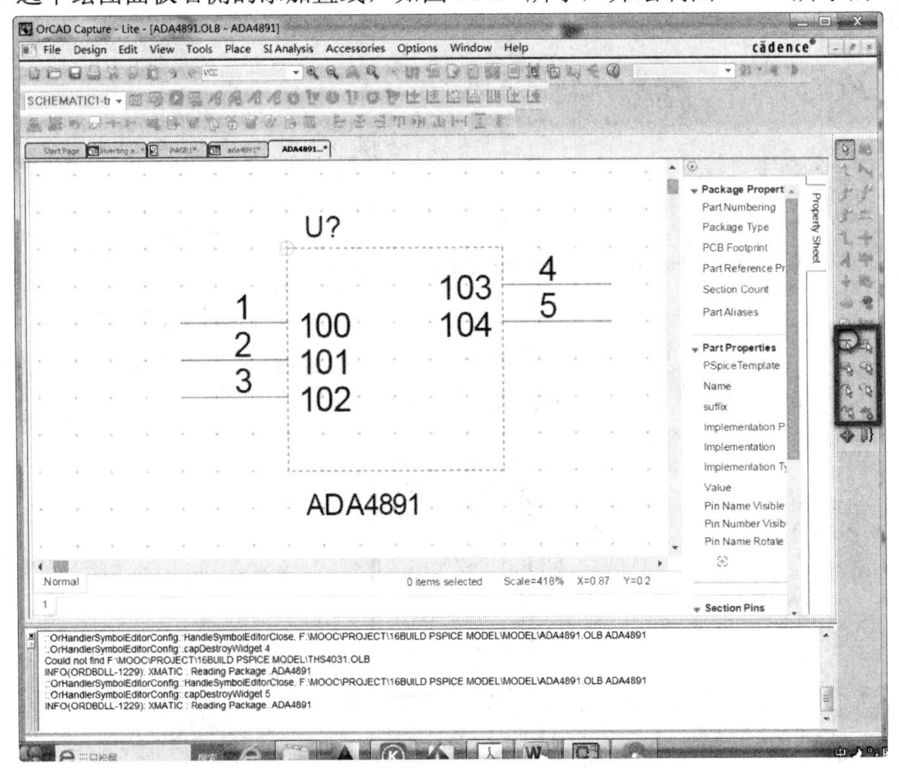

图 11-24　添加绘制图形直线或其他形状曲线

(4) 移动引脚位置，如图 11-26 所示。

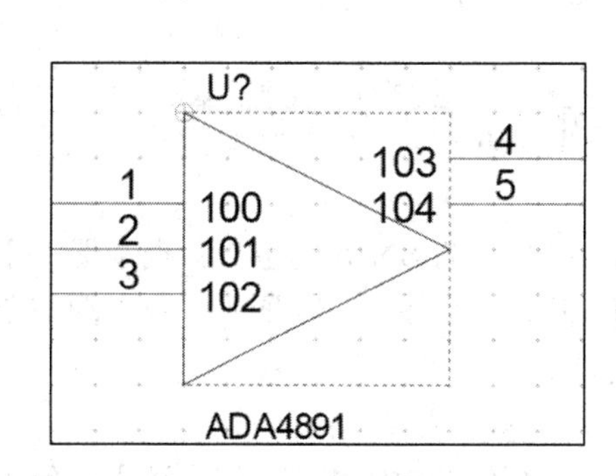

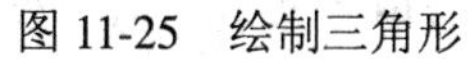
图 11-25　绘制三角形

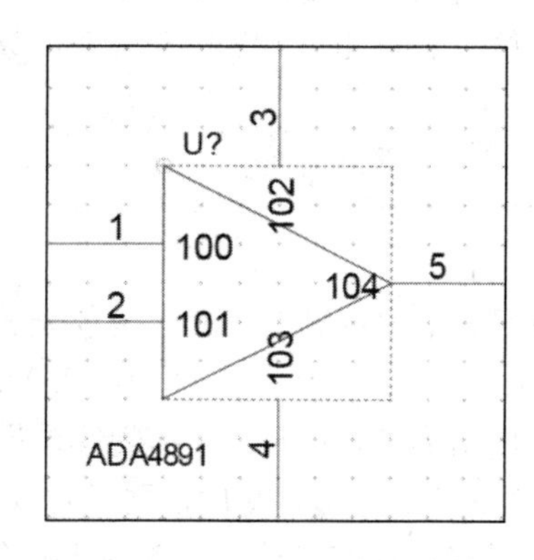

图 11-26　移动引脚位置

(5) 根据图 11-20 所示的封装修改元件引脚编号(注意引脚名称不能修改，因为与.lib 是对应的)，修改方法如图 11-27 所示，将 100、101、102、103、104 的引脚编号分别改为 3、4、5、2、1，修改完成后如图 11-28 所示。

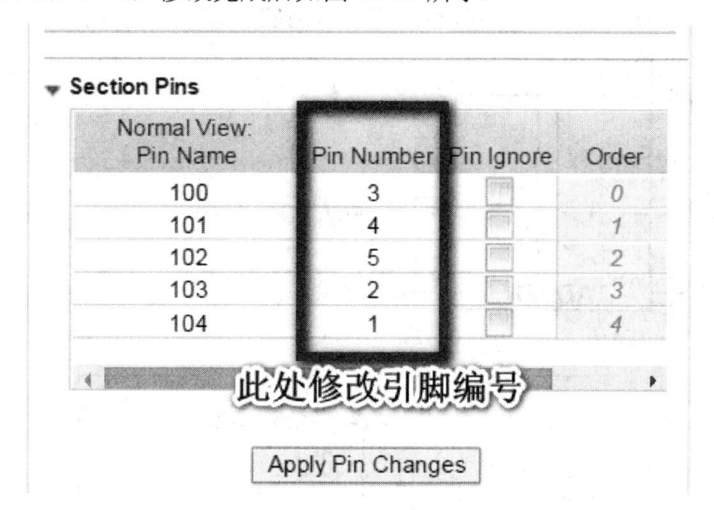

Normal View: Pin Name	Pin Number	Pin Ignore	Order
100	3		0
101	4		1
102	5		2
103	2		3
104	1		4

图 11-27　修改引脚编号

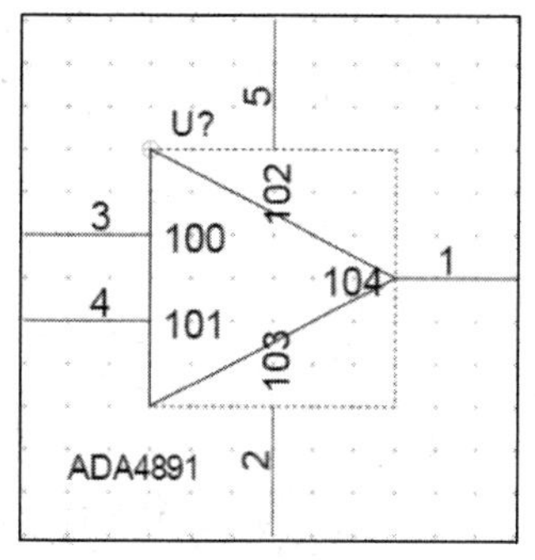

图 11-28　修改引脚编号后元件符号

(6) 将 Pin Names Visible 方框中的 √ 取消，不显示引脚名称，并添加文字 +、−、V+、V− 到引脚附近，最终的 ADA4891 元件电路符号如图 11-29 所示。

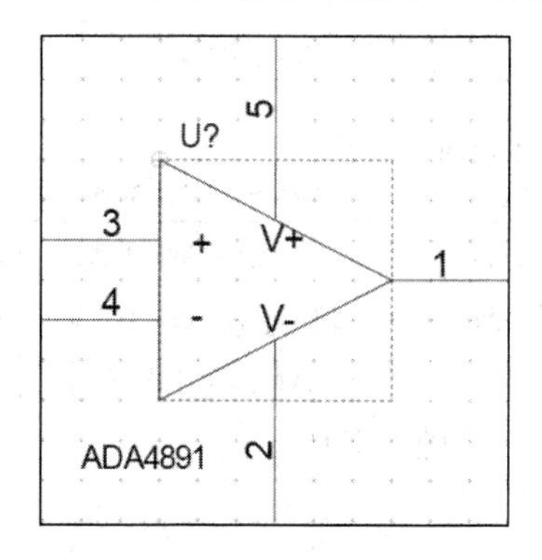

图 11-29　ADA4891 元件电路符号

到此已完成了电路仿真必需的 .lib 文件与 .olb 文件，后续绘制电路原理图加载 .olb 文件，电路仿真加载 .lib 文件与 11.1.2 章节步骤完全相同。

11.3 上机练习

【练习一】 从 ADI 官网下载仪表放大器 AD627 的 Spice 模型与数据手册，下载地址 https://www.analog.com/cn/products/ad627.html，其封装如图 11-30 所示，双电源与单电源的典型结构如图 11-31 所示，仔细阅读数据手册，完成以下要求：

(1) 生成 .lib 与 .olb 文件，要求体现 PSpice 模型生成过程；

(2) 采用生成的 PSpice 模型设计一个增益为 10 倍的放大电路，信号源为幅值 100 mV，频率 20 kHz 的正弦波，采用双电源供电电路，电源电压 ±12 V。对此电路进行瞬态分析，验证其是否能实现 10 倍放大，若不行，可以再运行一次交流分析，查看此电路在各频率点下的放大倍数。然后将输入信号频率改为 1 kHz 再查看瞬态分析的结果，是否能实现 10 倍的放大倍数，此现象说明使用 AD627 仪表放大器时需注意什么问题？

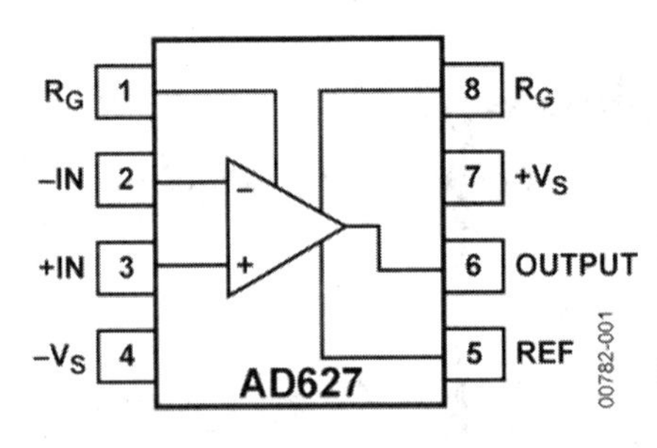

图 11-30 AD627 封装

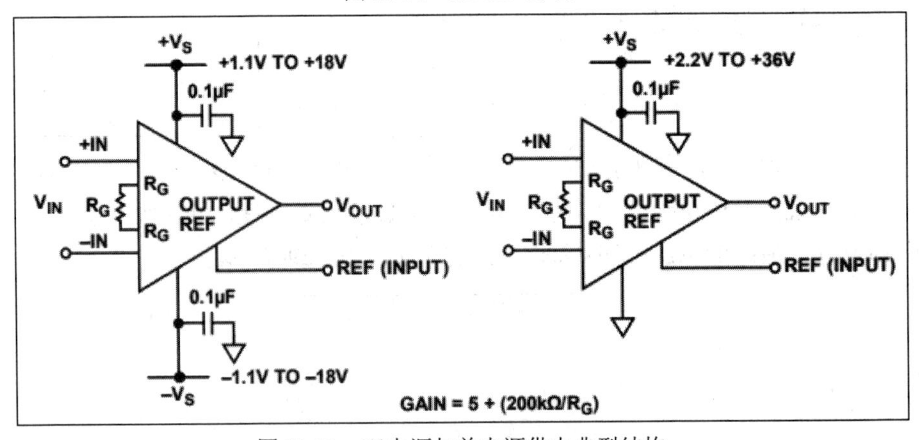

图 11-31 双电源与单电源供电典型结构

【练习二】 设计一个与练习一中一样的电路(±12 V 供电，信号源频率为 1 kHz，幅度 100 mV)，其中运放采用自带的元件库 ANLG_DEV 中的 AD627A，按练习一要求对其进行仿真，并与练习一的仿真结果进行对比。

第 12 章　层电路设计

在 PSpice 进行电路设计时，如果将各种功能模块的电路全部放置在同一个电路图中，或者同一个电路中采用多个相同的电路模块，就会显得非常凌乱，不便于自己或者他人阅读电路。为了使电路图更加简洁美观，一般采用层电路。层电路有两种方式，一种是将电路设置为层电路模块形式，一种是将电路设置为层电路元件库形式。

图 12-1 所示的电路为一个由两级放大电路构成的同相比例运算电路，第一级为差分输入级，第二级为共源极放大电路。为了使电路更加美观，或者当电路中多次使用这个放大电路时，可以将这个两级放大电路制作成一个层电路。下面介绍层电路制作流程。

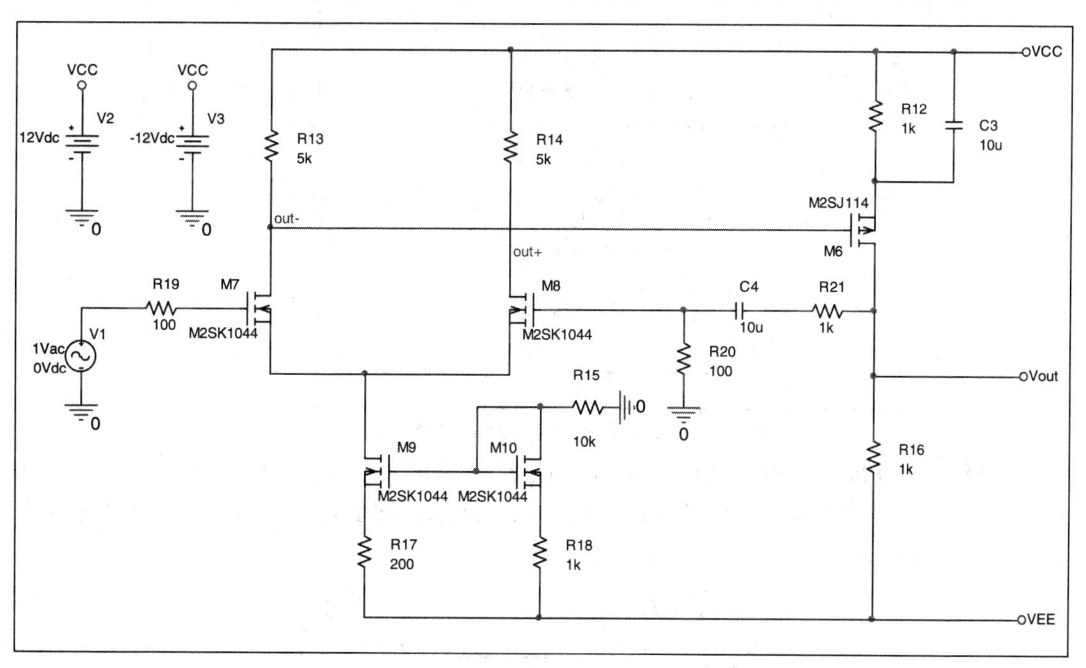

图 12-1　由两级放大电路构成的同相比例运算电路

12.1　将电路设计为层电路模块形式

12.1.1　绘制层电路原理图

新建 SCHEMATIC，命名为 OPAMP，并新建 New page，如图 12-2 所示。

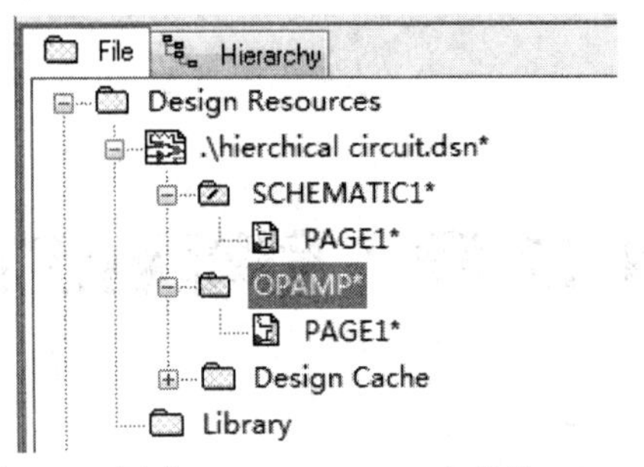

图 12-2　新建 SCHEMATIC，命名为 OPAMP

在 PAGE1 中绘制需要设置为层电路的两级放大电路原理图，如图 12-3 所示。

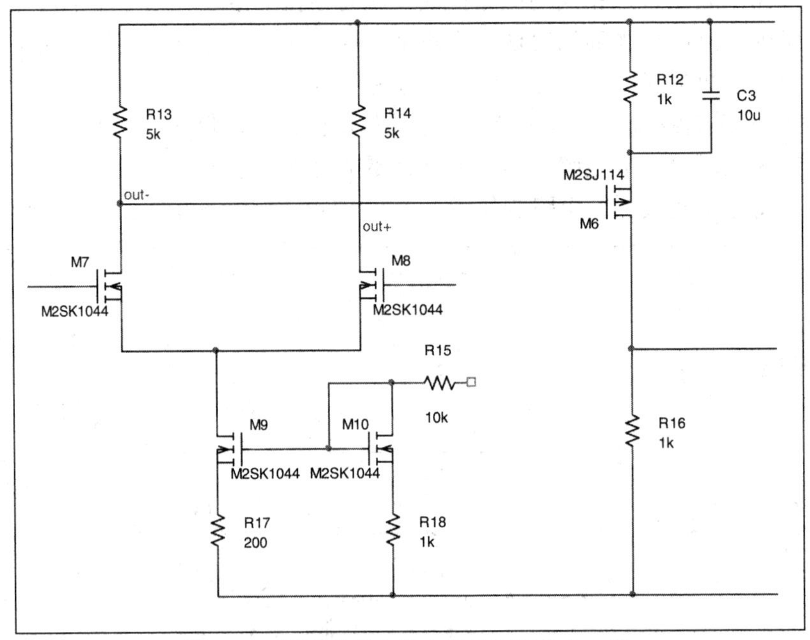

图 12-3　需要设置为层电路的两级放大电路

选择菜单 Place→Hierarchical Port，或者单击绘图工具栏图标，然后选择 PORTRIGHT-L(其他 Port 也可以使用)，如图 12-4 所示，将 Port 放置在与外部连接的端子上，如图 12-5 所示。

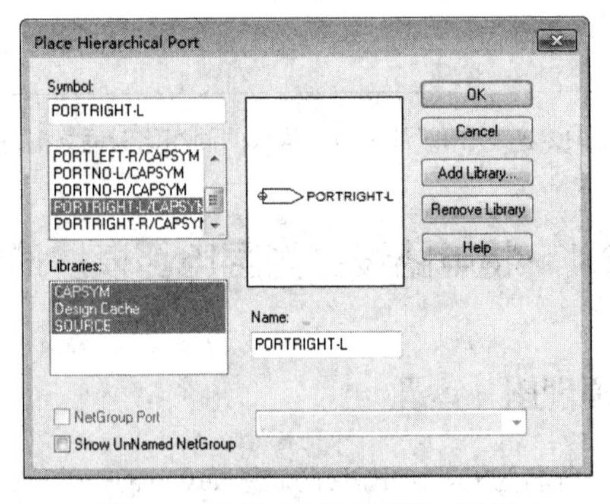

图 12-4　选择层电路连接端口类型

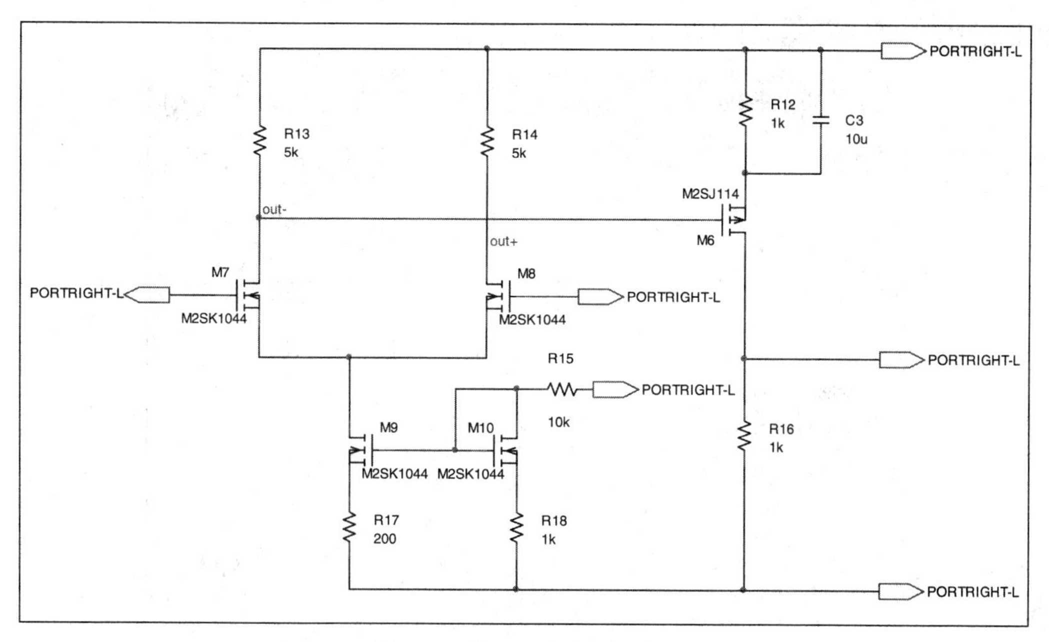

图 12-5　放置层电路连接端口

修改层电路连接端口名称如图 12-6 所示，VCC、VEE 为正负电源连接端，Vin+、Vin-为差分输入端，Vbias 为接地端，Vout 为输出端，设置完成后保存电路。

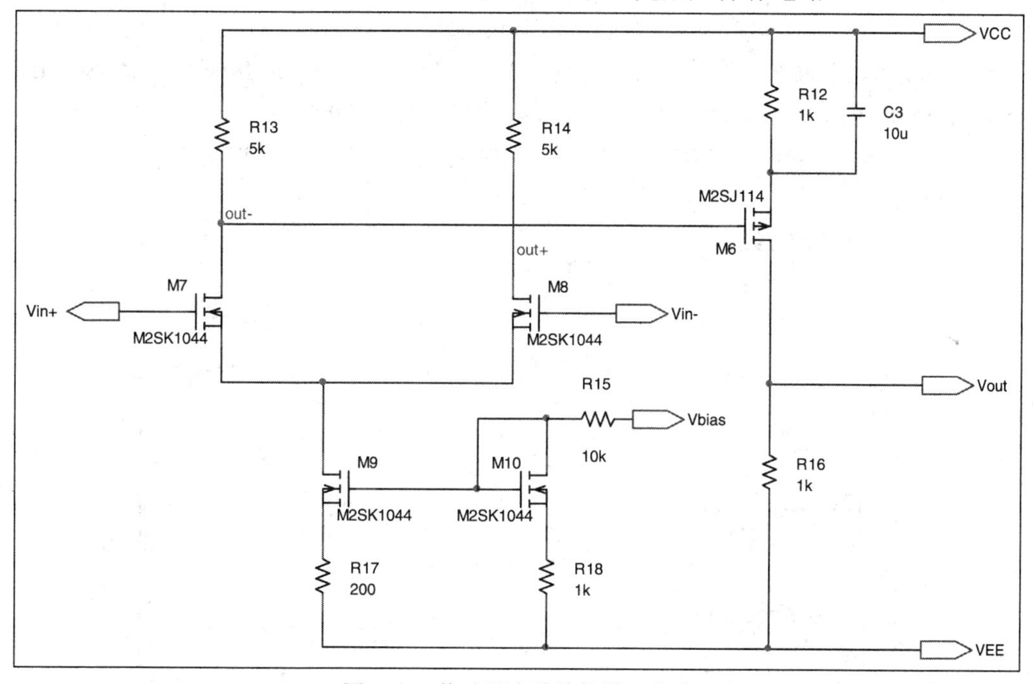

图 12-6　修改层电路连接端口名称

12.1.2　放置层电路模块

在主电路或者顶层电路图(SCHEMATIC1)中，选择菜单 Place→Hierarchical Block 或者

单击绘图工具栏图标，出现图 12-7 所示的界面。

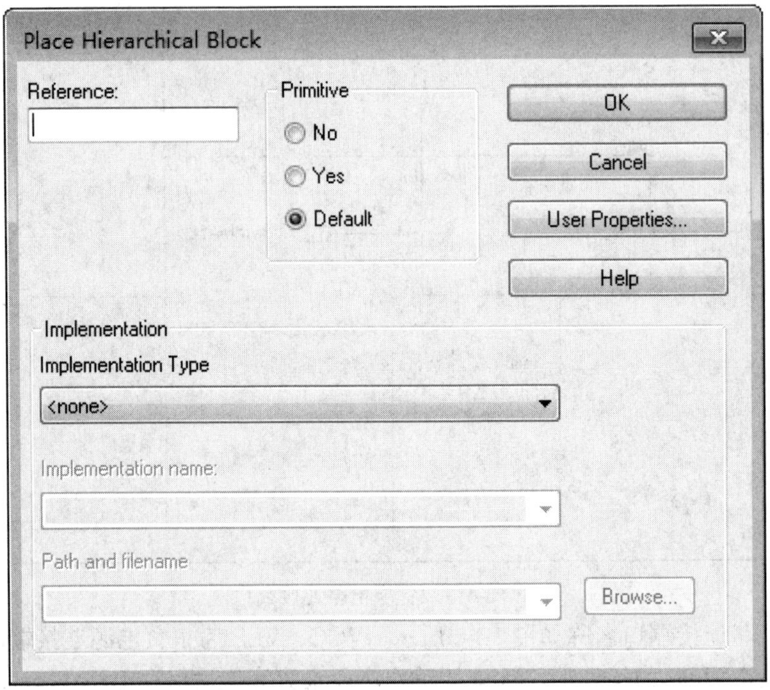

图 12-7　层模块设置窗口

在 Reference 中输入模块的名称，比如 A1。在 Implementation Type 中选择 Schematic View，在 Implementation name 中选择刚才绘制好的层电路 OPAMP，如图 12-8 所示。

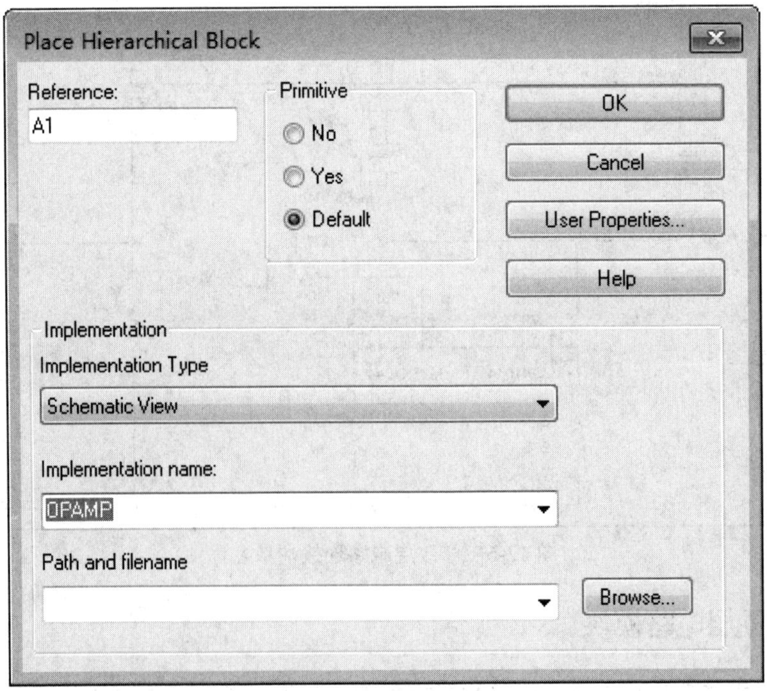

图 12-8　层模块设置

设置完成后单击 OK 按键，在原理图绘制界面会有一个十字光标跟随鼠标移动。在原理图界面先单击鼠标左键，然后移动鼠标，此时会有一个方框跟随鼠标移动，移动到合适位置后再次单击鼠标左键，会出现图 12-9 所示的层电路模块符号。

在层电路模块符号中单击选中要移动的端子(PIN)，拖动该端子到合适的位置，编辑完成后的层电路模块符号如图 12-10 所示。

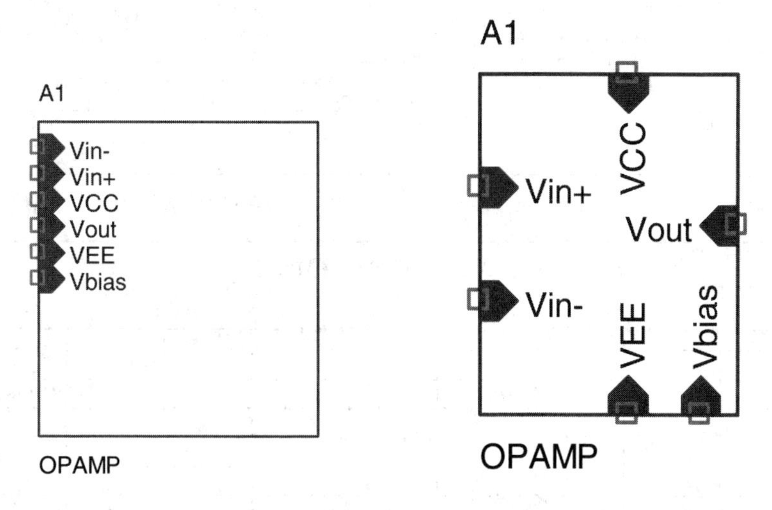

图 12-9　层电路模块符号

图 12-10　编辑完成后的层电路模块符号

12.1.3　绘制完整电路并仿真

在主电路或者顶层电路图中绘制完整的电路，如图 12-11 所示，其中 A1 构成同相比例放大电路，A2 构成反相比例放大电路，A1 与 A2 采用相同的层电路模块。

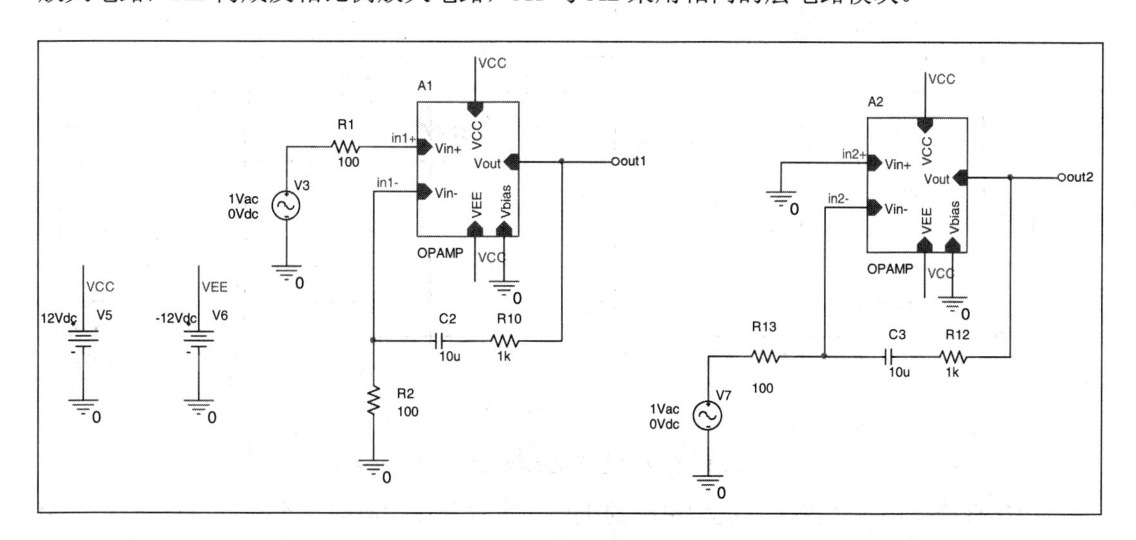

图 12-11　采用层电路模块的电路结构

仿真电路的频率响应，仿真参数设置如图 12-12 所示，频率响应的仿真结果如图 12-13 所示。

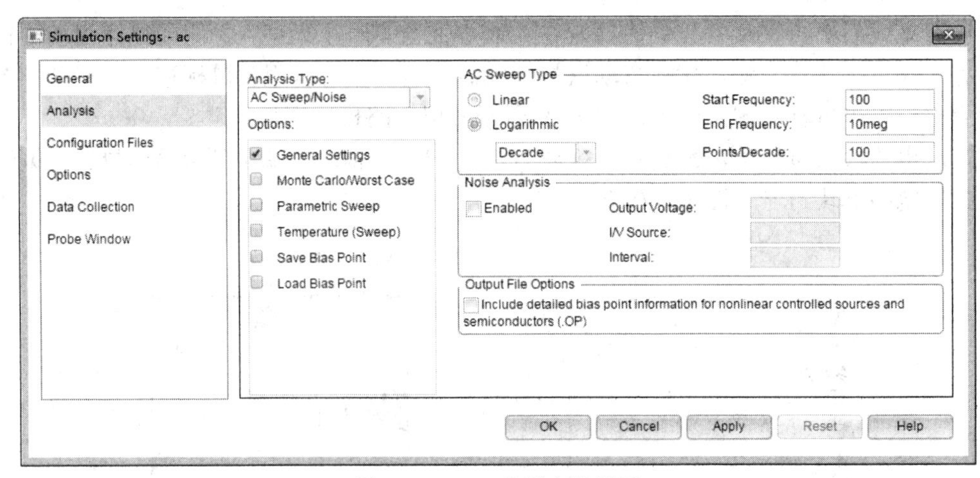

图 12-12　AC 分析参数设置

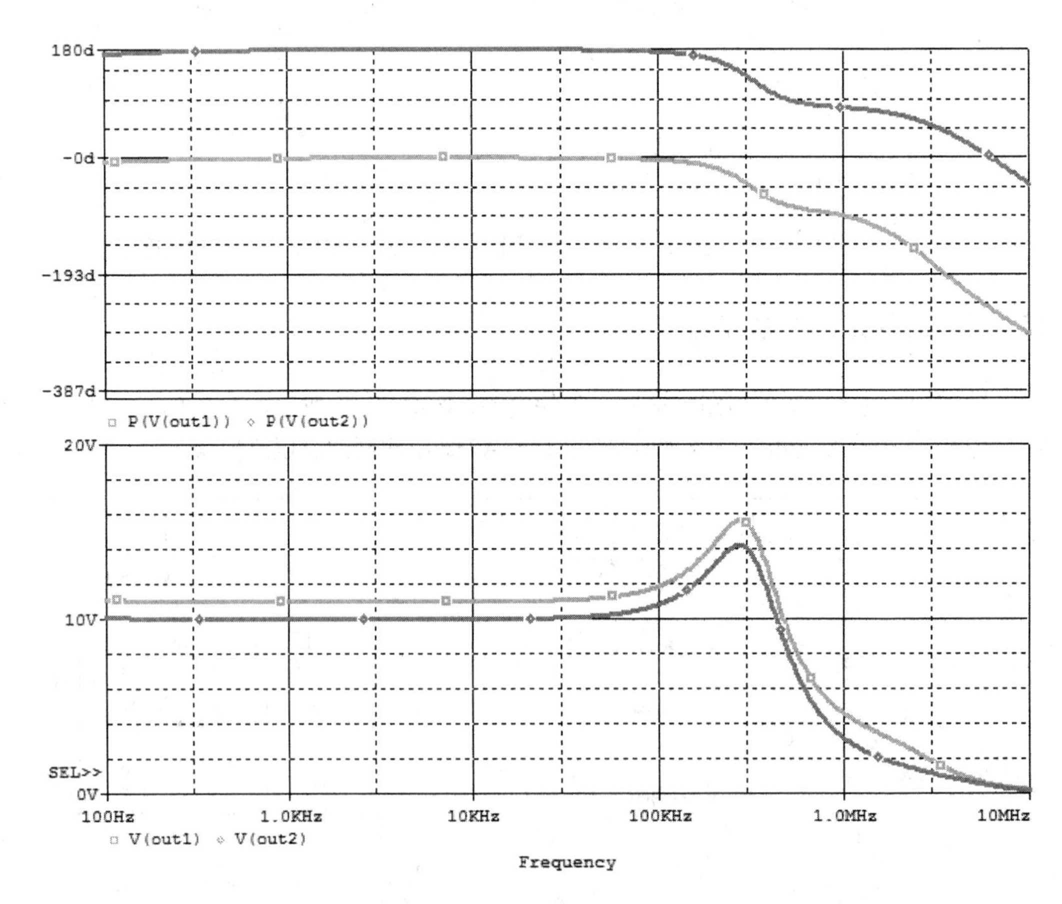

图 12-13　两个放大电路电压放大倍数的频率响应

由仿真结果可以看出两个放大电路的电压放大倍数在中频时一个约为 11，一个约为 10，与理论分析基本符合，此处未考虑稳定性等问题。

若需查看 A1 与 A2 的静态工作点，可以先选中 A1 或者 A2，然后单击右键，在弹出的菜单中选择 Descend Hierarchy，如图 12-14 所示。

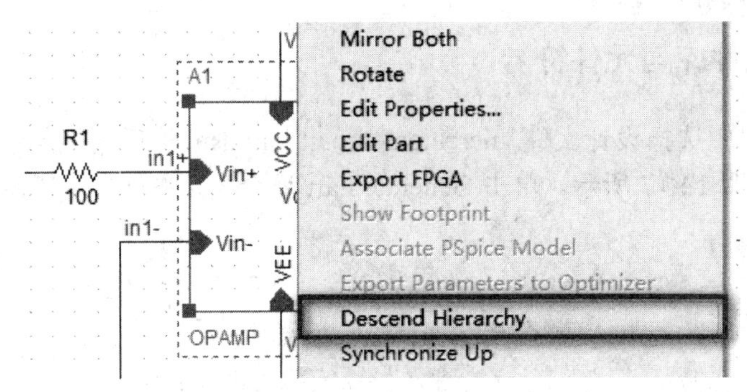

图 12-14　进入层电路

进入层电路后若想返回上一级电路，可在层电路空白处单击鼠标右键，然后在弹出的菜单中选择 Ascend Hierarchy，如图 12-15 所示。

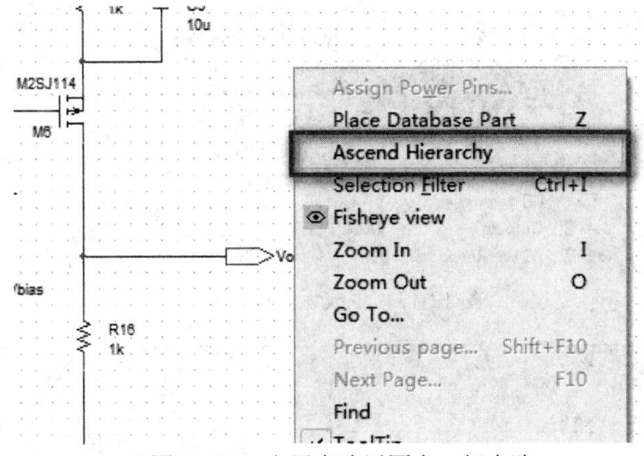

图 12-15　由层电路返回上一级电路

12.2　将电路设计为层电路元件库形式

12.2.1　绘制层电路原理图

新建工程，命名为 hierchical circuit_olb，并将 SCHEMATIC1 改为 OPAMP2，如图 12-16 所示，并在 PAGE1 中绘制图 12-6 所示的层电路。

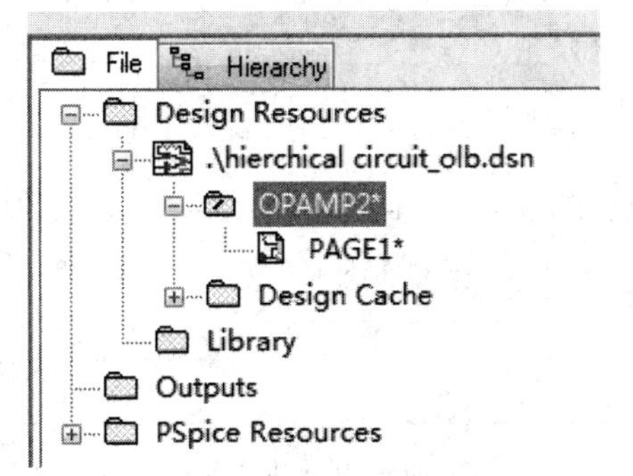

图 12-16　将 SCHEMATIC1 改为 OPAMP2

12.2.2 生成元件库与元件符号

在项目管理器中选择设计文件.\hierchical circuit_olb.dsn，然后选择菜单 Tools→Generate Part，操作过程如图 12-17 所示。单击 Generate Part 后会出现图 12-18 所示的生成元件库设置窗口。

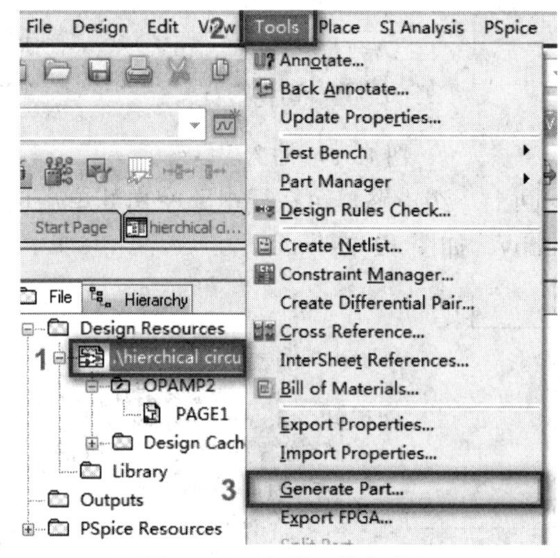

图 12-17 生成元件库流程

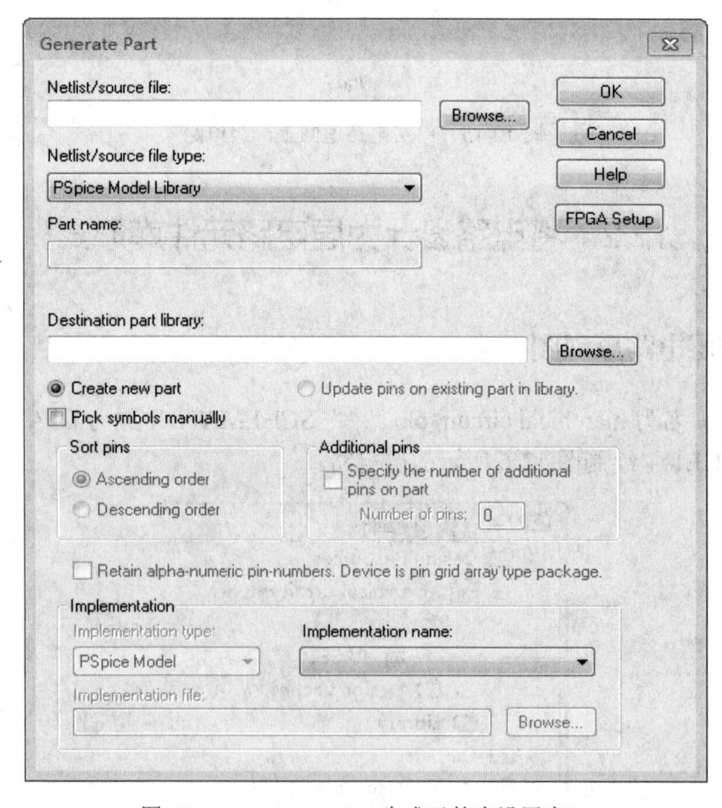

图 12-18 Generate Part 生成元件库设置窗口

首先在 Netlist/source file type 中选择 Capture Schematic/Design。然后在 Netlist/source file 栏中单击 Browse，选择 HIERCHICAL CIRCUIT_OLB.DSN。此时 Part name 会自动生成对应的元件名称 OPAMP2，Destination part library 中会自动生成元件库名称及保存路径(元件保存在元件库中)，Source Schematic name 中会自动关联对应的 Schematic 名称 OPAMP2，如图 12-19 所示。单击 OK 按键，然后一直选择 OK 或者 yes 直到出现图 12-20 所示的界面，最后单击 Save 保存。

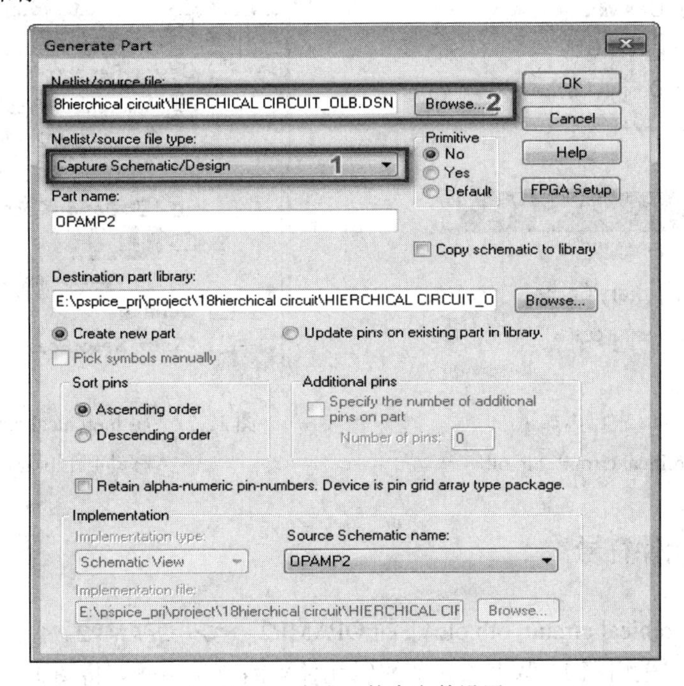

图 12-19　生成元件库参数设置

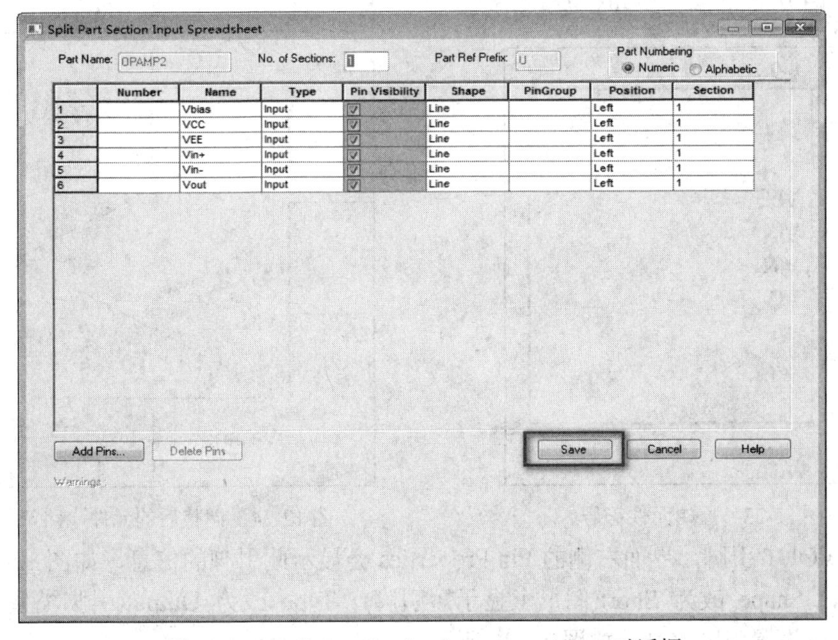

图 12-20　Split Part Section Input spreadsheet 对话框

此时在项目管理窗口的 Outputs 中已添加了 hierchical circuit_olb.olb，如图 12-21 所示，然后剪切复制此文件到 Library 中，如图 12-22 所示。

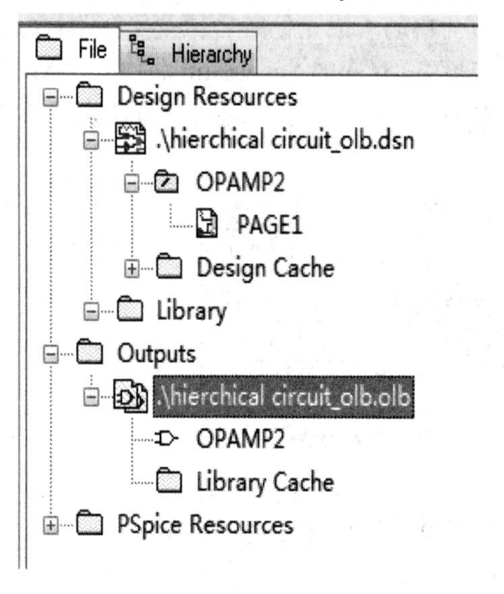

图 12-21 Outputs 中已添加了 hierchical circuit_olb.olb

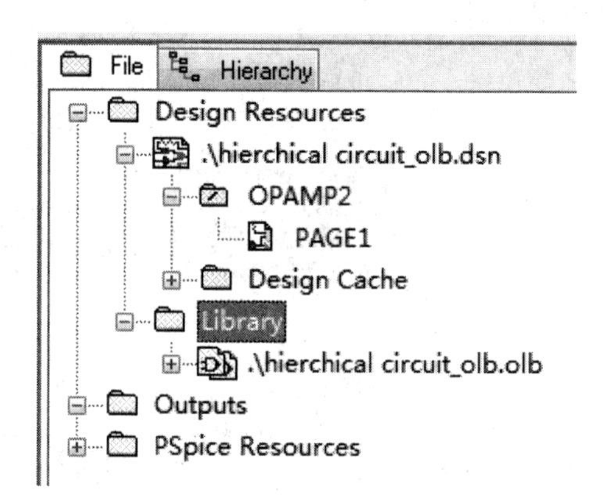

图 12-22 将 hierchical circuit_olb.olb 移动到 Library 中

12.2.3 编辑元件符号

双击打开 hierchical circuit_olb.olb 下的 OPAMP2 OPAMP2，会出现图 12-23 所示的原始元件符号，采用第 11 章 11.2.3 节编辑元件电路符号步骤，将图 12-23 的元件符号调整为图 12-24 所示的元件电路符号。

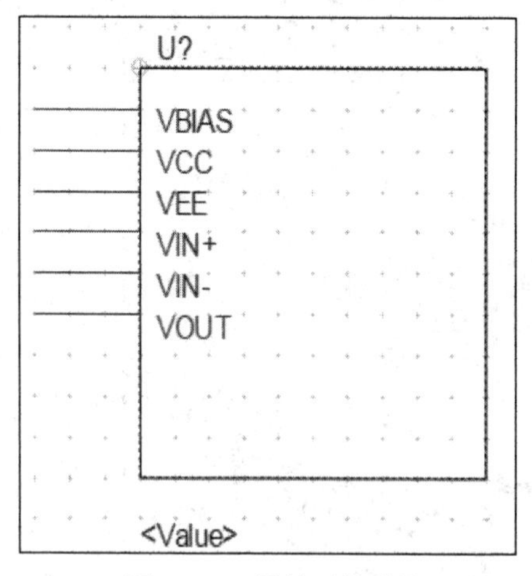

图 12-23 原始元件符号

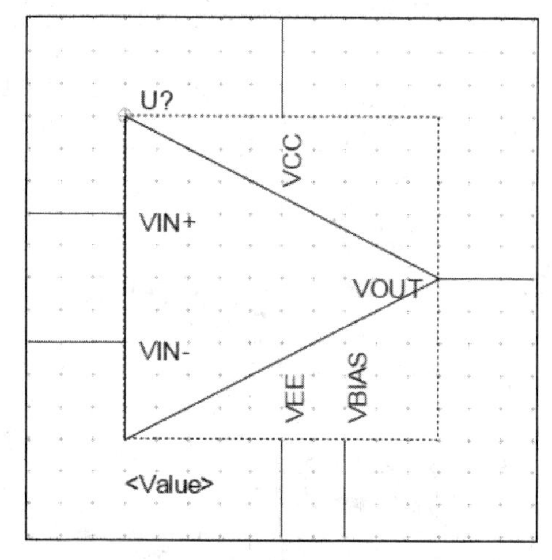

图 12-24 调整后的元件电路符号

单击 VOUT 引脚，界面右侧的 Pin Properties 会显示此引脚的信息，如图 12-25 所示，可将其中的 Shape 改为 Short(图形上显示短引脚)，Type 改为 Output(引脚类型为输出)，Number 可以设置引脚编号，如图 12-26 所示。

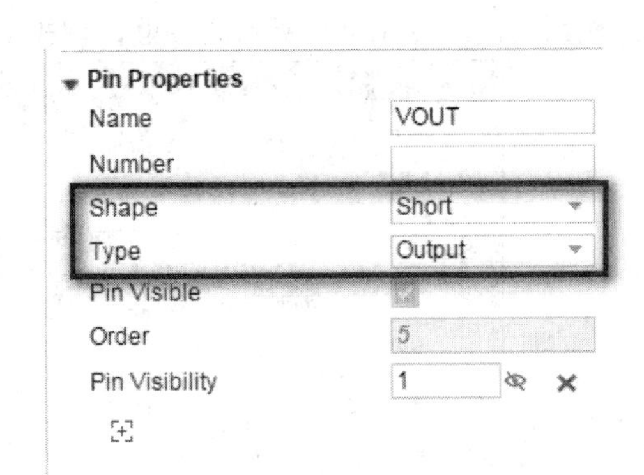

图 12-25　引脚属性　　　　图 12-26　修改后的 VOUT 引脚属性

按照此方法将其他五个引脚 VIN+、VIN−、VCC、VEE、VBIAS 的 Shape 改为 Short，Type 改为 Input，修改完成后元件符号如图 12-27 所示，修改完成后保存并关闭。

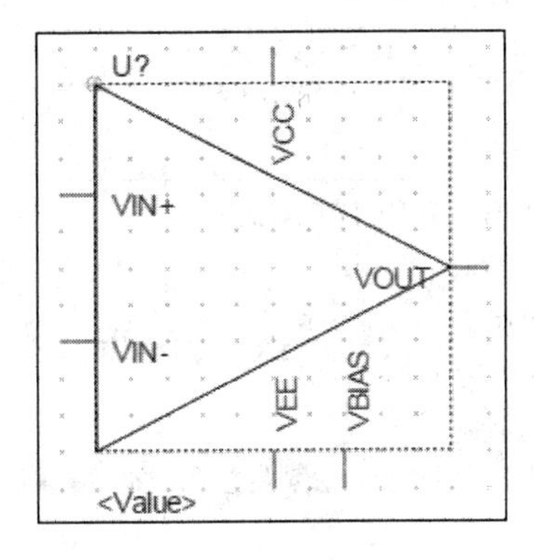

图 12-27　修改后的元件符号

12.2.4　设计电路并仿真

新建 SCHEMATIC，命名为 TOP，然后添加 New Page，TOP 电路图 Make Root 如图 12-28 所示。

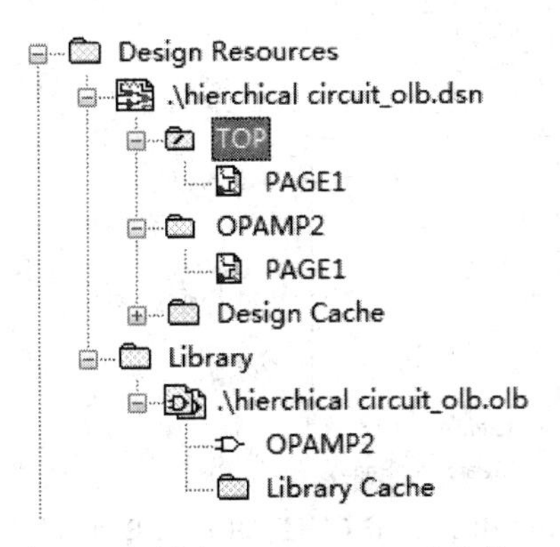

图 12-28　新建 SCHEMATIC 命名为 TOP

双击打开 TOP 下的 PAGE1，单击绘图工具栏图标 添加元件，再单击 添加元件库，找到元件库的保存路径，选择 HIERCHICAL CIRCUIT_OLB.OLB 打开，如图 12-29 所示。然后会出现图 12-30 所示的界面，双击 OPAMP2 就可以添加此元件到原理图中。

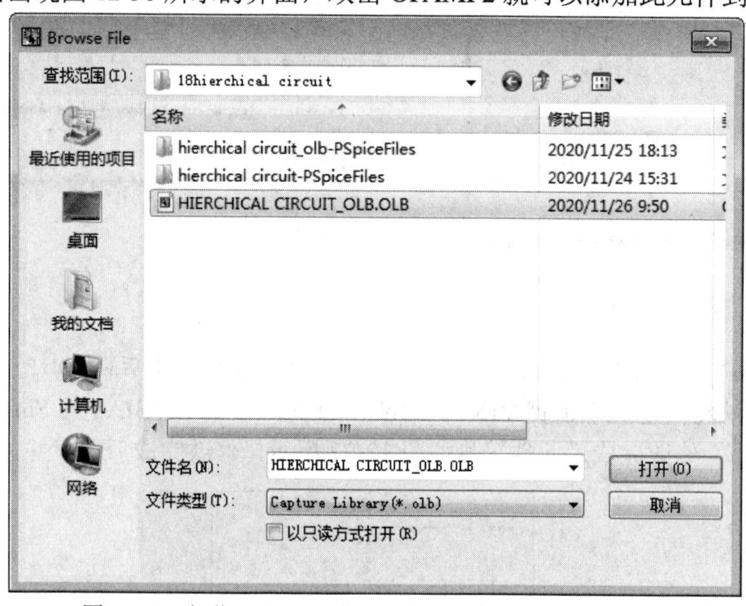

图 12-29　加载 HIERCHICAL CIRCUIT_OLB.OLB 元件库

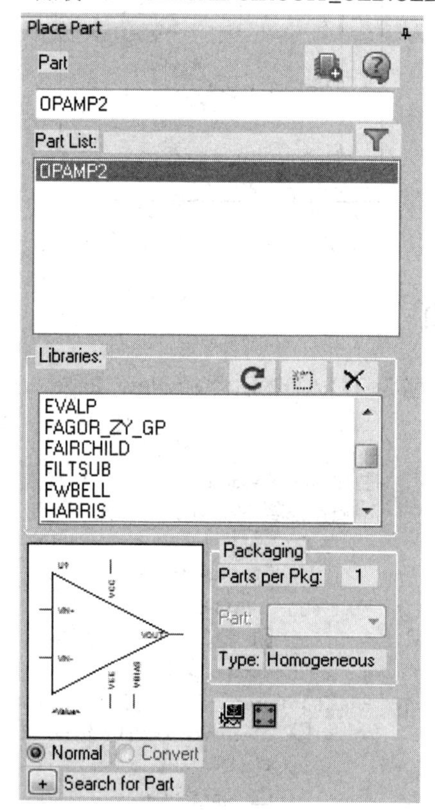

图 12-30　HIERCHICAL CIRCUIT_OLB.OLB 元件库下的元件列表

若双击 OPAMP2 出现图 12-31 所示的错误提示框，则可以先单击确定，然后在项目管理窗口中找到 Design Cache，选择 OPAMP2，再单击右键，在弹出的菜单中选择 Update Cache，如图 12-32 所示，之后一直选择 yes 或是，再重新添加 OPAMP2。

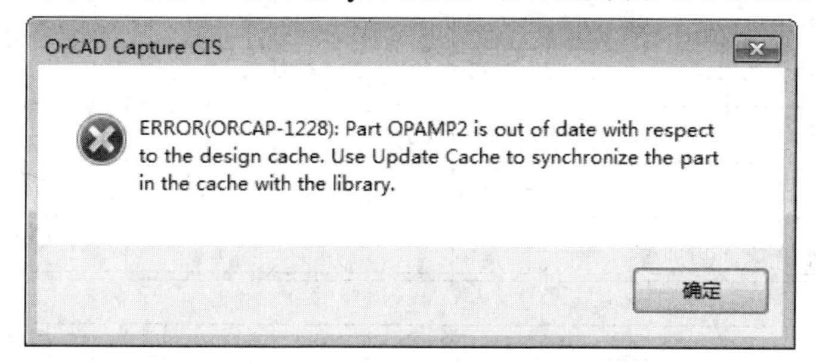

图 12-31　错误提示

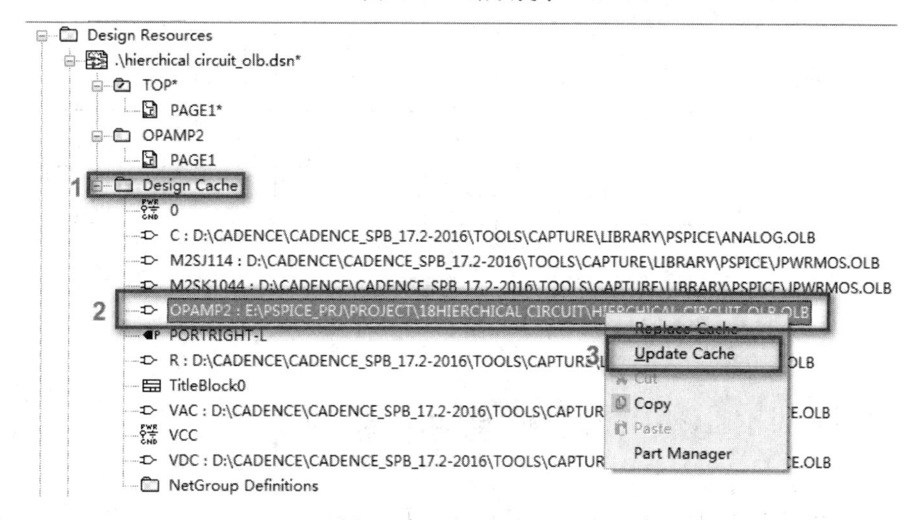

图 12-32　Update Cache

设计一个同相比例与反相比例运算放大电路，如图 12-33 所示，这是与图 12-11 相同功能与参数的电路。

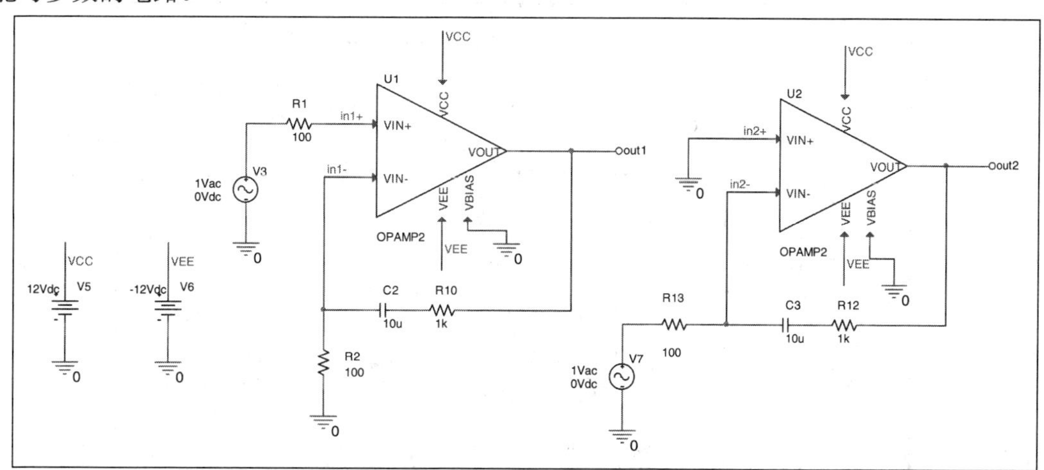

图 12-33　采用层电路元件库形式设计的放大电路

仿真此电路的频率响应，仿真参数设置与图 12-12 相同，其仿真结果如图 12-34 所示，仿真结果与图 12-13 完全相同。

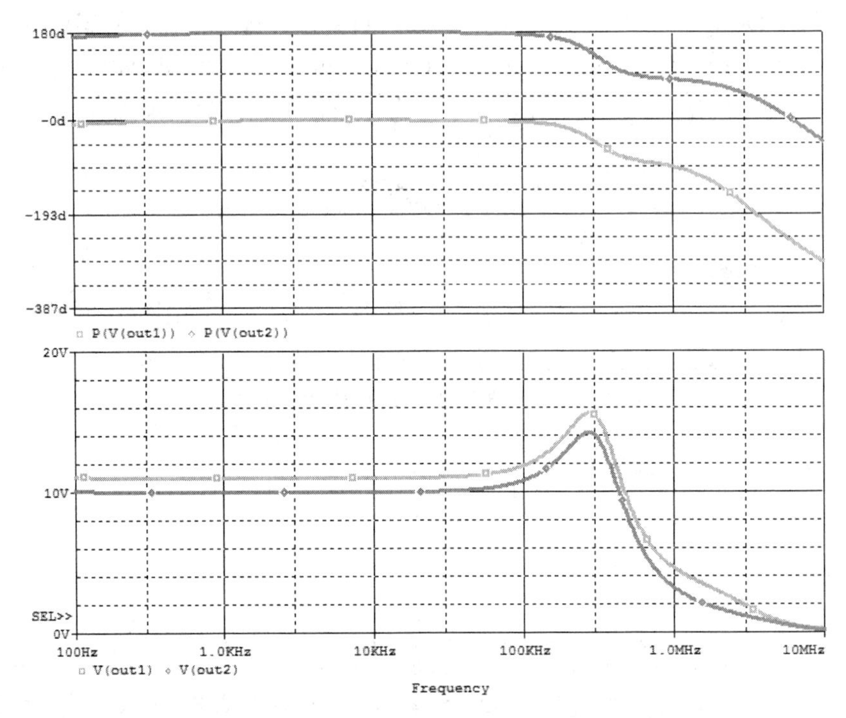

图 12-34 两个放大电路电压放大倍数的频率响应

12.3 上机练习

将图 12-35 中电阻 R1 的值设置为@rvar，采用 sbuparam 将 rvar 设置为子参数，这样就可以把不同的参数传递给层电路模块或层电路元件库，V+ = 12 V，V- = -12 V，GND 为 0 V，OUT 为输出端子。

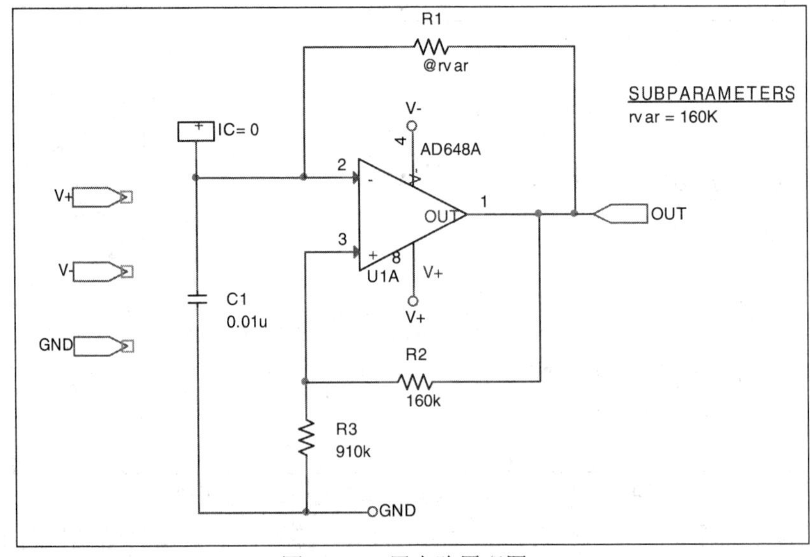

图 12-35 层电路原理图

(1) 将图 12-35 所示电路设计为层电路模块(要体现设计步骤)，然后搭建图 12-36 所示的仿真电路，层电路模块子参数 rvar 可以在层电路模块的属性编辑页面中添加变量名称及赋值，做瞬态分析，并仿真 rvar = 160k 与 rvar = 100k 时电路的输出波形，试问：

① 此电路实现了什么功能?

② 在 rvar = 160k 与 rvar = 100k 时，电路的输出频率分别是多少？

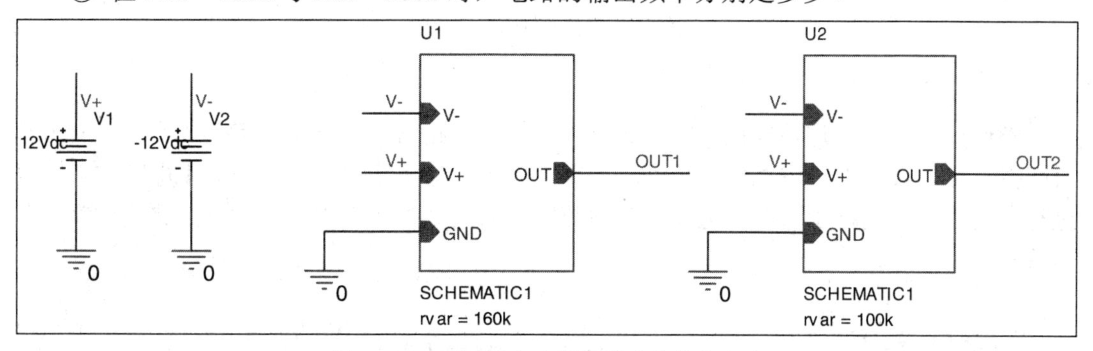

图 12-36　采用层电路模块搭建的仿真电路

(2) 将图 12-35 所示的电路设计为层电路元件库(要体现设计步骤)，然后搭建图 12-37 所示的仿真电路，做瞬态分析，并仿真 rvar = 160k 与 rvar=100k 时电路的输出波形，并与(1)的仿真结果进行对比。

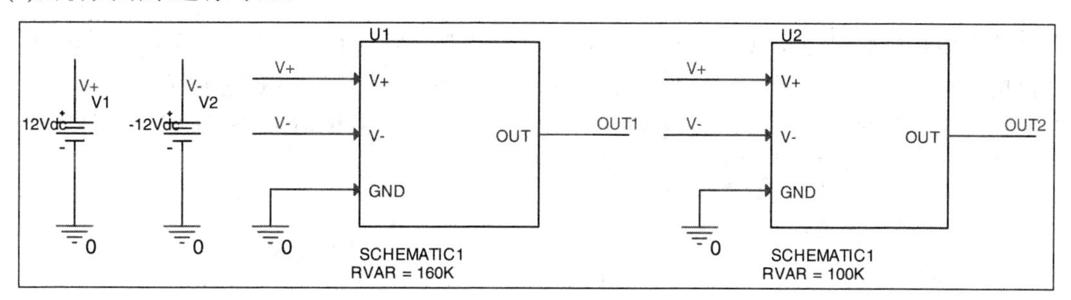

图 12-37　采用层电路元件库搭建的仿真电路

第 13 章　数字、数/模混合电路仿真

PSpice 除了可以仿真模拟电路，还可以对数字电路与数/模混合电路进行仿真。PSpice 对模拟电路与数字电路仿真使用相同的引擎，因此只适用于中小规模的数字电路仿真，若进行大规模数字电路设计还需选择专门的数字电路设计与仿真软件。数字电路的仿真只采用瞬态分析。

13.1　常用数字信号源

13.1.1　高低电平

数字电路中有高电平 1，低电平 0 的概念。当需要给某个端子设置为高电平时可以使用高电平符号 HI，当需要给某个端子设置为低电平时可以使用低电平符号 LO，这两个符号都从符号库中选取，如图 13-1 所示，两者都位于 SOURCE 符号库中。

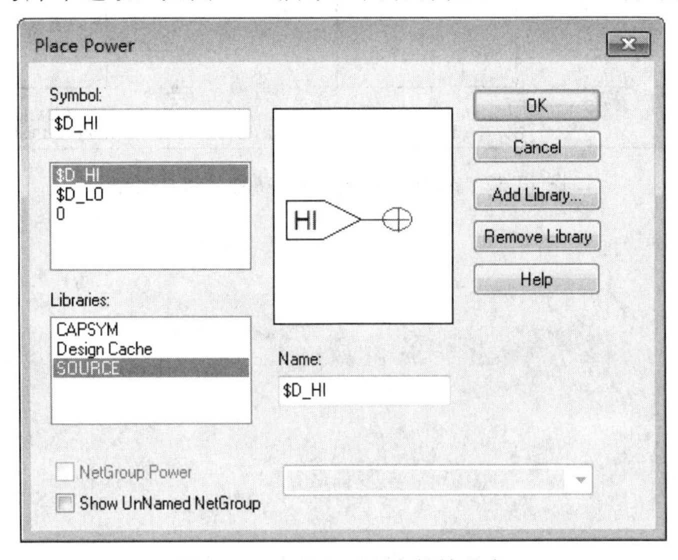

图 13-1　高低电平所在的符号库

13.1.2　时钟信号源(DigClock)

数字电路的时序逻辑电路都会用到时钟信号，时钟信号源从元件库中选取。在元件搜索框中输入 digclock 就可以找到对应的时钟信号源，其位于 source 元件库中，电路符号如

图 13-2 所示。双击时钟信号源，或者先选中器件然后单击右键，在弹出的菜单中选中 Edit Properties，属性设置界面如图 13-3 所示，其中主要参数含义如表 13-1 所示。

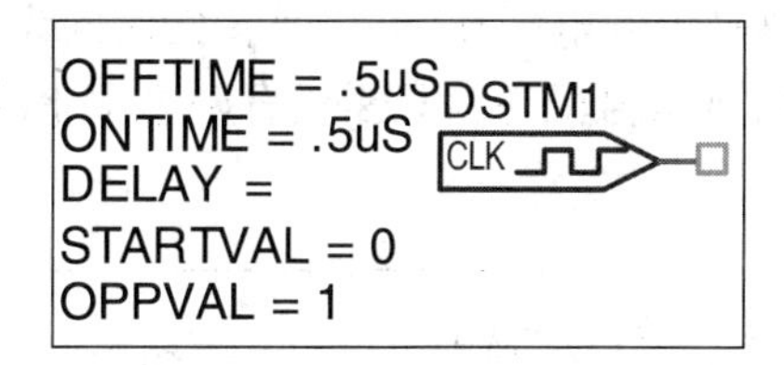

图 13-2　时钟信号源符号

	A
	SCHEMATIC1 : PAGE
DELAY	
Designator	
Graphic	DigClock.Normal
ID	
Implementation	
Implementation Path	
Implementation Type	PSpice Model
IO_LEVEL	0
IO_MODEL	IO_STM
Location X-Coordinate	240
Location Y-Coordinate	160
Name	INS708
OFFTIME	.5uS
ONTIME	.5uS
OPPVAL	1
Part Reference	DSTM1
PCB Footprint	
Power Pins Visible	
Primitive	DEFAULT
PSpiceOnly	TRUE
PSpiceTemplate	U^@REFDES STIM(1,1) %
Reference	DSTM1
Source Library	D:\CADENCE\CADENC
Source Package	DigClock
Source Part	DigClock.Normal
STARTVAL	0
Value	DigClock

图 13-3　时钟信号源属性设置界面

表 13-1　时钟信号源参数及其含义

参　数	含　义	默认值
DELAY	延迟时间，第一个初始电平持续时间	OFFTIME 的持续时间
OFFTIME	初始电平持续时间	0.5 μs
ONTIME	另一电平持续时间	0.5 μs
OPPVAL	另一电平	1
STARTVAL	初始电平	0

图 13-4 为两个时钟信号源实例，其中 DSTM1 初始电平为低电平 0，另一电平为高电平 1，低电平持续时间为 0.2 ms，高电平持续时间为 0.8 ms，延迟时间为默认值。DSTM2 初始电平为高电平 1，另一电平为低电平 0，高电平持续时间为 0.4 ms，低电平持续时间为 0.6 ms，延迟时间为 1 ms。时钟信号源通常只需设置两个电平的持续时间。图 13-5 为这两个时钟信号源对应的波形。

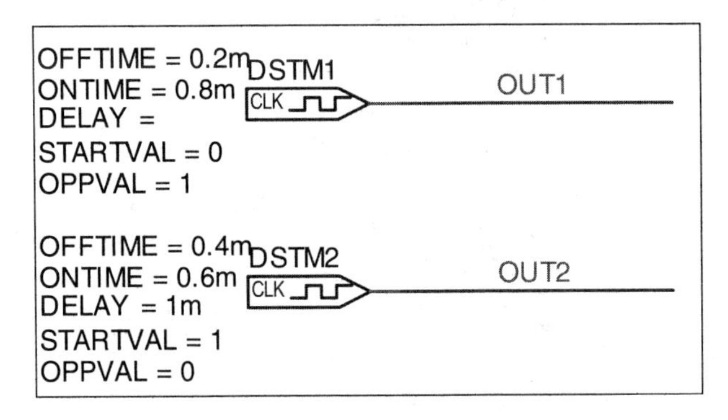

图 13-4　两个时钟信号源

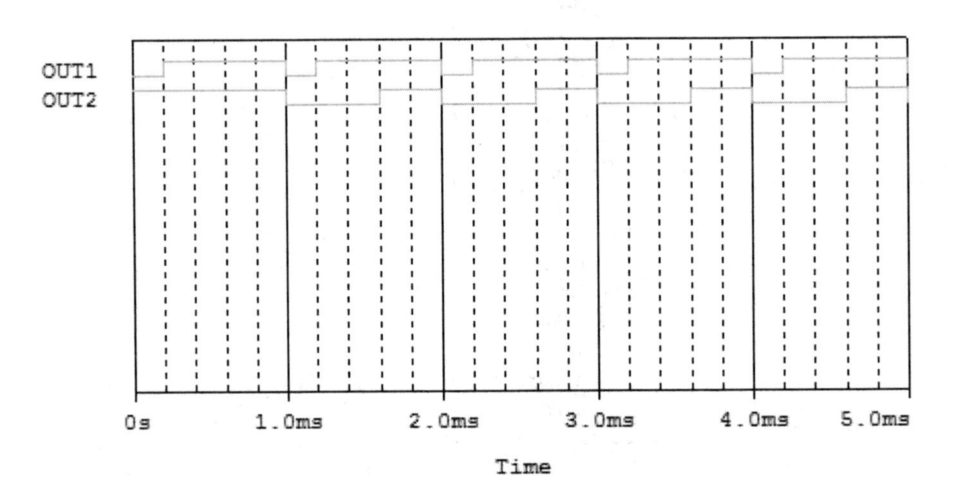

图 13-5　图 13-4 中时钟信号源的波形

13.1.3　总线信号源(STIMn)

总线信号源有 1 位、4 位、8 位、16 位，对应的信号源名称为 STIM1、STIM4、STIM8、STIM16。一个 4 位总线信号源的电路符号如图 13-6 所示，属性设置界面如图 13-7 所示，其中主要参数含义如表 13-2 所示。

图 13-6　4 位总线信号源电路符号

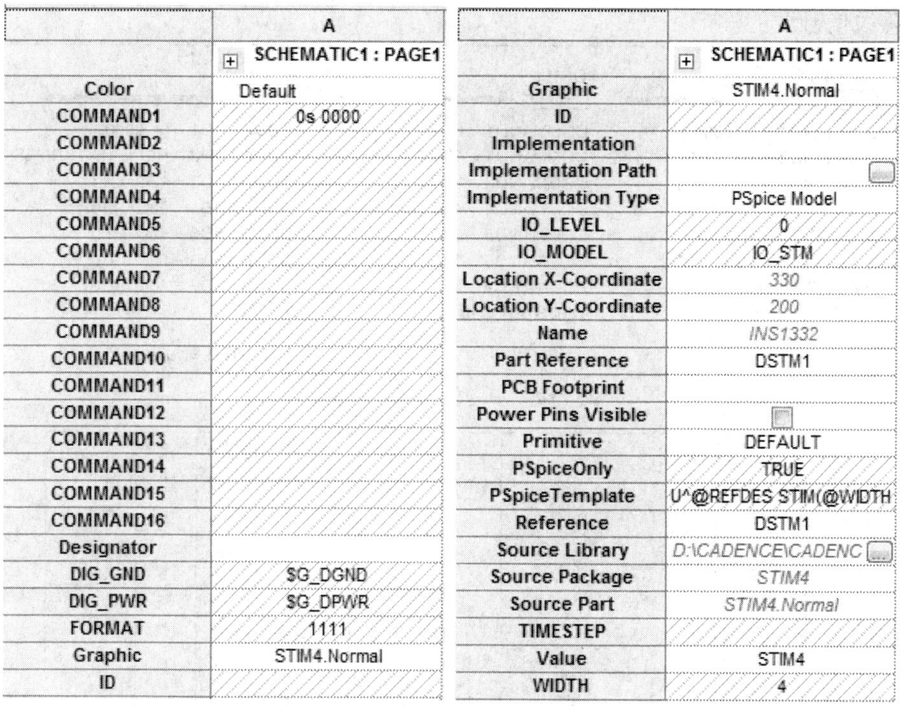

	A
	⊞ SCHEMATIC1 : PAGE1
Color	Default
COMMAND1	0s 0000
COMMAND2	
COMMAND3	
COMMAND4	
COMMAND5	
COMMAND6	
COMMAND7	
COMMAND8	
COMMAND9	
COMMAND10	
COMMAND11	
COMMAND12	
COMMAND13	
COMMAND14	
COMMAND15	
COMMAND16	
Designator	
DIG_GND	$G_DGND
DIG_PWR	$G_DPWR
FORMAT	1111
Graphic	STIM4.Normal
ID	

	A
	⊞ SCHEMATIC1 : PAGE1
Graphic	STIM4.Normal
ID	
Implementation	
Implementation Path	
Implementation Type	PSpice Model
IO_LEVEL	0
IO_MODEL	IO_STM
Location X-Coordinate	330
Location Y-Coordinate	200
Name	INS1332
Part Reference	DSTM1
PCB Footprint	
Power Pins Visible	☐
Primitive	DEFAULT
PSpiceOnly	TRUE
PSpiceTemplate	U^@REFDES STIM(@WIDTH
Reference	DSTM1
Source Library	D:\CADENCE\CADENC
Source Package	STIM4
Source Part	STIM4.Normal
TIMESTEP	
Value	STIM4
WIDTH	4

图 13-7　4 位总线属性设置界面

表 13-2　总线信号源参数及其含义

参　数	含　义	默 认 值
COMMAND1	波形描述语句	0C 0000(时间点与对应的信号逻辑状态)
COMMAND2	波形描述语句	无
…		
TIMESTEP	时间倍乘因子	无(波形描述语句中的时间点=数值* TIMESTEP)
FORMAT	总线信号进制格式	1111(1 表示二进制，2 表示八进制，4 表示十六进制)
WIDTH	总线位数	1、4、8、16

图 13-8 为三个 4 位总线信号源实例，其中 DSTM1 表示 4 位总线信号，采用二进制格式，总线信号名称为 A[0-3](也可以使用 A[0..3]，注意此时按 A0A1A2A3 设置信号电平，若使用 A[3-0]，则按 A3A2A1A0 设置信号电平)。0 s 时，A0A1A2A3 输出电平为 0000；10 μs 时，A0A1A2A3 输出电平为 0011(10C 表示 10*TIMESTEP，此时 TIMESTEP 为 1 μs)；20 μs 时，A0A1A2A3 输出电平为 0110；40 μs 时，A0A1A2A3 输出电平为 1100；60 μs 时，A0A1A2A3 输出电平为 1010；100 μs 时，A0A1A2A3 输出电平为 0101。DSTM2 表示 4 位总线信号，采用十六进制格式，总线信号名称为 B[0-3]，其各时间点对应的总线电平与 A[0-3]完全相同。DSTM3 表示 4 位总线信号，采用二进制格式，总线信号名称为 C[0-3]，其各时间点对应的总线电平与 A[0-3]完全相同，只是采用了循环语句设置周期信号，REPEAT 表示循环开始，-1 处设置循环次数(-1 表示无限循环)，ENDREPEAT 表示循环结束。图 13-9

为 4 位总线信号源的波形。

DSTM1 S4 A[0-3]
COMMAND1 = 0s 0000
COMMAND2 = 10C 0011
COMMAND3 = 20C 0110
COMMAND4 = 40C 1100
COMMAND5 = 60C 1010
COMMAND6 = 100C 0101
FORMAT = 1111
TIMESTEP = 1u

DSTM2 S4 B[0-3]
COMMAND1 = 0s 0
COMMAND2 = 10C 3
COMMAND3 = 20C 6
COMMAND4 = 40C B
COMMAND5 = 60C 9
COMMAND6 = 100C 5
FORMAT = 4
TIMESTEP = 1u

DSTM3 S4 C[0-3]
COMMAND1 = 0s 0000
COMMAND2 = REPEAT -1 TIMES
COMMAND3 = 10C 0011
COMMAND4 = 20C 0110
COMMAND5 = 40C 1100
COMMAND6 = 60C 1010
COMMAND7 = 100C 0101
COMMAND8 = ENDREPEAT
FORMAT = 1111
TIMESTEP = 1u

图 13-8　4 位总线信号源实例

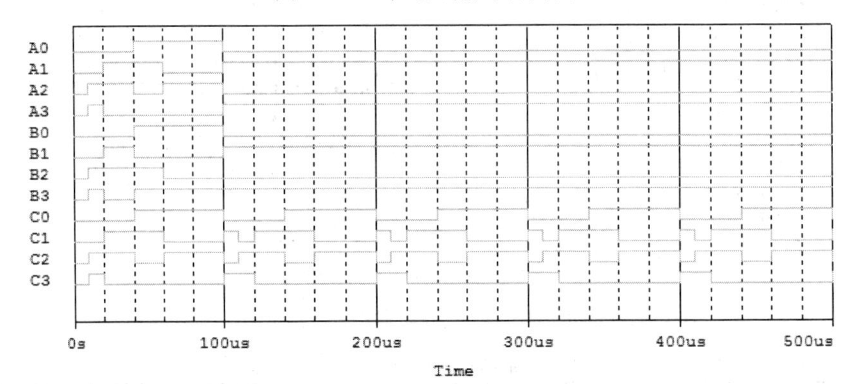

图 13-9　图 13-8 中总线信号源的波形

13.2 数字电路仿真

13.2.1 绘制电路图

绘制图 13-10 所示的分频电路，采用 74107 型号的 JK 触发器构成，下降沿触发，JK 触发器特性为 00 保持、10 置 1、01 置 0、11 翻转，$\overline{\text{CLR}}$ 为清零信号，低电平清零。分频器输入为 1 MHz 方波，Q0 输出为 2 分频 0.5 MHz，Q1 输出为 4 分频 0.25 MHz，Q2 输出为 8 分频 125 kHz，Q3 输出为 16 分频 62.5 kHz。Q[0-3]表示 4 位总线信号，采用进行绘制，Q0、Q1、Q2、Q3 表示构成总线的 4 位信号，其与总线通过总线引入线连接。DSTM1 表示输出频率为 1 MHz、占空比为 50%、延时为 1 μs 的方波，DSTM2 表示输出初始电平为低电平 0、在 2 μs 时跃变为高电平 1 的阶跃信号。

数字电路的电路符号中一般没有引出电源引脚，其电源引脚与默认的电源 $G_DPWR 连接，接地引脚与默认的地 $G_DGND 连接，$G_DPWR 为 5 V，$G_DGND 为 0 V。双击 74107 JK 触发器，在其属性界面单击 Pins，引脚属性界面如图 13-11 所示。可以查看各引脚名称(Name 栏)、引脚编号(Number 栏)、引脚所接的节点名称(Net Name 栏)和引脚类型(Type 栏)。电源引脚为 VCC，引脚属性为 Power，默认与 $G_DPWR 连接。接地引脚为 GND，引脚属性为 Power，默认与$G_DGND 连接。

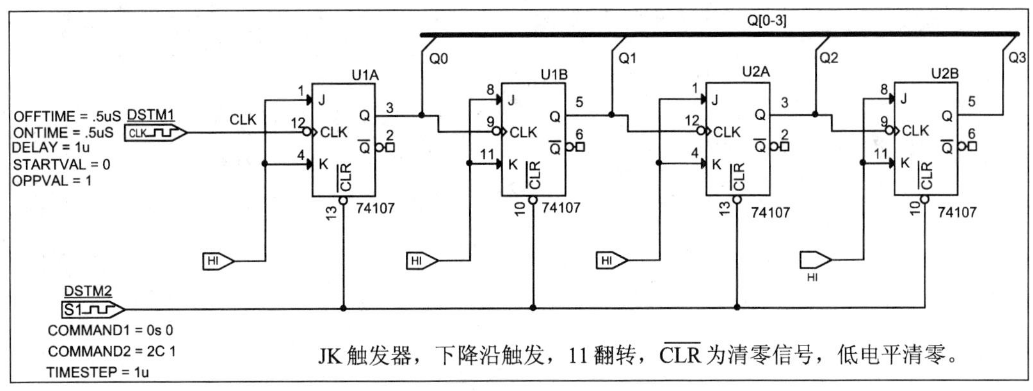

图 13-10　分频电路

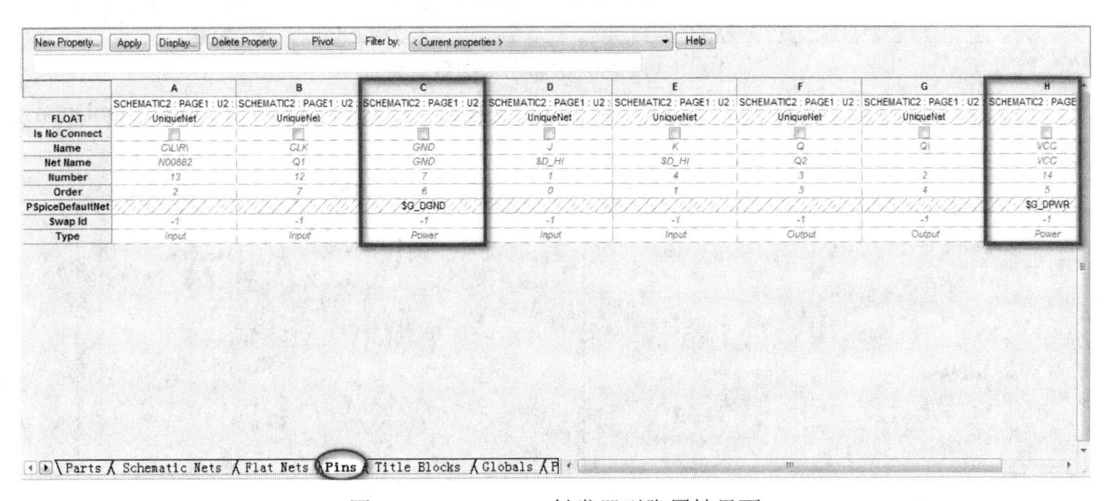

图 13-11　74107 JK 触发器引脚属性界面

若需要修改数字电路的电源电压，可以更改其 VCC 引脚默认的节点名称(PSpice DefaultNet 栏)，比如将原来的$G_DPWR 改为 Vpwr，然后在外部用一个直流电压源与 Vpwr 节点连接，如图 13-12 所示。该元件的电源电压被设置为 10 V。

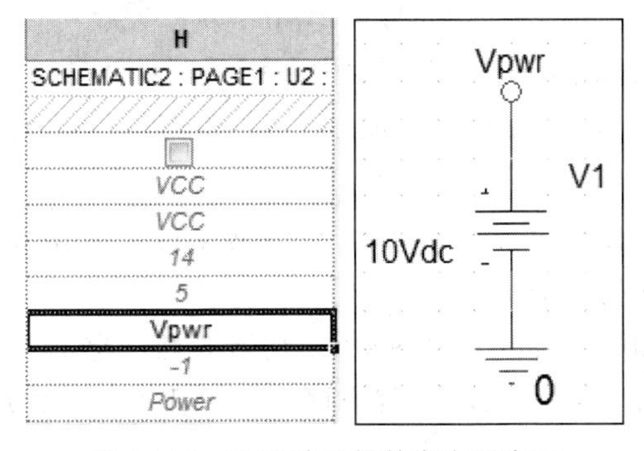

图 13-12　更改默认的数字电源电压

13.2.2　仿真参数设置

数字电路只能做瞬态分析，其与模拟电路的瞬态分析设置方法相同，图 13-10 电路的仿真设置如图 13-13 所示。

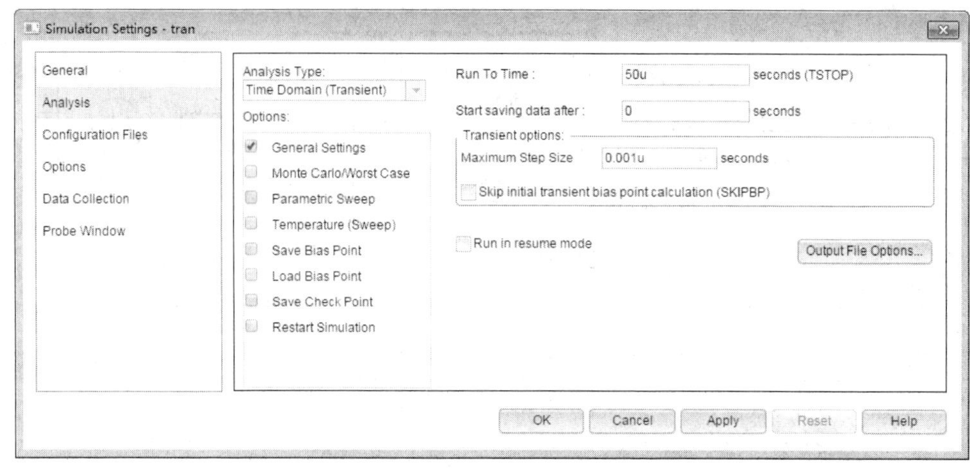

图 13-13 瞬态分析仿真参数设置

可对数字电路仿真参数进行设置，其位于仿真设置窗口的 Options→Gate Level Simulation，设置界面如图 13-14 所示。

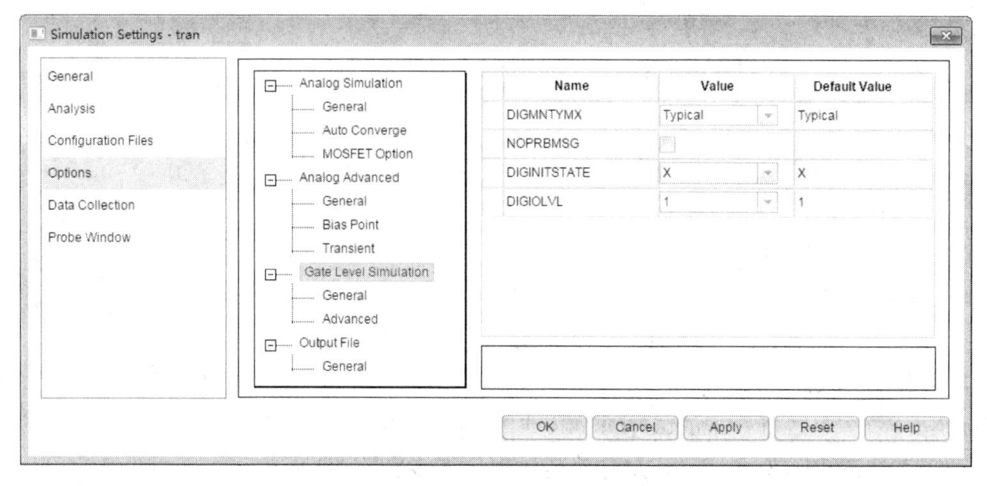

图 13-14 数字电路仿真参数设置

DIGMNTYMX 为 Timing mode，可以设置时序模式，有 Minimum(Min，最小)、Typical(典型)、Maximum(Max，最大)、Worst-case(Min/Max，最坏，数字电路的最坏情况分析选择此项) 4 种时序特性。

NOPRBMSG 为 Suppress simulation error messages in waveform data file，选中可对仿真过程中出现的错误信息进行抑制。

DIGINISTATE 为 Initialize all flip-flops to，可设置触发器的初始状态，有 X(不确定)、1(高电平)、0(低电平)，仿真时一般需要对寄存器进行初始化，否则可能导致输出存在不确定状态 X。

DIGIOLVL 为 Default I/O level for A/D interfaces，可设置模/数、数/模转换接口，有 1(ATOD1/DTOA1，为含 0(低电平)、1(高电平)、R(上升沿)、F(下降沿)、X(不确定)、Z(高阻)等信号的较精确接口模型子电路)、2(ATOD2/DTOA2，为仅含 0、1 的较理想接口模型子电路)、3(ATOD3/DTOA3，同 1)、4(ATOD4/DTOA4，同 2) 4 种模式，一般采用默认值 1。

由于本电路的$\overline{\text{CLR}}$给了清零信号，可以不设置寄存的初始状态，因此全部采用默认值即可，然后运行仿真。

13.2.3　查看仿真结果

仿真结束后查看输出波形，如图 13-15 所示，输出信号只有高、低两个电平状态，没有具体的电压，可以看出 Q0 为 CLK 的 2 分频、Q1 为 CLK 的 4 分频、Q2 为 CLK 的 8 分频、Q3 为 CLK 的 16 分频。

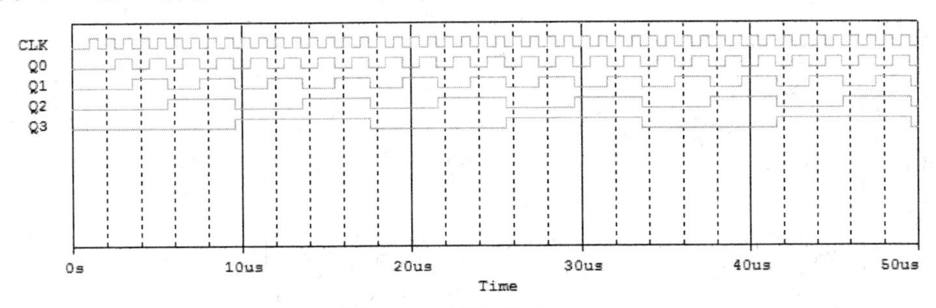

图 13-15　仿真结果

输出信号 Q0-Q3 也可以按总线信号的形式显示，在添加曲线的对话框中输入{Q0 Q1 Q2 Q3};Q_B;B，表示将 Q0-Q3 采用总线信号的形式显示，Q0 在前 Q3 在最后(如果总线信号有高低位的区别，那么在设置总线信号名称时应按高位在前低位在后排列)，显示的总线信号名称为 Q_B，B 为采用二进制格式显示。也可以采用十进制，对应输入{Q0 Q1 Q2 Q3}; Q_D; D 与{Q0 Q1 Q2 Q3}，总线名称为 Q_D。还可以采用十六进制，对应输入{Q0 Q1 Q2 Q3}; Q_H; H，总线名称为 Q_H。显示的结果如图 13-16 所示。

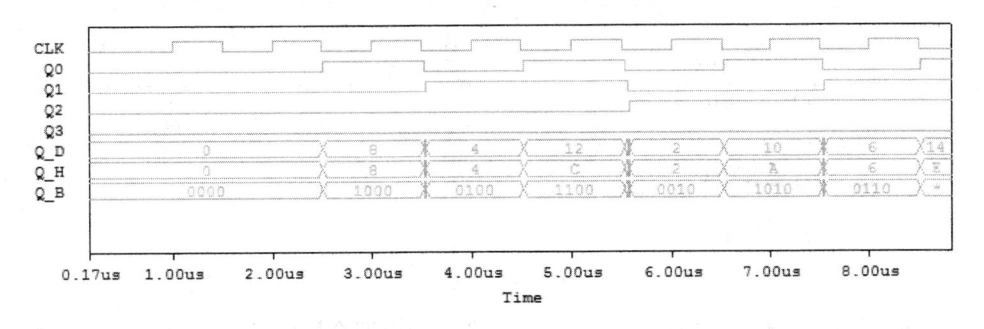

图 13-16　以总线信号形式显示

13.3　数/模混合仿真

数/模混合仿真电路如图 13-17 所示，由滞回比较器和与非门构成，滞回比较器为模拟电路，与非门为数字电路，滞回比较器的输出 COMP 为模拟电压，而 CLK 为数字信号，CLK 与 COMP 加到与非门的两个输入端，与非门的输出为数字信号。对此电路做瞬态分析，仿真结束时间设置为 50 μs，仿真结果如图 13-18 所示。在 Probe 界面中模拟信号与数字信号采用独立的窗口显示，但是共用同一时间轴，数字信号波形显示于上部，模拟信号波形显示于下部。由仿真结果可以看出滞回比较器的门限电压分别为 +2.5 V 与 −2.5 V。当比较器输出为高电平时(+5 V)，输出 OUT 与 CLK 成反相关系，当比较器输出为低电平时(−5 V)，输出 OUT 为高电平 1，实现了与非功能。此处数字电路的电源为 5 V，数字电路的地默认为 0 V，数字电路的高电平 1 对应 5 V 电压，低电平 0 对应 0 V 电压。

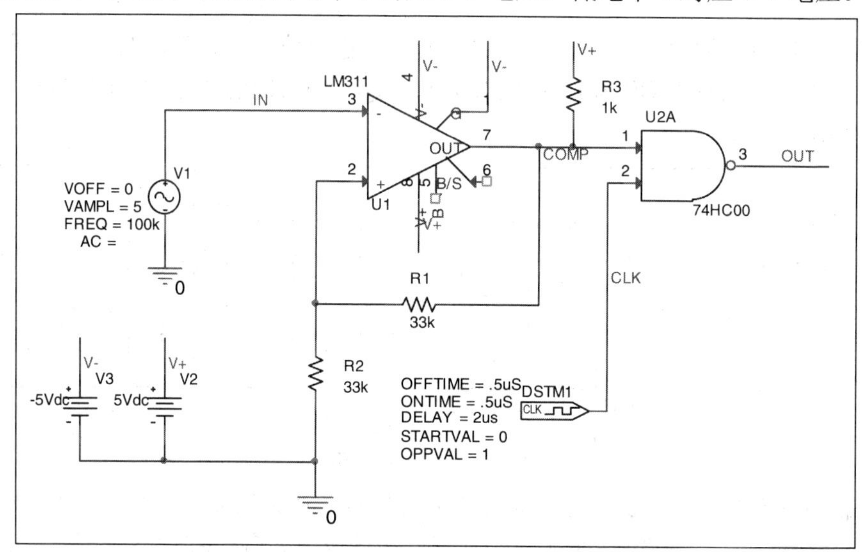

图 13-17　数/模混合电路

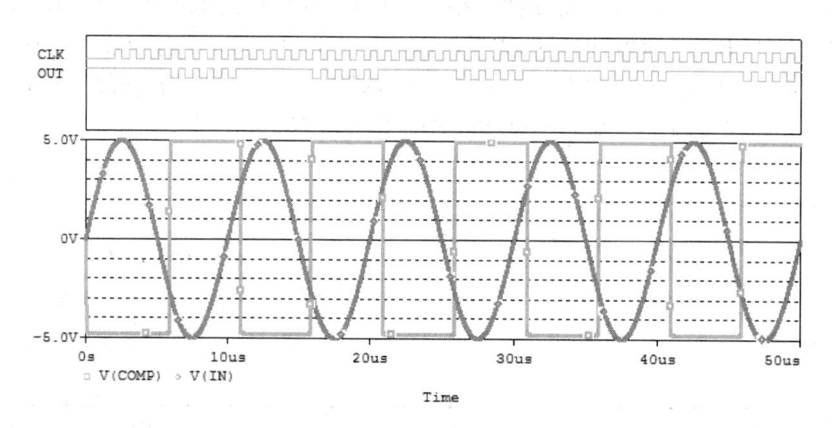

图 13-18　仿真波形

从上述例子可以看出，模拟电路、数字电路、数/模混合电路的仿真流程是完全相同的。

13.4 上机练习

【练习一】 电路如图 13-19 所示，做瞬态分析，仿真结束时间设置为 50 μs，仿真结束后回答以下问题：

(1) 查看 Q3、Q2、Q1、Q0、CLK、CLR 的波形，试分析此电路实现了什么功能？

(2) 每一级计数器的周期是多少？

(3) 在时钟信号的下降沿还是上升沿开始计数？

(4) Q0、Q1、Q2、Q3 每计多少个数翻转？

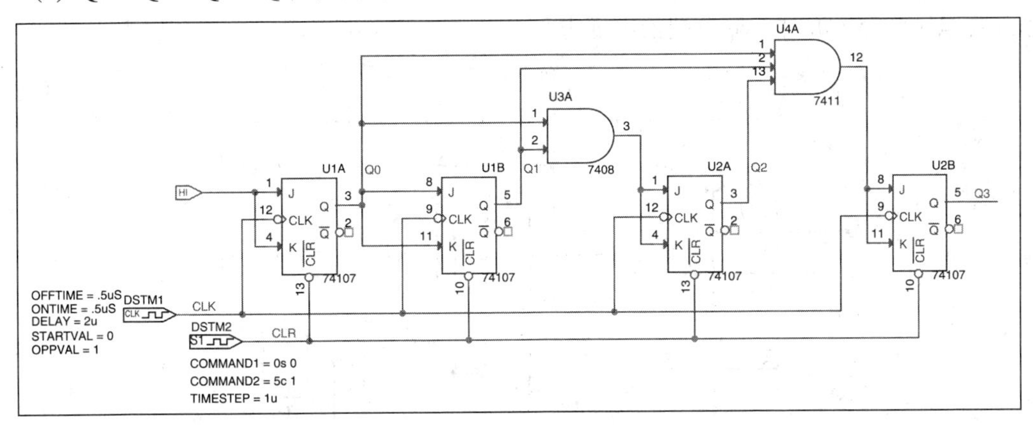

图 13-19　练习一电路

【练习二】 电路如图 13-20 所示，74HC393 为 4 位二进制同步计数器，74HC244 为 8 位缓存器，74HC240 为 8 位反相缓存器，仿真结束时间设置为 300 μs，寄存器初始状态设置为 0，仿真结束后回答以下问题：

(1) 查看 CLK、D1-D8 的波形，试问 U1A 与 U1B 构成了什么电路？

(2) 将 D8-D1、A8-A1、B8-B1 以总线信号形式显示(注意 D8 在最前，D1 在最后，A8 在最前，A1 在最后，B8 在最前，B1 在最后)，采用二进制格式，分别命名为 D_B、A_B、B_B。

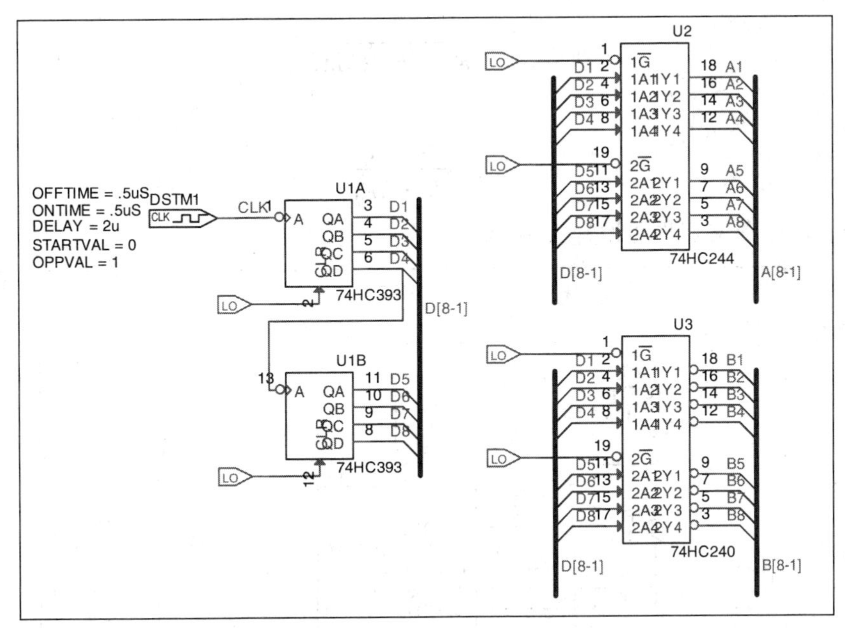

图 13-20　练习二电路

【练习三】 555 定时器的内部电路如图 13-21 所示，8 脚 UCC 为电源端，1 脚 GND 为接地端，3 脚 OUTPUT 为输出端；4 脚 RESET 为置零端，低电平有效；2 脚 TRIGGER 为比较器 C2 的输入端；6 脚 THRESHOLD 为比较器 C1 的输入端；5 脚 CONTROL 为控制电压输入端；7 脚 DISCHARGE 为放电端。当 5 脚悬空时，$U_{R1} = 2U_{CC}/3$；$U_{R2} = U_{CC}/3$，当

5 脚接入 U_{CO} 时，$U_{R1}=U_{CO}$，$U_{R2}=U_{CO}/2$。当 2 脚电压降至 U_{R2} 时，输出端给出高电平。当 6 脚电压升至 U_{R1} 时，输出端给出低电平。

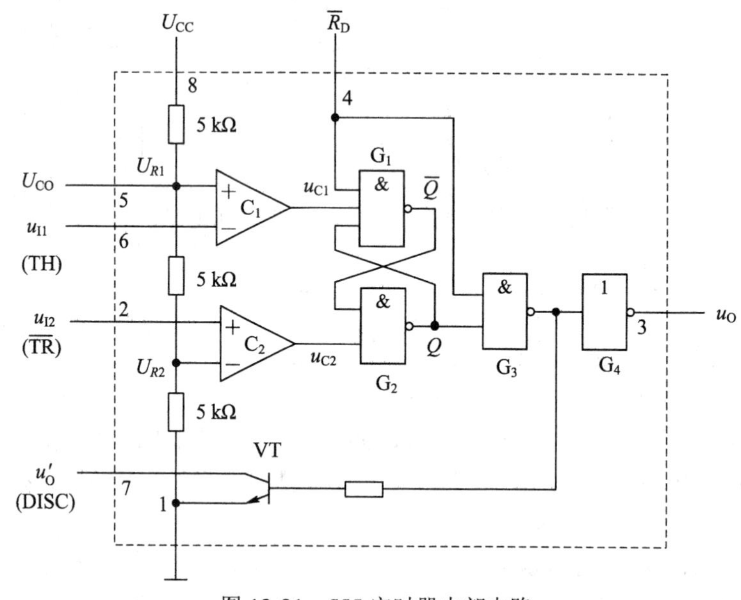

图 13-21　555 定时器内部电路

绘制图 13-22 所示的电路，该电路为 555 定时器构成的多谐振荡器，采用 EVAL 库中的 555D，电路的振荡频率为

$$f=\frac{1}{(R_1+2R_2)C_2\ln 2}$$

占空比为

$$q=\frac{R_1+R_2}{R_1+2R_2}$$

做瞬态分析，仿真结束时间设置为 10 μs。

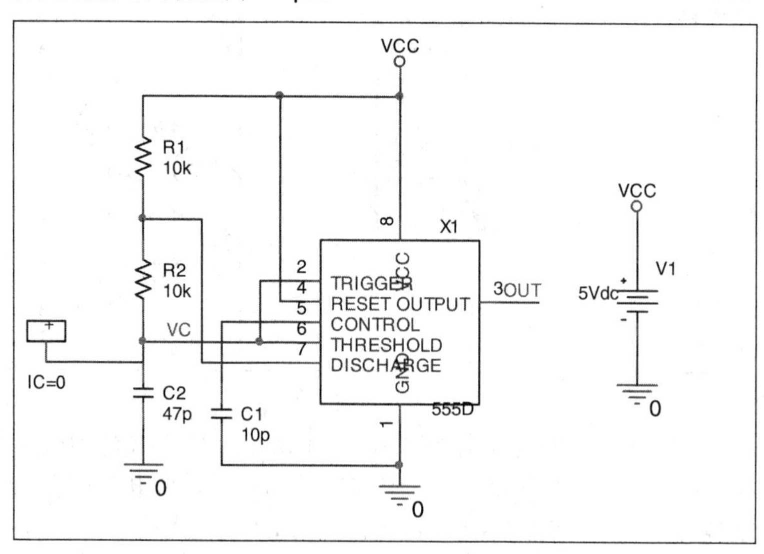

图 13-22　练习三电路

仿真结束后回答以下问题：

(1) 查看 VC 与 OUT 的波形，由 VC 的波形计算出其构成史密斯特触发器的两个阈值电压是多少，并与理论分析进行对比，两者是否相等，若不相等试分析原因。

(2) 由 OUT 的波形计算 OUT 的频率与占空比(采用 Duty Cycle()计算占空比，采用 Period()计算周期)，并与理论分析进行对比，两者是否相等。

(3) 将 C2 的值改为 470 p，仿真结束时间设置为 50 μs，再次查看稳态时 VC 的最大值与最小值，OUT 的频率与占空比，并与理论值进行对比，此时误差与(1)相比如何，验证(1)中所分析的引起误差的原因。

第 14 章　常用运算电路的设计与仿真

在电路设计中常需要对采集的弱信号进行放大或者对某些信号进行运算处理，常用的运算电路有反相放大电路、同相放大电路、电压跟随电路、加法电路、减法电路和积分运算电路，而这些运算电路又分为单电源供电与双电源供电两种情况。

14.1　反相放大电路

1. 反相放大电路的特点

反相放大电路具有输出信号与输入信号极性相反、输入电阻不高(缺点)以及无共模输入电压(优点)等特点。其电路如图 14-1 所示，输出电压$u_o = -\frac{R_f}{R_1}u_i$。当 $R_1 = R_f$时，放大电路输出电压等于输入电压的负值，因此也称为反相器。考虑到运放工作的稳定性，一般增益都会大于等于 1。R_1 的取值要远大于输入信号的内阻，通常取值范围为几千欧姆至几十千欧姆。反馈电阻 R_f 不能取得太大，否则会产生较大的噪声及漂移，其值一般取几千欧姆到几百千欧姆。

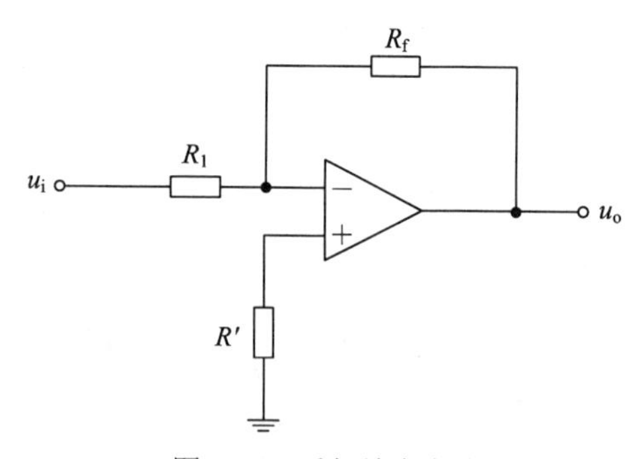

图 14-1　反相放大电路

2. 单电源反相放大电路

单电源反相放大电路如图 14-2 所示，电压放大倍数 $A_u = -R_2/R_1$。C1 为输入耦合电容，其交流阻抗相对于工作频率近似短路，起到隔直作用。在没有输入信号时，运算放大器同相输入端、反相输入端和输出端电压都为 VCC/2。同相输入端的 VCC/2 可通过电阻分压网络对 VCC 分压来实现。

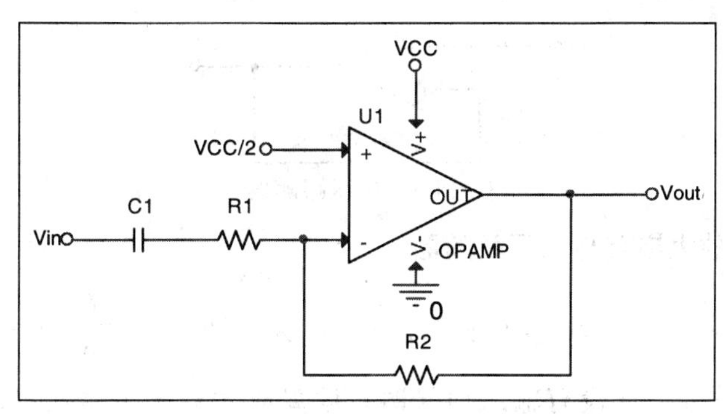

图 14-2　单电源反相放大电路

3. 双电源反相放大电路

双电源反相放大电路如图 14-3 所示，电压放大倍数 $A_u = -R_2/R_1$。C1 为输入耦合电容，其交流阻抗相对于工作频率近似短路，起到隔直作用。在没有输入信号时，运算放大器同相输入端、反相输入端和输出端电压都为 0。

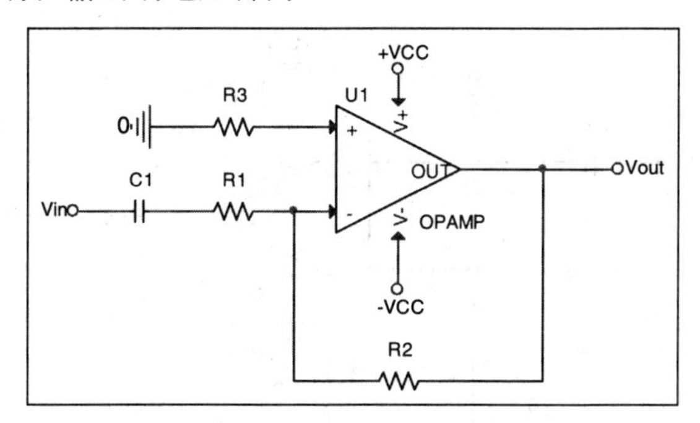

图 14-3　双电源反相放大电路

14.2　同相放大电路与电压跟随器

1. 同相放大电路的特点

同相放大电路具有输出信号与输入信号极性相同、输入电阻很高(优点)以及有共模输入电压(缺点)等特点，广泛应用于前置放大电路中。其电路如图 14-4 所示，其输出电压 $u_o = (1 + R_f/R_1)u_i$。若 R_1 为∞(开路)，则电路的增益为 1，同相放大电路构成一个电压跟随器，也称缓冲器，可以提供较大的驱动能力，如图 14-5 所示。

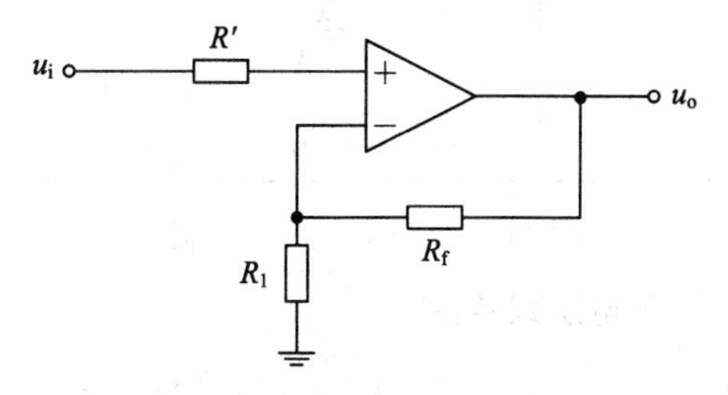

图 14-4　同相放大电路

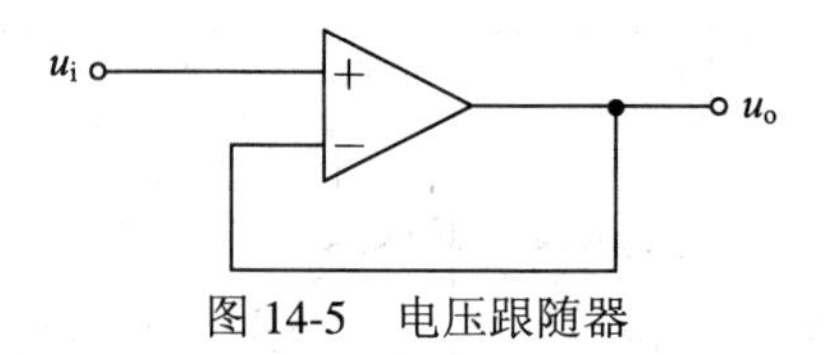

图 14-5 电压跟随器

2. 单电源同相放大电路与电压跟随器

单电源同相放大电路如图 14-6 所示，电压放大倍数 $A_u = 1 + \frac{R_2}{R_1}$。C1 为输入耦合电容，其与 R4 构成高通滤波。在没有输入信号时，运算放大器同相输入端、反相输入端和输出端电压都为 VCC/2。VCC/2 可通过电阻分压网络对 VCC 分压来实现。单电源电压跟随器如图 14-7 所示，静态时，运算放大器同相输入端、反相输入端和输出端电压也都为 VCC/2。

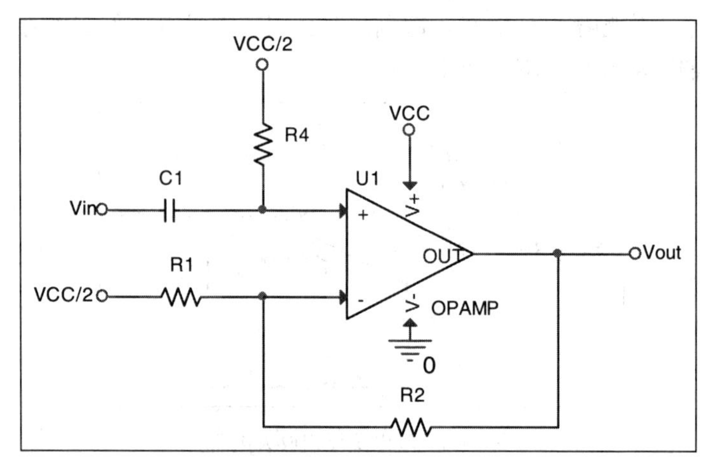

图 14-6 单电源同相放大电路

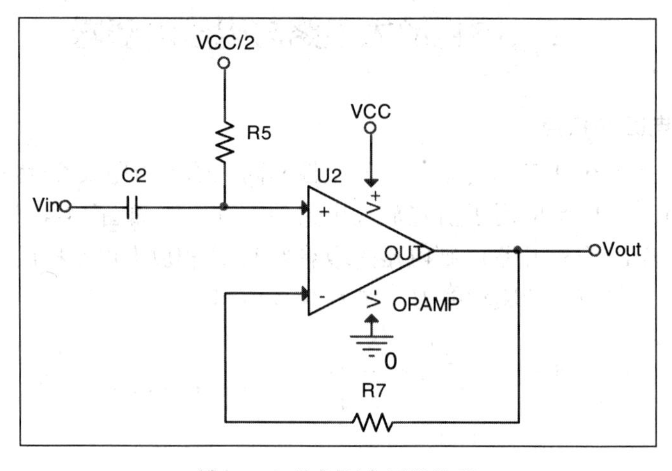

图 14-7 单电源电压跟随器

3. 双电源同相放大电路与电压跟随器

双电源同相放大电路如图 14-8 所示，电压放大倍数 $A_u = 1 + \frac{R_2}{R_1}$。C1 为输入耦合电容，其与 R4 构成高通滤波。在没有输入信号时，运算放大器同相输入端、反相输入端和输出端电压都为 0。双电源电压跟随器如图 14-9 所示，静态时，运算放大器同相输入端、反相输入端和输出端电压也都为 0。

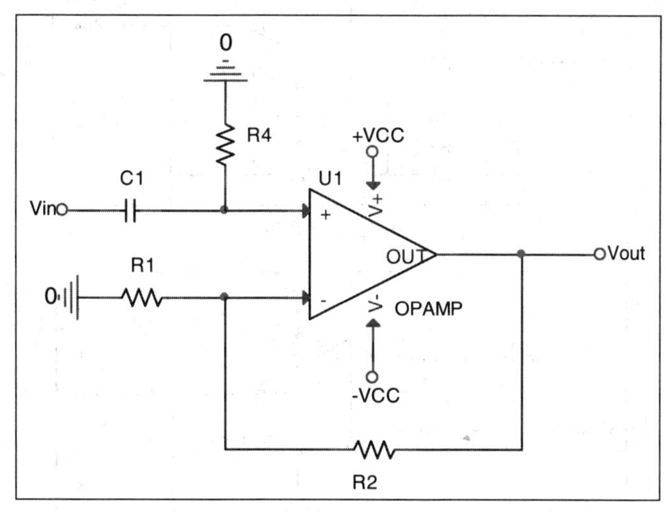

图 14-8　双电源同相放大电路

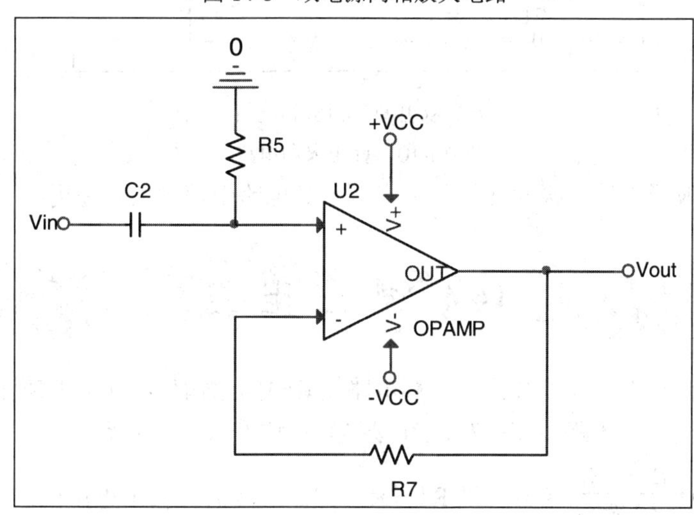

图 14-9　双电源电压跟随器

14.3 加法电路

由于同相求和电路的各输入电压的放大倍数相互影响，很难调节，因此加法电路一般采用反相求和电路，其电路结构如图 14-10 所示。其中(a)为单电源反相求和电路，(b)为双电源反相求和电路，两者的输出电压$U_{out}=-\left(\frac{R_2}{R_1}U_{in1}+\frac{R_2}{R_3}U_{in2}\right)$。反相求和电路的缺点是输入电阻小。

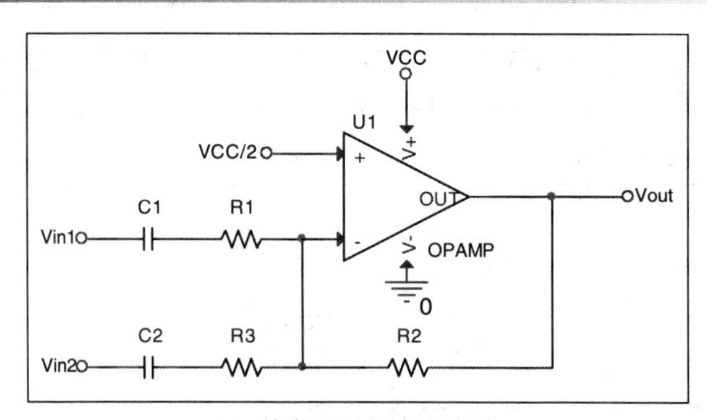

(a) 单电源反相求和电路

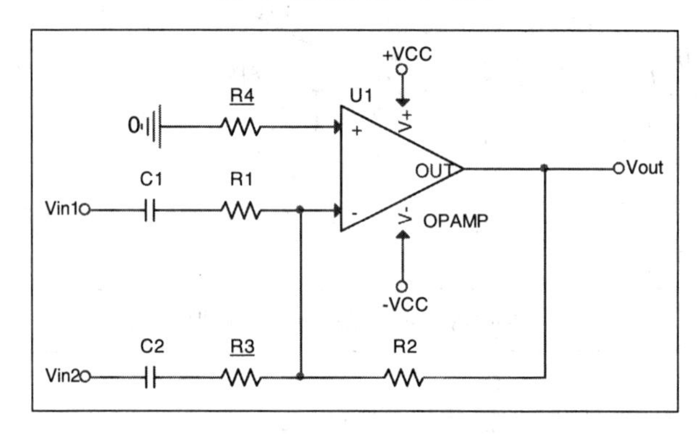

(b) 双电源反相求和电路

图 14-10 反相求和电路

加法电路在波形平移、极性变换、零点调节等电路中得到大量使用。

14.4 减法电路

常用的一种减法电路为差分比例运算电路，其电路结构如图 14-11 所示。其中(a)为单电源差分比例运算电路，(b)为双电源差分比例运算电路，两者的输出电压 $U_{out}=-\dfrac{R_2}{R_1}U_{in1}+\left(1+\dfrac{R_2}{R_1}\right)\dfrac{R_4}{R_3+R_4}U_{in2}$。当 R1 = R3，R2 = R4 时，输出电压 $U_{out}=\dfrac{R_2}{R_1}(U_{in2}-U_{in1})$。差分比例运算电路的缺点是输入电阻小，并要求电阻严格匹配，否则会带来较大误差。

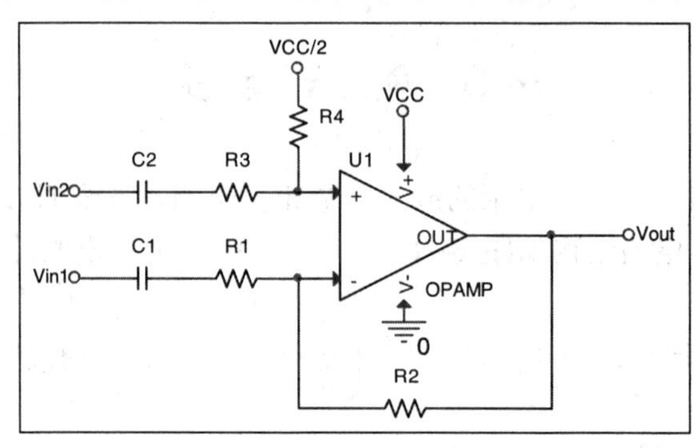

(a) 单电源差分比例运算电路

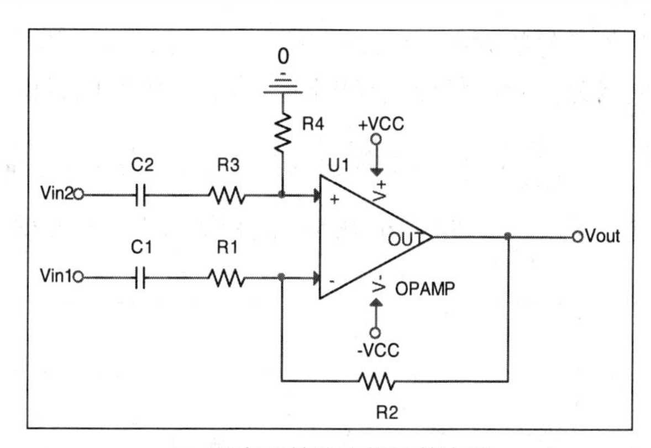

(b) 双电源差分比例运算电路

图 14-11　差分比例运算电路

在实际使用中，差分比例运算电路的电阻参数很难完全匹配，导致共模抑制能力下降，这时可采用专用的仪表放大器，其电路结构如图 14-12 所示。仪表放大器把关键元件集成在放大器内部，其独特的结构具有高共模抑制比、高输入阻抗、低噪声、低线性误差、低失调漂移增益设置灵活和使用方便等特点，在数据采集、传感器信号放大、高速信号调节、医疗仪器和高档音响设备等方面得到广泛应用。

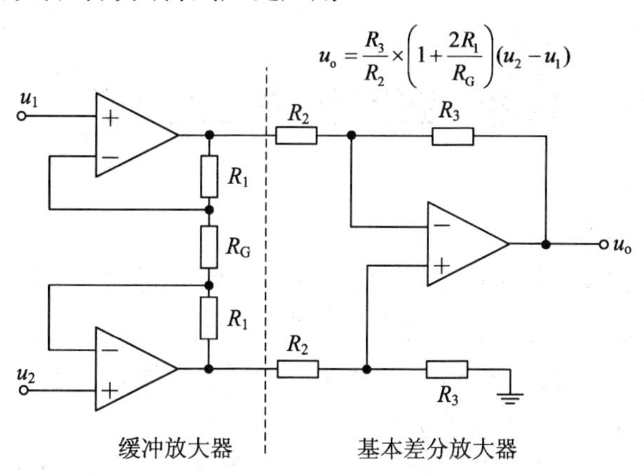

图 14-12　仪表放大器

14.5　积分运算电路

积分运算电路如图 14-13 所示，输出电压 $u_o = -\frac{1}{RC}\int u_i \mathrm{d}t$。$R_f$ 的作用是限制积分器的低频增益，以抑制漂移、失调等的影响使得输出饱和，R_f 要远大于 R，这样才能避免 R_f 的引入影响积分特性。在低频时，由于电容 C 认为是断路，不再具有积分器功能，因此作为积分器使用的下限频率 $f_L = \frac{1}{2\pi R_f C}$。为了提高

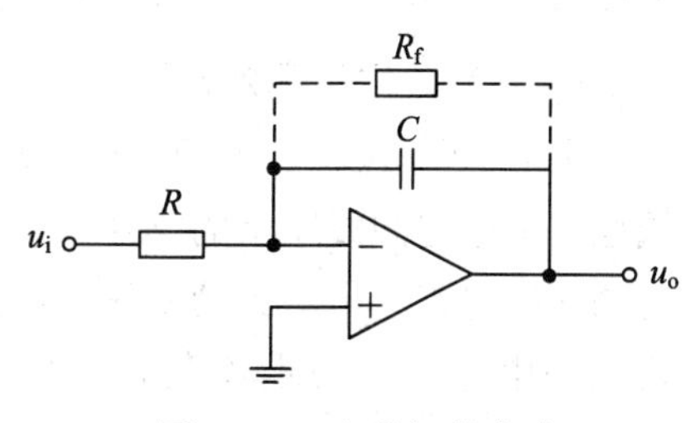

图 14-13　积分运算电路

线性度，实际使用时输入信号的频率 $f_s > 10f_L$。积分运算电路可以用于波形变换、移相等应用，图 14-14 所示的电路为实际的积分运算电路，其中(a)为单电源积分运算电路，(b)为双电源积分运算电路，$U_{out} = -\frac{1}{R_1C_2}\int U_{in}dt$。C1 为输入耦合电容，静态时，(a)中运放同相输入端、反相输入端和输出端电压均为 VCC/2，(b)中运放同相输入端、反相输入端和输出端电压均为 0。

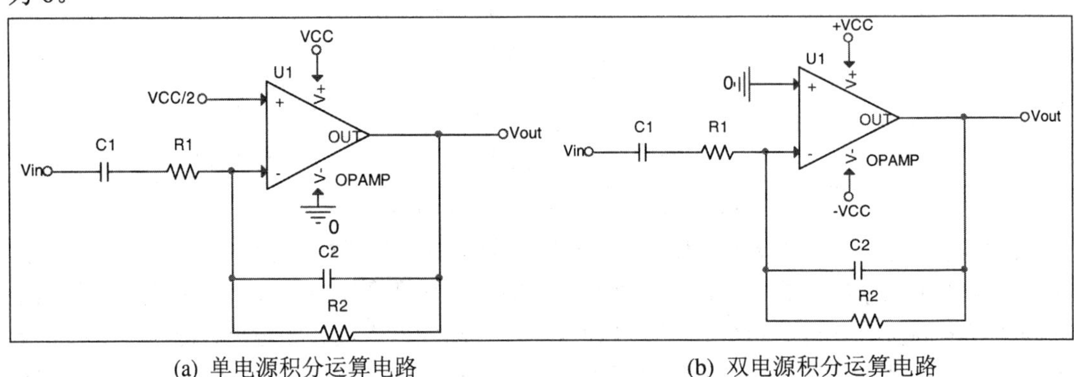

(a) 单电源积分运算电路　　(b) 双电源积分运算电路

图 14-14　积分运算电路

14.6　使用运放的注意事项

1. 运放的振铃与振荡

(1) 振铃是由负反馈环节的延迟产生的。负反馈的延迟主要来源于两个地方，一个是运放的电容性负载，另一个是运放反向输入端的寄生电容。

(2) 运放内部电路的延迟往往远小于外部电路延迟，所以内部延迟一般导致高频自激振荡，而外部电路延迟更多地表现为振铃。

(3) 与“增益”越大越容易发生振荡的一般印象相反，单位增益放大电路最不稳定。运放的作用是将差模信号放大 A_{od} 倍。

① 外部反馈电路引入低通，但反馈增益肯定小于 0 dB(1 倍)。所以，只考虑反馈相移会引起严重振铃。

② 运放自身不仅会引起相移，而且在满足振荡的相位条件下对应的增益也可能非常大，从而产生振荡。

2. 运放芯片的电源去耦

采用如图 14-15 所示的去耦电路，可以很好地降低运放供电电源线路上的噪声，特别在系统总增益很高的前级电路，电源去耦更是不可或缺。去耦电路需要两种电容：一种是较大的极性电容，如电解电容(47～100 μF)，它们可以稍微离器件远些，如果电路板

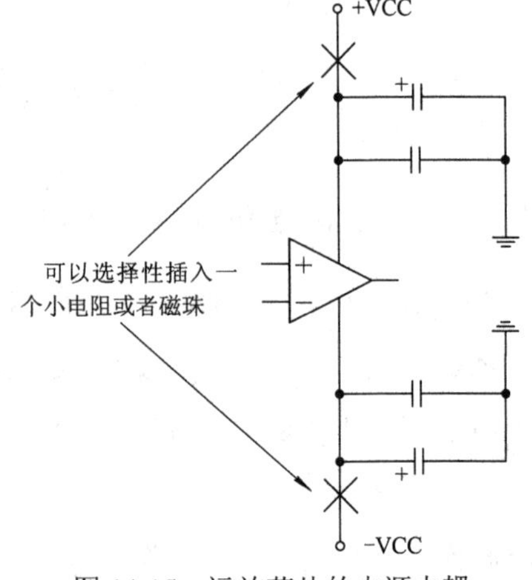

图 14-15　运放芯片的电源去耦

尺寸有要求，可以使用 10 μF 的钽电容；另一种是小型的陶瓷旁路电容(0.1 μF)，需要紧紧挨着相关器件，一般要小于 3 mm。为了克服电源带来的噪声或毛刺信号，常用的方法是附加一个小电阻或磁珠和电容组成低通滤波器电路，但电阻值一般要小于 100 Ω，否则电阻的消耗将引起运放供电电压下降，导致运放不能正常工作。

14.7 上机练习

【练习一】 使用运算放大器 LM324(选用 TI 公司芯片，元件路径为 LM324/5_1/TI/TEX_INST)设计一个同相比例运算电路，电路增益 $A_u = 10$，单电源供电，VCC = 10 V，LM324 的压摆率 SR 典型值为 0.4 V/μs，增益带宽积 GBP 为 1.3 MHz。

(1) 简述设计过程。

(2) 观察静态时运放各引脚的电压，其与理论分析是否相符。

(3) 做瞬态分析，输入正弦信号，频率为 20 kHz，幅度为 100 mV，观察输入/输出波形，验证电路增益是否为 10 倍。

(4) 做交流分析，仿真电路的频率特性，计算电路的增益带宽积，并与数据手册给出的增益带宽积进行对比。

(5) 做瞬态分析，输入方波信号，频率为 1 kHz，幅度为 100 mV，上升沿下降沿均为 1 ns，观察输出波形，计算压摆率，并与数据手册给出的压摆率进行对比。

【练习二】 使用运算放大器 LM324(选用 TI 公司芯片，元件路径为 LM324/5_1/TI/TEX_INST)设计一个同相比例运算电路，电路增益 $A_u = 10$，双电源供电，VCC = 5 V，VEE = −5 V。

(1) 简述设计过程。

(2) 观察静态时运放各引脚的电压，其与理论分析是否相符。

(3) 做瞬态分析，输入正弦信号，频率为 20 kHz，幅度为 100 mV，观察输入/输出波形，验证电路增益是否为 10 倍。

(4) 做交流分析，仿真电路的频率特性，计算电路的增益带宽积，并与数据手册给出的增益带宽积进行对比。

(5) 做瞬态分析，输入方波信号，频率为 1 kHz，幅度为 100 mV，上升沿下降沿均为 1 ns，观察输出波形，计算压摆率，并与数据手册给出的压摆率进行对比。

【练习三】 使用运算放大器 LM324(选用 TI 公司芯片，元件路径为 LM324/5_1/TI/TEX_INST)设计方波转换成三角波电路，方波频率为 500 Hz，幅度为 3 V，输出三角波幅度的绝对值为 3 V，单电源供电，VCC = 10 V。

(1) 简述设计过程。

(2) 做瞬态分析进行验证。

第15章 常用波形发生电路的设计与仿真

在电子设计竞赛的综合测评中需要设计并制作多种波形的发生电路，而这些波形发生电路通常都是先产生一路方波或者一路正弦波，然后再以这个波形为基础产生其他波形。本章重点介绍方波与正弦波发生电路，而这些波形发生电路又分为单电源供电与双电源供电两种情况。

15.1 方波发生电路

1. 利用滞回比较器构成的方波发生电路

第一种方波发生电路可以采用运算放大器或者比较器来实现，其电路结构如图15-1所示。其中(a)为单电源方波发生电路，(b)为双电源方波发生电路。R_1 与 R_2 分压提供偏置电压(不一定为 VCC/2，设置在输出电压范围的中间电位比较合适)，振荡周期 $T = 2R_5C_4\ln\left(1+\frac{2R_3}{R_4}\right)$，改变充放电时间常数 R_5C_4 以及滞回比较器的电阻 R_3 和 R_4，即可调节方波的振荡周期。

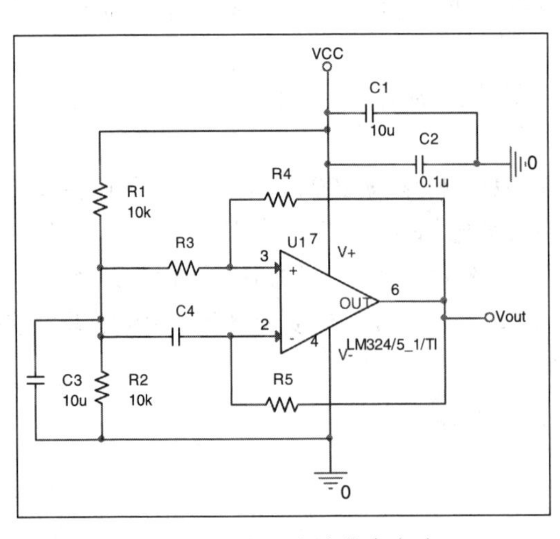

(a) 单电源方波发生电路

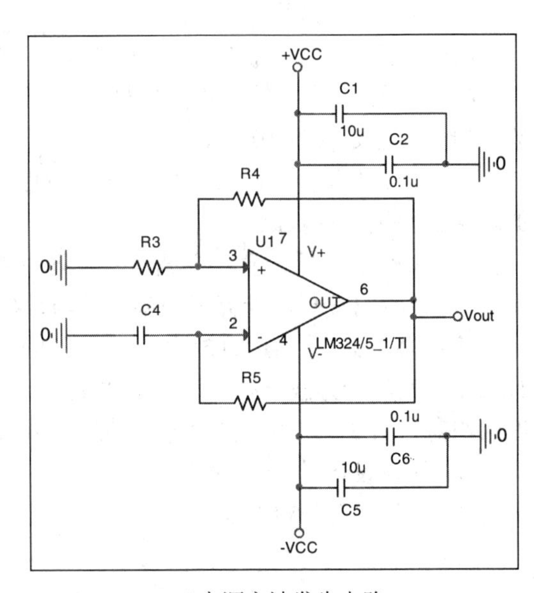

(b) 双电源方波发生电路

图15-1 基于滞回比较器的方波发生电路

2. 利用门电路构成的方波发生电路

第二种方波发生电路可以采用门电路来实现，用门电路设计多谐振荡器最简单的办法是用奇数个门首尾相连，但这种振荡器精度低，振荡频率也不能自由设计，其只是与奇数个门的延迟时间有关。阻容定时的多谐振荡器结构简单，定时精度高，振荡频率可以自由设计，其电路结构如图 15-2 所示，振荡周期 $T = 2.2R_1C_1$，$R_2 = 10R_1$，改变充放电时间常数 R_1C_1 即可调节方波的振荡周期。

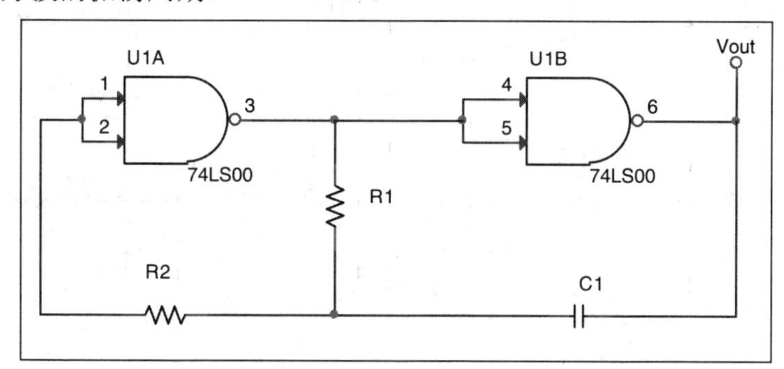

图 15-2　基于门电路的方波发生电路

3. 利用 555 定时器构成的方波发生电路

第三种方波发生电路可以采用 555 定时器来实现，其电路结构如图 15-3 所示，振荡周期 $T = (R_1 + 2R_2)C_2\ln2$，占空比 $q = \dfrac{R_1 + R_2}{R_1 + 2R_2}$。

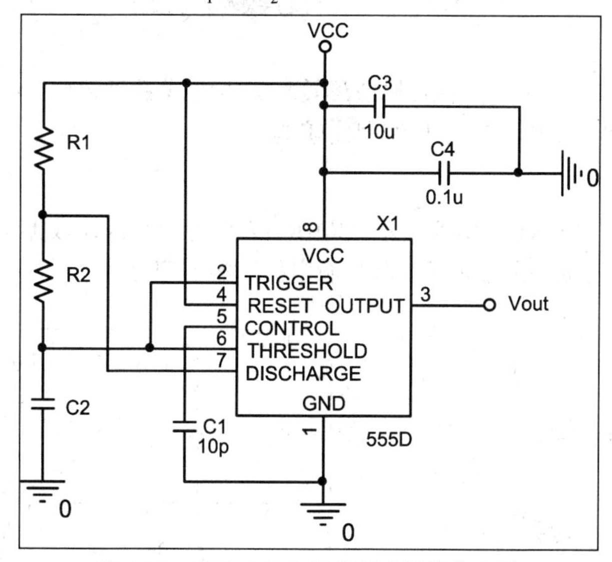

图 15-3　基于 555 定时器的方波发生电路

15.2　正弦波发生电路

正弦波发生电路一般采用文氏桥振荡器，电路结构如图 15-4 所示，其中(a)为单电源文氏桥正弦波发生电路，(b)为双电源文氏桥正弦波发生电路。要求 $R_1 = R_2$，$C_1 = C_2$，R6 与

R7 分压提供偏置电压(不一定为 VCC/2，设置在输出电压范围的中间电位比较合适)，R4 要稍大于 2R3，R5 取值为与 R4 并联后的值，等于 2R3。满足这些条件后，振荡周期 $T=2\pi R_1C_1$，改变 R1 与 R2(一般采用同轴电位器)即可调节正弦波的振荡周期。

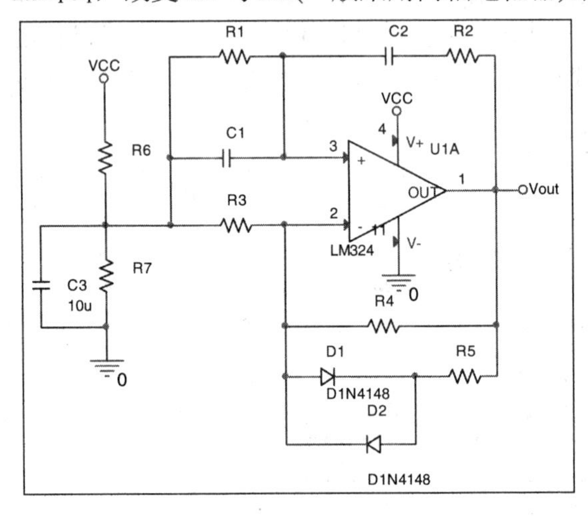

(a) 单电源文氏桥正弦波发生电路

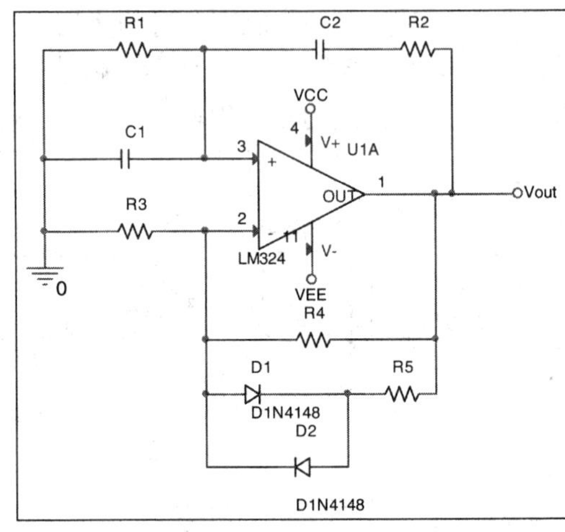

(b) 双电源文氏桥正弦波发生电路

图 15-4 文氏桥正弦波发生电路

15.3 电压比较器电路

在波形发生电路中有时需要将其他波形转换为方波或者窄脉冲，此时需要用到电压比较器，常用的比较器有单限比较器与滞回比较器。

1. 单限比较器

单限比较器电路结构如图 15-5 所示，其中(a)为单电源单限比较器，(b)为双电源单限比较器。通过调节 R1 与 R2 的比例可以调节输出脉冲的占空比。

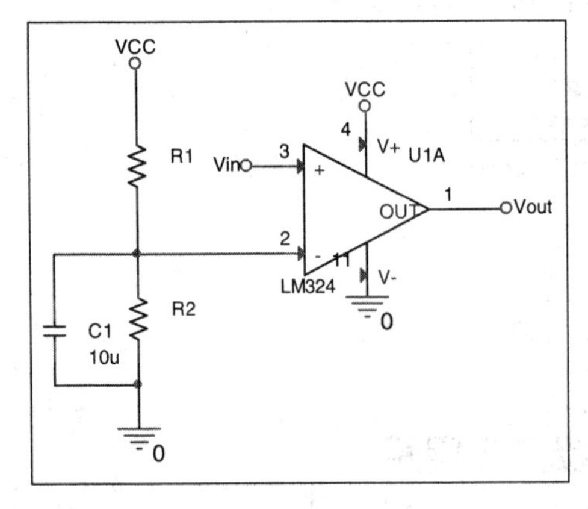

(a) 单电源单限比较器

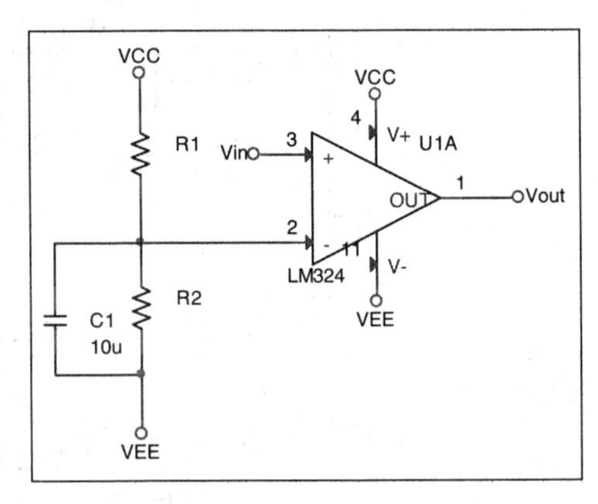

(b) 双电源单限比较器

图 15-5 单限比较器电路

2. 滞回比较器

滞回比较器电路结构如图 15-6 所示，其中(a)为单电源滞回比较器，(b)为双电源滞回比较器。输出脉冲的占空比与 R1、R2、R3、R4 和输出电压的幅值均相关。

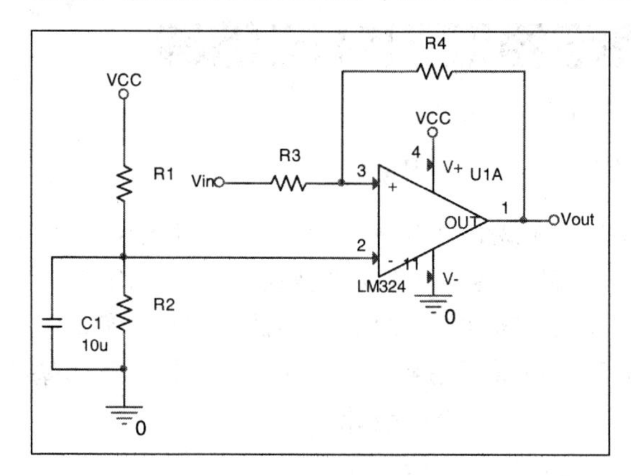

(a) 单电源滞回比较器

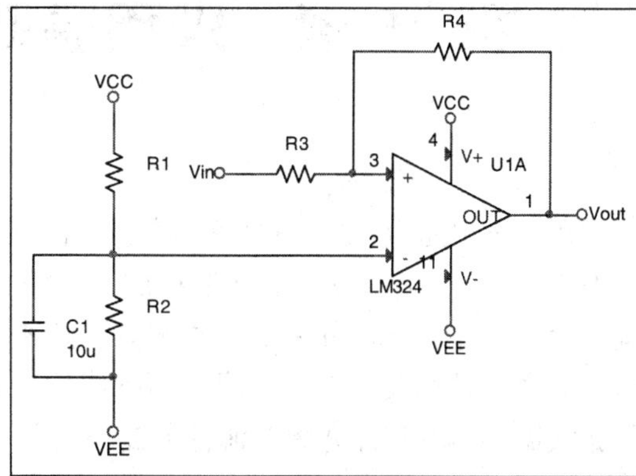

(b) 双电源滞回比较器

图 15-6　滞回比较器电路

15.4 上机练习

【练习一】 使用运算放大器 LM324(选用 TI 公司芯片，元件路径为 LM324/5_1/TI/TEX_INST)设计一个方波发生电路，单电源供电，VCC = 5 V，要求输出方波频率为 20 kHz，幅度不小于 3.2 V。

(1) 简述设计过程。

(2) 查看输出波形是否满足设计要求，计算周期与占空比，并与理论分析进行对比。

(3) 若要利用 20 kHz 方波再得到 5 kHz 方波，请设计这部分电路并仿真(可以使用 74LS74)。

【练习二】 使用 555 定时器设计一个方波发生电路，单电源供电，VCC = 10 V，要求输出方波频率为 20 kHz，幅度为 1 V。

(1) 简述设计过程。

(2) 查看输出波形是否满足设计要求，计算周期与占空比，并与理论分析进行对比。

(3) 若想得到 50%占空比方波，该如何改进电路？

【练习三】 使用运算放大器 LM324(选用 TI 公司芯片，元件路径为 LM324/5_1/TI/TEX_INST)设计正弦波发生电路，单电源供电，VCC = 5 V，要求输出正弦波频率为 20 kHz，幅度不小于 3 V。

(1) 简述设计过程。

(2) 查看输出波形是否满足设计要求，计算谐波失真系数。

第 16 章　常用滤波电路的设计与仿真

在电子电路设计过程中常常需要对信号进行滤波或者将方波、三角波等转换为正弦波，这都需要滤波电路来完成。按照构成元件的类型，滤波器可分为无源滤波器与有源滤波器；按照功能，滤波器可分为低通滤波器、高通滤波器、带通滤波器、带阻滤波器和全通滤波器，而每一种滤波器按照不同的频率特性又分为巴特沃斯滤波器、切比雪夫滤波器和贝塞尔滤波器。本章重点介绍有源低通滤波器与有源带通滤波器的设计。

16.1　有源低通滤波器

1. 一阶低通滤波器

滤波分为反相输入与同相输入两种方式，图 16-1 所示的电路为同相输入一阶低通滤波器，其中(a)为单电源供电，(b)为双电源供电，(a)中由于存在输入耦合电容对直流或者极低频会存在衰减。两者的传递函数为

$$A(\mathrm{j}\omega)=A_{\mathrm{m}}\frac{1}{1+\mathrm{j}\dfrac{f}{f_0}}$$

其中，中频放大倍数 $A_{\mathrm{m}}=1+\dfrac{R_3}{R_4}$，截止频率 $f_0=\dfrac{1}{2\pi R_1C_1}$。

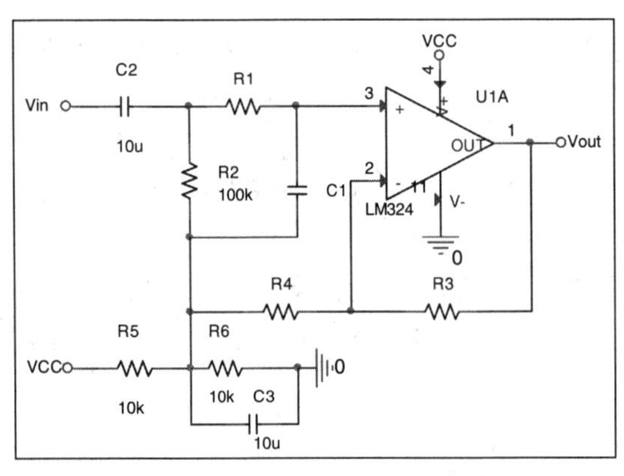

(a) 单电源一阶同相低通滤波器

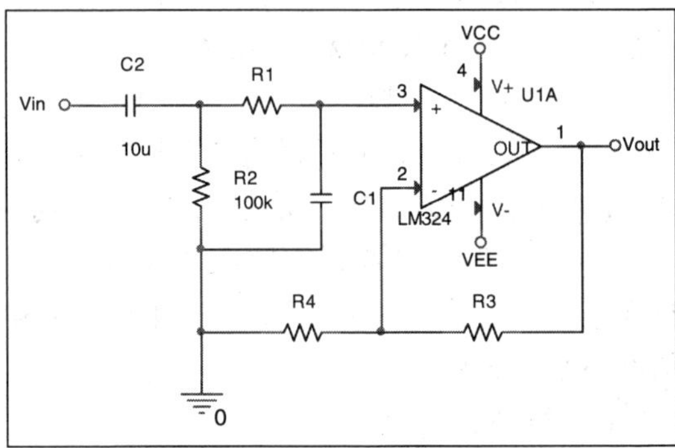

(b) 双电源一阶同相低通滤波器

图 16-1　同相输入一阶低通滤波器

图 16-2 所示的电路为反相输入一阶低通滤波器，其中(a)为单电源供电，(b)为双电源供

电。两者的传递函数为

$$A(\mathrm{j}\omega)=A_{\mathrm{m}}\frac{1}{1+\mathrm{j}\dfrac{f}{f_0}}$$

其中，中频放大倍数 $A_{\mathrm{m}}=-\dfrac{R_1}{R_2}$，截止频率 $f_0=\dfrac{1}{2\pi R_1C_1}$。

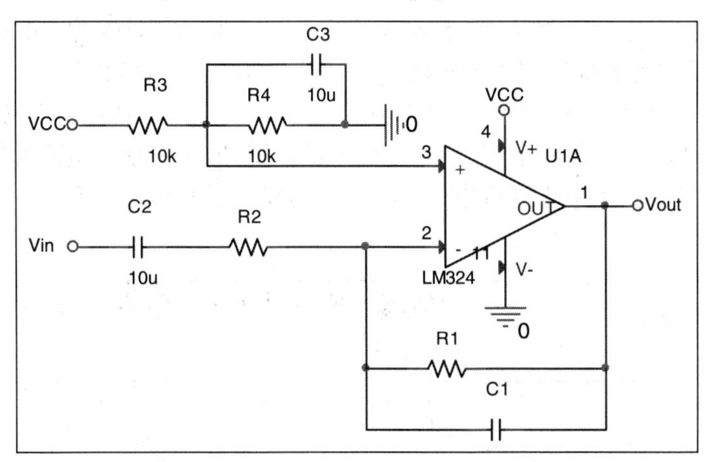

(a) 单电源一阶反相低通滤波器

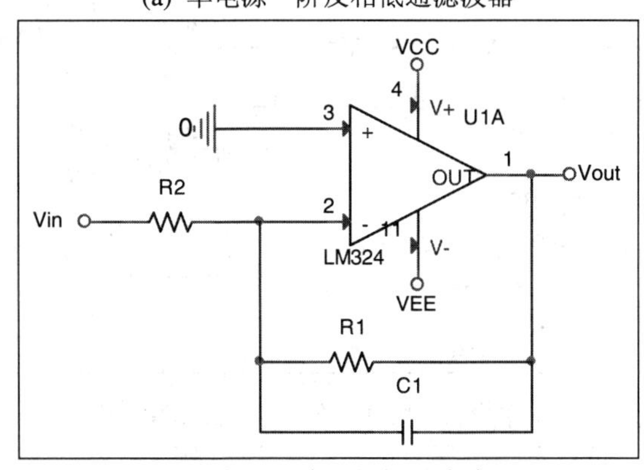

(b) 双电源一阶反相低通滤波器

图 16-2 反相输入一阶低通滤波器

2. 二阶低通滤波器

二阶低通滤波器的标准传递函数为

$$A(\mathrm{j}\omega)=A_{\mathrm{m}}\frac{1}{1+\dfrac{1}{Q}\mathrm{j}\dfrac{f}{f_0}+\left(\mathrm{j}\dfrac{f}{f_0}\right)^2}$$

其中，f_0 为特征频率，Q 为品质因数。$Q=\dfrac{\left|A\left(\mathrm{j}f_0\right)\right|}{A_{\mathrm{m}}}$，即 Q 为特征频率处增益的模与中频

增益的比值。定义$K=\frac{f_c}{f_0}$，其中，f_c为截止频率，则K与Q的关系为

$$K=\frac{\sqrt{4Q^2-2+\sqrt{4-16Q^2+32Q^4}}}{2Q}$$

在滤波器设计时习惯给出Q与f_c，则由Q可以计算出K，由K与f_c可以算出f_0。

常用的二阶低通滤波有两种，一种称为压控电压型(VCVS)，也称Sallen-Key型，简称SK型，另外一种称为多重反馈型(MFB)。SK型为同相输入，MFB型为反相输入。SK型滤波器的Q值与中频增益A_m有关，存在高频馈通，但噪声低；MFB型滤波器的Q值与中频增益A_m可以独立调节，无高频馈通，但噪声高。图16-3所示的电路为二阶4元件SK型低通滤波器，其中(a)为单电源供电，(b)为双电源供电。其传递函数为

$$A(\mathrm{j}\omega)=\frac{1}{1+\mathrm{j}\omega C_1(R_1+R_2)+(\mathrm{j}\omega)^2R_1R_2C_1C_2}$$

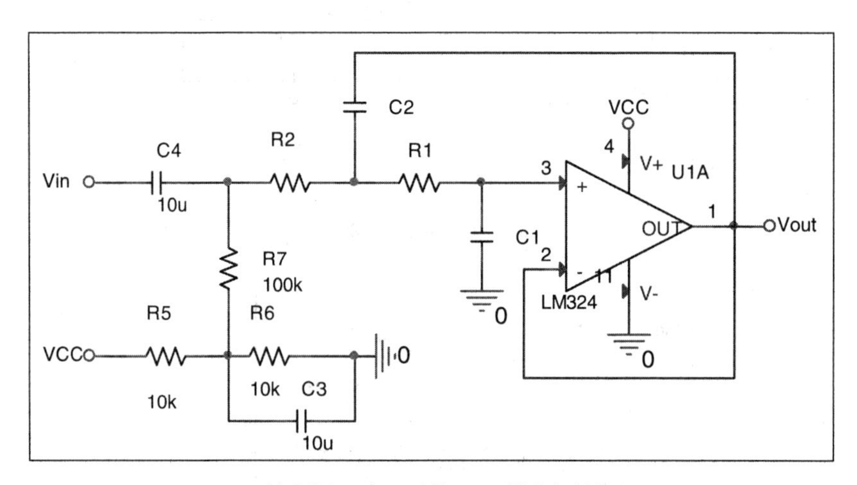

(a) 单电源二阶4元件SK型低通滤波器

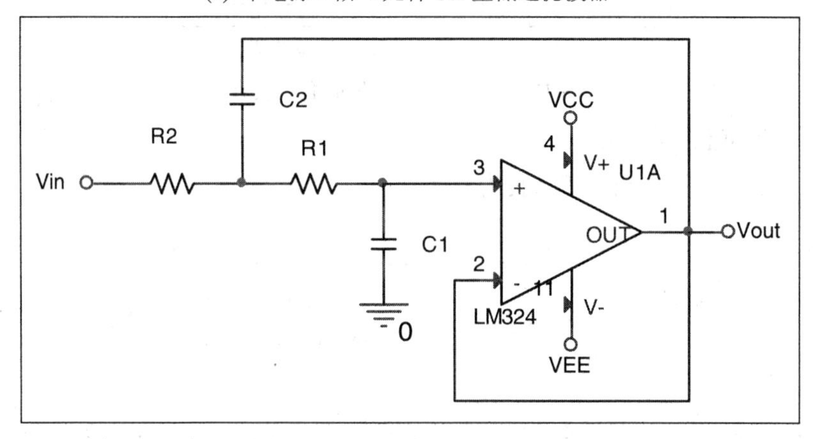

(b) 双电源二阶4元件SK型低通滤波器

图16-3 二阶4元件SK型低通滤波器

与标准传递函数对比可知：

$$A_m = 1, \quad f_0 = \frac{1}{2\pi\sqrt{R_1R_2C_1C_2}}, \quad Q = \frac{\sqrt{R_1R_2C_1C_2}}{C_1(R_1+R_2)}$$

该滤波器的设计过程如下：已知 A_m、f_c、Q，由 Q 先计算出 K：

$$K = \frac{\sqrt{4Q^2 - 2 + \sqrt{4 - 16Q^2 + 32Q^4}}}{2Q}$$

由 K 及 f_c 计算出 f_0，$f_0 = \frac{f_c}{K}$；选取一个合适的 C_1，选取规则如表 16-1 所示；然后再选取 C_2，满足 $C_2 \geqslant 4Q^2C_1$；由此可知：

$$R_1 = \frac{\frac{1}{Q} \pm \sqrt{\frac{1}{Q^2} - 4\frac{C_1}{C_2}}}{4\pi f_0 C_1}, \quad R_2 = \frac{\frac{1}{Q} \mp \sqrt{\frac{1}{Q^2} - 4\frac{C_1}{C_2}}}{4\pi f_0 C_1}$$

SK 型低通滤波器的特例为易用型巴特沃斯 SK 型低通滤波器，要求电路中 $R_1 = R_2$，$C_2 = 2C_1$，则 $A_m = 1$，$f_0 = \frac{1}{2\pi\sqrt{2}R_1C_1}$，$Q = \frac{\sqrt{2}}{2} = 0.707$(巴特沃斯型)，$K = 1$，$f_c = f_0$ (整个计算过程可以借助 Matlab 或者 Matchcad)。

表 16-1　截止频率与电容选择

f_c	1 Hz	10 Hz	100 Hz	1 kHz	10 kHz	100 kHz	1 MHz	10 MHz
C_1 量级	10～100 μF	1～10 μF	0.1～1 μF	10～100 nF	1～10 nF	0.1～1 nF	10～100 pF	1～10 pF

图 16-4 所示的电路为二阶 MFB 型低通滤波器，其中(a)为单电源供电，(b)为双电源供电。其传递函数为

$$A(\mathrm{j}\omega) = -\frac{R_2}{R_1}\frac{1}{1 + \mathrm{j}\omega C_1\left(R_2 + R_3 + \frac{R_2R_3}{R_1}\right) + (\mathrm{j}\omega)^2 R_2R_3C_1C_2}$$

与标准传递函数对比可知

$$A_m = -\frac{R_2}{R_1}, \quad f_0 = \frac{1}{2\pi\sqrt{R_2R_3C_1C_2}}, \quad Q = \frac{\sqrt{R_2R_3C_1C_2}}{C_1(R_2 + R_3(1 - A_m))}$$

该滤波器的设计过程如下：已知 A_m、f_c、Q，由 Q 先计算出 K，

$$K=\frac{\sqrt{4Q^2-2+\sqrt{4-16Q^2+32Q^4}}}{2Q}$$

由 K 及 f_c 计算出 f_0，$f_0=\frac{f_c}{K}$；选取一个合适的 C_1，C_1 的选取规则如表 16-1 所示；然后再选取 C_2，满足 $C_2\geqslant 4(1-A_m)Q^2C_1$；由此可知

$$R_3=\frac{1\pm\sqrt{1+\frac{4(A_m-1)C_1Q^2}{C_2}}}{(1-A_m)4\pi f_0C_1Q},\qquad R_2=\frac{1}{4\pi^2f_0^2C_1C_2R_3},\qquad R_1=-\frac{R_2}{A_m}$$

MFB 型低通滤波器的特例为易用型巴特沃斯 MFB 型低通滤波器，要求电路中 $R_1=R_2=2R_3$，$C_2=4C_1$，则 $A_m=-1$，$f_0=\frac{1}{4\pi\sqrt{2}R_3C_1}$，$Q=\frac{\sqrt{2}}{2}=0.707$(巴特沃斯型)，$K=1$，$f_c=f_0$。

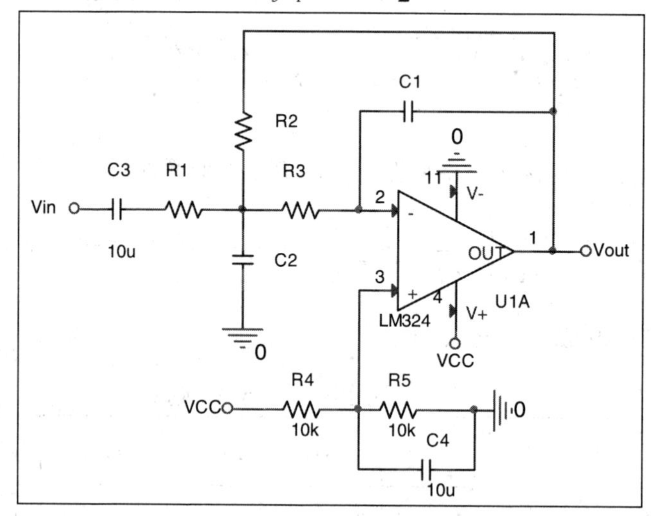

(a) 单电源二阶 MFB 型低通滤波器

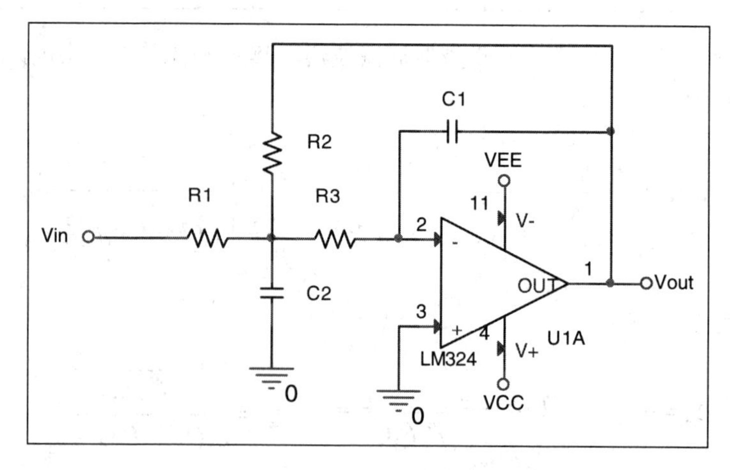

(b) 双电源二阶 MFB 型低通滤波器

图 16-4　二阶 MFB 型低通滤波器

16.2　有源带通滤波器

运放组成的带通滤波器分为两类，一类是由低通滤波器与高通滤波器串联构成的宽带通滤波器，另一类是具有单一频点的窄带通滤波器，也叫选频放大器，本节介绍二阶窄带通滤波器设计。二阶窄带通滤波器的标准传递函数为

$$A(\mathrm{j}\omega)=A_{\mathrm{m}}\frac{\frac{1}{Q}\mathrm{j}\frac{f}{f_0}}{1+\frac{1}{Q}\mathrm{j}\frac{f}{f_0}+\left(\mathrm{j}\frac{f}{f_0}\right)^2}$$

其中 f_0 为特征频率。带通滤波器的特征频率即为峰值频率，也称中心频率，在此处增益的模 $|A(\mathrm{j}f_0)|=A_{\mathrm{m}}$。$f_{\mathrm{H}}$ 为上截止频率，f_{L} 为下截止频率，$Q=\frac{f_0}{f_{\mathrm{H}}-f_{\mathrm{L}}}$。二阶窄带通滤波器也有 SK 型与 MFB 型两种结构，SK 型的 Q 值受制于 A_{m}，而 MFB 型的 f_0、Q、A_{m} 完全独立。

图 16-5 所示的电路为二阶 SK 型窄带通滤波器，其中(a)为单电源供电，(b)为双电源供电。在设计电路时通常选择 $C_1=C_2$，$R_1=R_2=\frac{R_3}{2}$，在此条件下 $A_{\mathrm{m}}=\frac{G}{3-G}$，$G=1+\frac{R_4}{R_5}$，$f_0=\frac{1}{2\pi R_1C_1}$，$Q=\frac{1}{3-G}$，可见 A_{m} 及 Q 均与 3-G 有关，要求 $G<3$。该滤波器的设计过程如下：已知 f_0、Q，先选取一个合适的 C_1 与 C_2，C_1 与 C_2 相等，选取规则如表 16-1 所示；然后由 f_0 及 C_1 确定 R_1，$R_1=\frac{1}{2\pi f_0C_1}$，$R_2=R_1$，$R_3=2R_1$；由 Q 确定 G，$G=3-\frac{1}{Q}$；R_5 取 1 kΩ，再由 G 即可确定 R_4，$R_4=(G-1)R_5$。

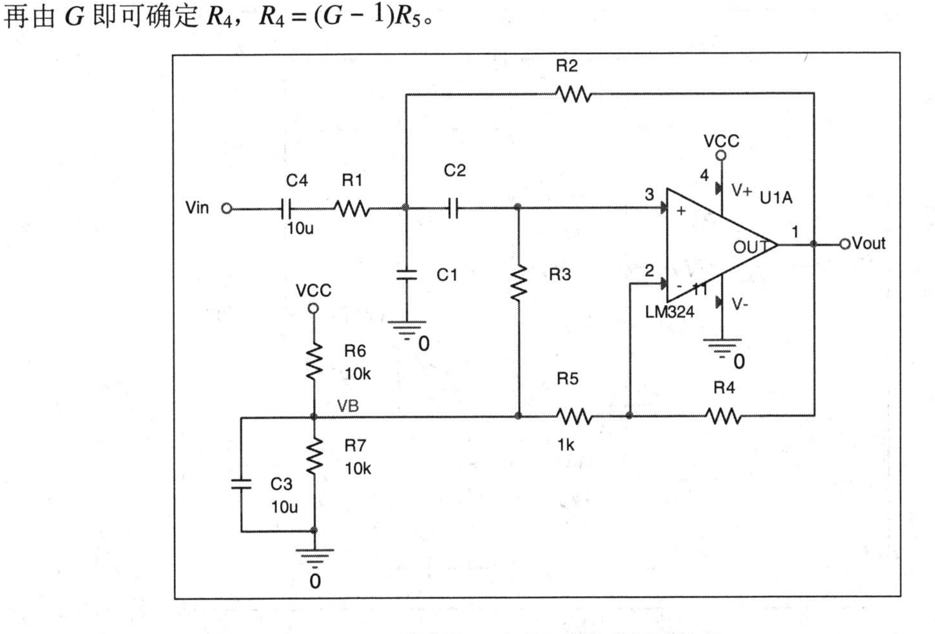

(a) 单电源二阶 SK 型窄带通滤波器

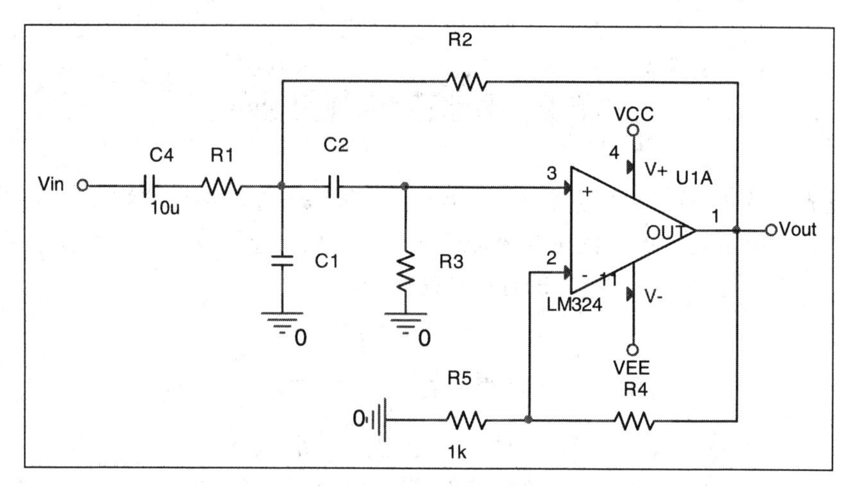

(b) 双电源二阶 SK 型窄带通滤波器

图 16-5　二阶 SK 型窄带通滤波器

图 16-6 所示的电路为二阶 MFB 型窄带通滤波器，其中(a)为单电源供电，(b)为双电源供电。在设计电路时通常选择 $C_1 = C_2$，在此条件下，有

$$A_m = -\frac{R_2}{2R_1},\qquad f_0 = \frac{1}{2\pi C_1\sqrt{(R_1 \parallel R_3)R_2}},\qquad Q = 0.5\sqrt{\frac{R_2}{(R_1 \parallel R_3)}}$$

该滤波器的设计过程如下：已知 A_m、f_0 以及 Q；先选取一个合适的 C_1 与 C_2，C_1 与 C_2 相等，选取规则如表 16-1 所示；然后确定 R_1，$R_1 = -\dfrac{Q}{2\pi f_0 C_1 A_m}$，再确定 R_2，$R_2 = -2A_m R_1$，最后确定 R_3，$R_3 = -\dfrac{A_m}{2Q^2 + A_m}R_1$。

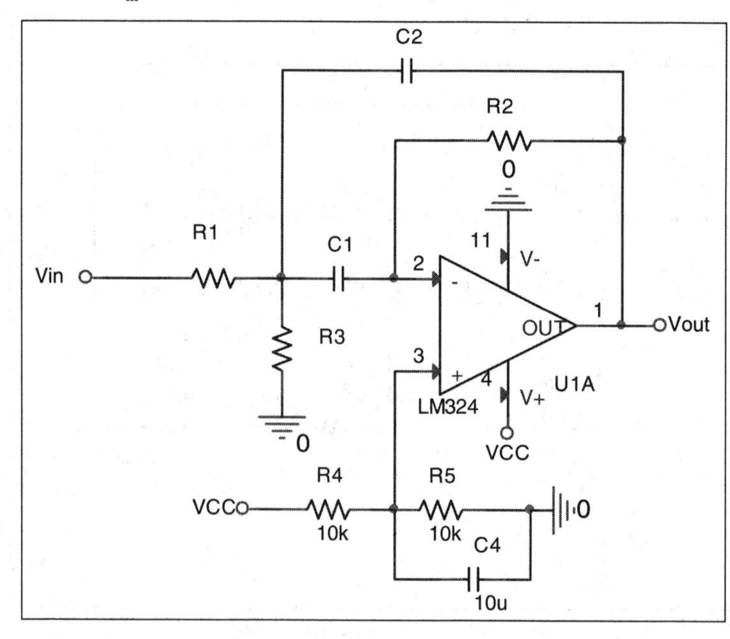

(a) 单电源二阶 MFB 型窄带通滤波器

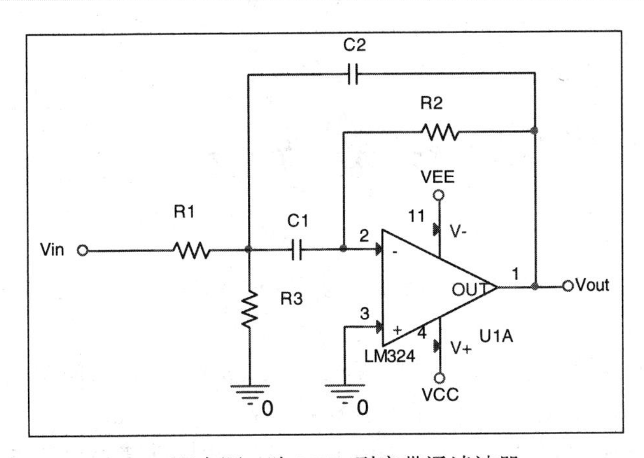

(b) 双电源二阶 MFB 型窄带通滤波器

图 16-6　二阶 MFB 型窄带通滤波器

16.3 上机练习

【练习一】 使用运算放大器 LM324(选用 TI 公司芯片，元件路径为 LM324/5_1/TI/TEX_INST)设计一个中频增益为 −10，上限截止频率为 20 kHz 的一阶低通滤波器，单电源供电，VCC = 5 V。

(1) 简述设计过程。

(2) 查看滤波器的中频增益、上限截止频率，并与理论值进行对比。

(3) 当输入信号为正弦波，幅度为 100 mV，频率为 30 kHz 时，查看输出信号幅度与输入输出之间的相移，并与理论值进行对比。

【练习二】 使用运算放大器 LM324(选用 TI 公司芯片，元件路径为 LM324/5_1/TI/TEX_INST)设计一个中频增益为 1，上限截止频率为 10 kHz，品质因数为 0.707 的二阶 SK 型低通滤波器，单电源供电，VCC = 5 V。

(1) 简述设计过程。

(2) 查看滤波器的中频增益、上限截止频率和品质因数，并与理论值进行对比。

【练习三】 使用运算放大器 LM324(选用 TI 公司芯片，元件路径为 LM324/5_1/TI/TEX_INST)设计一个峰值增益为 1，中心频率为 10 kHz，品质因数为 20 的二阶 MFB 型带通滤波器，单电源供电，VCC = 5 V。

(1) 简述设计过程。

(2) 查看滤波器的峰值增益、中心频率和品质因数，并与理论值进行对比。

参考文献

[1] 刘明山，周原. 电子电路设计与仿真：基于 OrCAD16.6[M]. 北京：清华大学出版社，2016.
[2] 丹尼斯·菲茨帕特里克. 基于 OrCAD Capture 和 PSpice 的模拟电路设计与仿真[M]. 张东辉，邓卫，牛文豪，等译. 北京：机械工业出版社，2019.
[3] 约翰·奥凯尔·阿提拉. PSpice 和 MATLAB 综合电路仿真与分析[M]. 张东辉，译. 北京：机械工业出版社，2016.
[4] 张东辉，毛鹏，徐向宇. PSpice 元器件模型建立及应用[M]. 北京：机械工业出版社，2017.
[5] 孙玲，包志华，张威. 电路 PSpice 仿真实训教程[M]. 北京：高等教育出版社，2013.